WILLIBALD LICHTENHELDT

KONSTRUKTIONSLEHRE DER GETRIEBE

KONSTRUKTIONSLEHRE DER GETRIEBE

von

Prof. Dr.-Ing. habil. WILLIBALD LICHTENHELDT

Mitglied der Deutschen Akademie der Wissenschaften zu Berlin

Mit 350 Abbildungen und Konstruktionstafeln

AKADEMIE-VERLAG · BERLIN

1961

Erschienen im Akademie-Verlag GmbH, Berlin W 8, Leipziger Straße 3—4
Lizenz-Nr. 202 · 100/521/61

Gesamtherstellung: VEB Druckerei „Thomas Müntzer" Bad Langensalza
Bestellnummer: 5410
Printed in Germany
ES 20 H 2

Vorwort

In dem vorliegenden Buch finden meine Vorlesungen über Getriebelehre, die ich an der Technischen Hochschule Dresden halte, ihren Niederschlag. In der gleichen Weise wie diese Vorlesungen dem Studenten des Maschinen- und Gerätebaues Fähigkeiten zum Konstruieren anerziehen sollen, wird das Buch geeignet sein, dem in der Praxis tätigen Ingenieur Anregungen für seine Getriebekonstruktionen zu geben und ihm wissenschaftliche Verfahren nahezubringen. Nicht zuletzt soll dieses Buch auch beim Selbststudium Verwendung finden.

Wie die Wärmelehre, Strömungslehre, Festigkeitslehre, Werkstoffkunde u. a. ist die Getriebelehre eine Grundwissenschaft und damit ein wichtiger Baustein in der Ausbildung unserer Ingenieure auf dem Gebiet des Maschinen- und Gerätebaus. In den Lehrplänen der Technischen Hochschule Dresden nimmt sie ihrer Bedeutung zufolge einen breiten Raum ein, und die große Zahl meiner Hörer veranlaßt mich, ihnen ein Lehrbuch über das von mir vertretene Wissenschaftsgebiet nicht vorzuenthalten.

Die Getriebelehre hat sich in den letzten Jahrzehnten zu einem umfangreichen Lehrgebiet entwickelt und könnte demzufolge viele hundert Seiten eines Lehrbuches füllen. Ich habe mich auf das Wesentliche beschränkt, wie ich es auch in meinen Vorlesungen tun muß. In diesem Buche habe ich nur ebene Getriebe behandelt und auf räumliche verzichtet. Die Konstruktionslehre der räumlichen Getriebe wird erst in einigen Jahren ausgereift sein.

Die wissenschaftlichen Verfahren der Getriebelehre haben nicht wie z. B. in der Strömungslehre, Wärmelehre und Festigkeitslehre die Differentialgleichung zur Grundlage, sondern als natürliche Hilfsmittel zur Lösung getriebetechnischer Probleme werden vorwiegend die geometrischen Gesetzmäßigkeiten herangezogen. Soweit es mir tragbar erschien, habe ich mathematische Ableitungen und rechnerische Darstellungen vermieden; sie können im angegebenen Schrifttum nachgelesen werden. Für den in der Praxis tätigen Konstrukteur sind sie bei der Anwendung der behandelten Verfahren entbehrlich.

Das Schrifttumsverzeichnis erhebt keinen Anspruch auf Vollständigkeit. Nur die Bücher und Abhandlungen sind genannt, die in einem unmittelbaren Zusammenhang mit dem Stoff dieses Buches stehen.

Dem Akademie-Verlag bin ich für die vorzügliche Ausstattung des Buches zu Dank verpflichtet.

Dresden, im Frühjahr 1961 W. Lichtenheldt

Inhaltsverzeichnis

1 ALLGEMEINES

Zur Übertragung von Kräften und Bewegungen werden Getriebe verwendet. Zu unterscheiden sind

Räder- und Schraubgetriebe
für gleichförmige Übersetzungen und
Kurbel-, Kurven- und Schaltgetriebe
für periodische Übersetzungen.

Das Wissenschaftsgebiet der Getriebelehre enthält alles das, was zur Behandlung getriebetechnischer Probleme erforderlich ist: den Aufbau einer Systematik, die Methoden zur Untersuchung vorhandener Getriebe und die Verfahren zur Ermittlung der Abmessungen der Getriebeglieder auf Grund praktischer Forderungen. Die Getriebelehre der Gegenwart stützt sich nicht auf empirisch gefundene Regeln und Kunstgriffe, sondern es gelang, die Brücke zur begrifflichen Wissenschaft zu schlagen und allgemein brauchbare Methoden bereitzustellen, die vornehmlich auf geometrischen Grundsätzen aufbauen. Die natürlichen Hilfsmittel sind hier auf dem Gebiet der Geometrie zu suchen, im Gegensatz zur Wärmelehre, Strömungslehre, Festigkeitslehre, Schwingungslehre u. a., in denen die Differentialgleichung vorherrscht. Die zeichnerischen Verfahren, die sowohl bei der Ermittlung der Geschwindigkeiten und Beschleunigungen als auch bei der Bestimmung des geometrischen Ortes der Gelenkpunkte und der Abmessungen der Getriebeglieder benutzt werden, sind dem Konstrukteur sehr willkommen und haben dazu beigetragen, daß in den letzten Jahren die wissenschaftlichen Methoden der Getriebelehre eine immer breitere Anwendung in der Praxis fanden.

Die immer wieder auftretende Frage, ob der durch einen Arbeitsvorgang bedingte Bewegungsverlauf zweckmäßig durch ein Kurven- oder ein Kurbelgetriebe Verwirklichung findet, wird oft zugunsten des Kurvengetriebes entschieden, obwohl in vielen Fällen das Kurbelgetriebe die günstigere und praktisch wertvollere Getriebeform darstellt. So kann bei automatischen Werkzeugmaschinen, Verarbeitungsmaschinen (Verpackmaschinen, Textilmaschinen, Fördermaschinen, Maschinen der Landwirtschaft u. v. a.), ebenso auch bei Kraftmaschinen, feinmechanischen Geräten, Büromaschinen usw. vielfach beobachtet werden, daß für die Erzeugung vorgeschriebener Bewegungen Kurvengetriebe herangezogen werden, obgleich die Überlegenheit der Kurbelgetriebe klar erkennbar ist. Die Ursache für diese Bevorzugung des Kurvengetriebes kann darin erblickt werden, daß die Verfahren zur Ermittlung der Gliederabmessungen der Kurbelgetriebe vielen Konstrukteuren noch nicht geläufig sind. Es erscheint auf jeden Fall dem Konstrukteur einfacher und bequemer, für einen geforderten Bewegungsverlauf eines Getriebegliedes ein Kurvengetriebe zu entwerfen, als ein dafür geeignetes Kurbelgetriebe zu konstruieren.

Die Vorteile der Kurbelgetriebe gegenüber den Kurvengetrieben sind vor allem darin zu suchen, daß bei Kurbelgetrieben infolge des Auftretens nur niederer Elementenpaare die Kräfte in Flächen und bei Kurvengetrieben theoretisch in einer Linie, in der sich Kurve und Rolle berühren, übertragen werden [49, 53, 57].[1]) Demzufolge wird bei den Kurbelgetrieben niemals mit den hohen Flächenpressungen zu rechnen sein, die bei Kurvengetrieben auftreten und den raschen Verschleiß der Kurvenscheibe und Kurvenrolle herbeiführen.

Während der Zwanglauf beim Kurbelgetriebe durch Formschluß der Elemente in den Elementenpaaren erreicht wird, kann beim Kurvengetriebe entweder Kraftschluß oder Formschluß angewendet werden. Kraftschlüssige Kurvengetriebe verlangen aber, besonders bei raschlaufenden Maschinen, sehr große Kräfte, z. B. sehr starke Federn, die nur unter erheblichem Kraftaufwand gespannt werden können. Bei formschlüssigen Kurvengetrieben läuft die Rolle in einer Nutkurve zwischen zwei äquidistanten Kurven. Die genaue Herstellung solcher Nutkurven ist sehr teuer, und an den Stellen, an denen die Rolle einen Druckwechsel erfährt, tritt rascher Verschleiß ein, wodurch Stöße sowie unerwünschte Veränderungen der Bewegungsgesetze der angetriebenen Glieder verursacht werden [22].

Ein weiterer Vorzug der Kurbelgetriebe ist in der einfachen Möglichkeit der Verstellung (mitunter auch während des Ganges der Maschine) zu erblicken. Durch Anbringen von Schlitzen und veränderlichen Stangenlängen kann eine Verstellbarkeit des Getriebes erzielt werden, die es ermöglicht, mit dem gleichen Getriebe verschiedenartige Bewegungsvorgänge zu verwirklichen [122, 123, 126].

Um den Ablauf der Bewegung eines Getriebegliedes darzustellen, werden entsprechende Schaubilder benutzt. Gebräuchlich ist z. B. über dem Drehwinkel der Antriebskurbel, der bei der gleichförmigen Drehung der Zeit proportional ist, den zurückgelegten Weg eines Gelenkpunktes oder den Drehwinkel einer angetriebenen Schwinge aufzutragen. Der Verlauf der Kurve eines Bewegungsschaubildes kann durch die technologischen Bedingungen, unter denen sich der Arbeitsvorgang abspielt, ganz oder teilweise oder auch nur in einigen Diagrammpunkten vorgelegt werden. Der Konstrukteur muß dann imstande sein, aus den vorgeschriebenen Größen die Getriebeaufgabe in geeigneter Weise zu formulieren.

Der Durchführung einer Konstruktion voraus geht die Systematik. Sie bringt eine gewisse Ordnung in die Arbeit des Konstrukteurs, und es ist mehrfach versucht worden, eine Konstruktionslehre aufzubauen, nach deren Regeln der Konstrukteur zwangläufig zu einer Lösung gelangt. Die Systematik soll den Überblick

[1]) Die Zahlen in eckigen Klammern beziehen sich auf das Schrifttumsverzeichnis am Ende des Buches.

schaffen, welche Bauformen geeignet sind, die in der Aufgabe gestellten Forderungen zu erfüllen. Reuleaux hat angegeben, jedes Getriebeglied einmal zum Gestell und einmal zum Antrieb zu machen und entwickelt daraus zahlreiche Bauformen, aus denen der Konstrukteur die am besten geeignete ermittelt [131]. Andere Umwandlungen sind hinsichtlich der Form, der Lage usw. möglich. Im Abschnitt über Kurvengetriebe wird näher darauf eingegangen.

2 GRUNDLAGEN DER KINEMATIK

2.1 Der momentane Drehpol

Bewegt sich ein Getriebeglied, dargestellt durch die Strecke AB und aufgefaßt als bewegte Ebene, derart, daß A und B auf Bahnen a bzw. b wandern, so ist in jedem Augenblick der Schnittpunkt der Bahnnormalen der Punkte A und B bestimmt. Dieser Schnittpunkt ist der momentane Pol P der Bewegung. Während eines Zeitelements kann die Bewegung des Getriebegliedes als eine unendlich kleine Drehung um den Momentanpol P aufgefaßt werden (Bild 1).

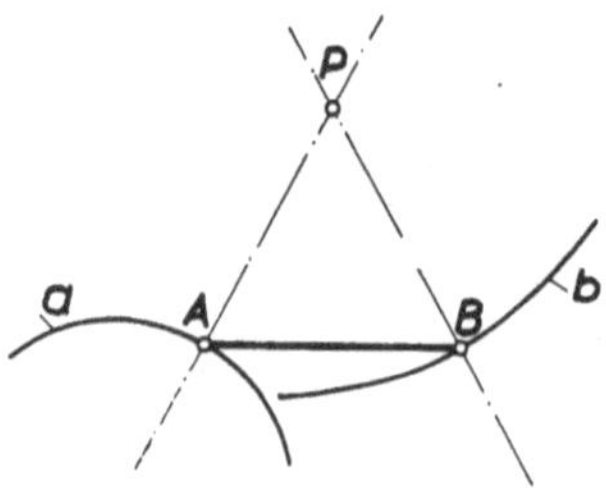

Bild 1. Bestimmung des Momentanpoles P

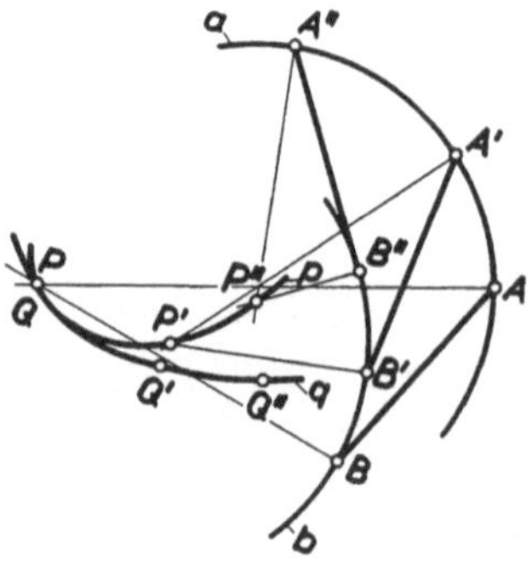

Bild 2. Polkurven p und q der durch drei Lagen bewegten Ebene AB

Bewegt sich ein Getriebeglied aus seiner Anfangslage AB in die Lagen $A'B'$, $A''B''$, . . ., indem A und B auf ihren Bahnkurven a bzw. b fortschreiten, so lassen sich die Momentanpole P, P', P'', . . . als Schnittpunkte der Bahnnormalen in den Punkten A, A', A'', . . . bzw. B, B', B'', . . . finden. Die Pole P, P', P'', . . . liegen auf einer Kurve, die die ruhende Polkurve (Rastpolbahn) genannt wird und mit p bezeichnet werden soll (Bild 2). Werden die Lagen $A'B'$, $A''B''$, . . . samt der zugehörigen Pole P', P'', . . . in die Ausgangslage AB zurückbewegt, indem beispielsweise die Seite $A'B'$, des Dreiecks $A'B'P'$ mit AB zur Deckung gebracht wird, so gelangen P', P'', . . . in die Lagen Q', Q'', . . ., und P ist identisch mit Q.

Es ist dann

$$\begin{array}{ccc} \Delta A'B'P' & \cong & \Delta ABQ' \\ \Delta A''B''P'' & \cong & \Delta ABQ'' \\ \vdots & & \vdots \, . \end{array}$$

Die Punkte $Q, Q', Q'', \ldots$ liegen auf einer Kurve, die die bewegte Polkurve (Gangpolbahn) genannt wird und mit q bezeichnet werden soll.

Bei der Bewegung des Getriebegliedes AB werden die Pole P, P', P'', ... der Reihe nach zu Momentanpolen, wobei nacheinander P mit Q, P' mit Q', P'' mit Q'', ... zur Deckung kommen. Die Bogenelemente auf den Kurven p und q müssen daher einander gleich sein, so daß bei der Bewegung die bewegte Polkurve auf der ruhenden abrollt, ohne zu gleiten. Die Polkurve q ist die einzige Kurve in der Ebene des Getriebegliedes, also die einzige Kurve des bewegten Systems, die beständig auf der Polkurve p, ihrer Hüllbahnkurve, rollt [3].

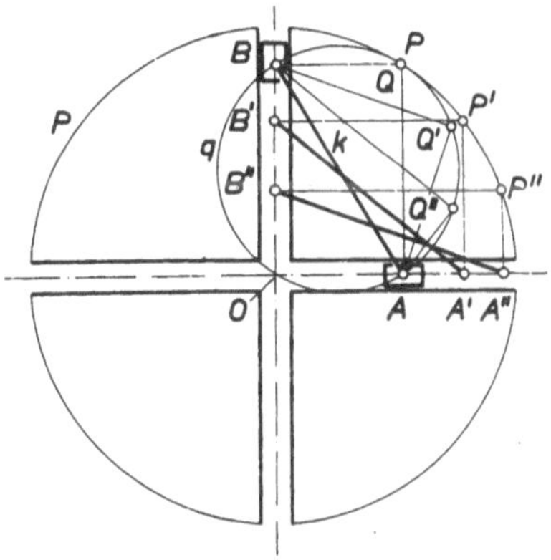

Bild 3. Polkurven der feststehenden Kreuzschleife

D i e P o l k u r v e n d e r f e s t s t e h e n d e n K r e u z s c h l e i f e. Die Gelenkpunkte A, B des Kreuzschiebers (Koppel k) werden auf zueinander senkrechten Geraden geführt (Bild 3). Die Normalen in A und B bilden mit den Punktbahnen stets ein Rechteck

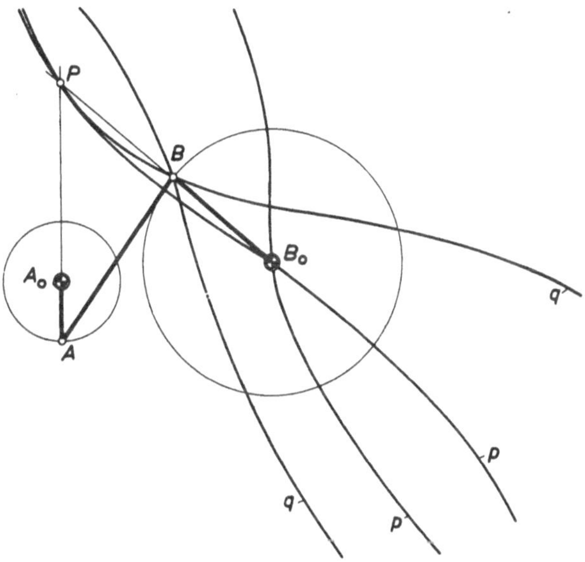

Bild 4. Polkurven der Kurbelschwinge

mit der Diagonalen k. Die Entfernung des Momentanpols vom Kreuzungspunkt 0 bleibt daher konstant. Der Kreis mit dem Radius k ist die ruhende Polkurve und der Momentanpol ist stets die Spitze eines rechtwinkligen Dreiecks über der Basis k. Der Thaleskreis über k ist daher die Gangpolbahn. Die Bewegung der Koppel k kann durch das Abrollen dieses Kreises in einem doppelt so großen (Rastpolbahn) erzeugt werden.

Die Polkurven der Kurbelschwinge. Die beiden Kurvenäste der bewegten Polkurve schneiden sich in B (Bild 4), die der ruhenden in B_0. In zwei Stellungen des Getriebes sind Kurbel und Schwinge parallel und die Momentanpole liegen im Unendlichen. Wenn es auf die Konstruktion der bewegten Polkurve ankommt, kann die Umkehrung der Bewegung dafür herangezogen werden. Die Koppel AB wird dabei als feste Ebene betrachtet und die Punkte A_0 und B_0 beschreiben Kreise um A bzw. B. Die als beweglich geltende Strecke A_0B_0 bestimmt in ihren Stellungen die zugehörigen Pole.

Anwendung der Polkurven beim Wälzhebelgetriebe. Die Abnutzung der Wälzkurven ist gering, wenn die Kurven aufeinander abrollen ohne zu gleiten. Am Beispiel einer Ventilsteuerung soll die Konstruktion der Wälzkurven veranschaulicht werden. Für den Antriebshebel wird als Wälzkurve eine Gerade vorgeschrieben. Die Gegenkurve ist zu konstruieren (Bild 5). Die Pole der relativen Bewegung müssen stets auf der Verbindungsgeraden A_0A liegen und teilen diese im augenblicklichen Übersetzungsverhältnis. Im Falle der Polkurven sind die Momentanpole die augenblicklichen Berührungspunkte. In der Darstellung ist es Pol P, der mit Q zusammenfällt. Einem Punkt P_1' der Kurve 1 entspricht im Berührungsfall mit der Kurve 2 der Pol P_1 auf A_0A (Kreis um A_0 durch P_1'). Bei der Berührung der Kurven in P_1 fällt Q_1 mit P_1 zusammen. Q_1' der Kurve 2 hat von A die Entfernung AQ_1 (Kreis mit AQ_1 um A). Da beide Kurven aufeinander rollen, muß das Bogenelement PQ_1' gleich der Strecke PP_1' sein. Bei der Konstruktion werden zweckmäßigerweise gleiche Kurventeilchen von P aus auf der Antriebskurve 1 abgetragen [1].

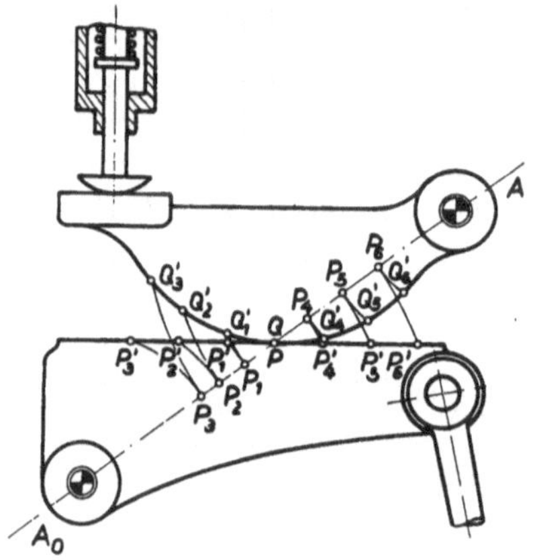

Bild 5. Konstruktion eines Wälzhebelgetriebes unter Benutzung der Polkurven

2.2 Ermittlung der Geschwindigkeiten und Beschleunigungen

Bewegt sich der Punkt A in dem kleinen Zeitteilchen Δt entlang des kleinen Weges $AA' = \Delta s$, so ist der Quotient $\Delta s/\Delta t$ ein Maß für die mittlere Geschwindigkeit des Punktes [29]:

$$\mathfrak{v}_A = AA'/\Delta t = \Delta s/\Delta t.$$

Bei unbegrenzter Abnahme strebt dieser Quotient einem Grenzwert ds/dt zu, der die augenblickliche Geschwindigkeit des Punktes A darstellt:

$$\mathfrak{v}_A = ds/dt.$$

Wird die Beobachtung der Bewegung des Punktes A auf zwei aufeinanderfolgende Zeitteilchen ausgedehnt, dann wird A am Ende des zweiten Zeitteilchens nach A'' gelangt sein. Dabei wird sich im allgemeinen die Richtung der Bewegung und auch die Größe des zurückgelegten Weges geändert haben:

$$\mathfrak{v}'_A = A'A''/dt.$$

Die Änderung der Geschwindigkeit $\mathfrak{v}'_A$ gegenüber $\mathfrak{v}_A$ kennzeichnet die Beschleunigung des Punktes A. Im allgemeinen werden die Punkte A, A', A'' nicht auf einer Geraden liegen. Sie liegen auf einem Kreis, dessen Halbmesser ϱ den Krümmungsradius der Bahnkurve des Punktes A darstellt (Bild 6). Liegen die Punkte A, A', A'' unendlich benachbart, dann schneiden sich die Bahnnormalen in A und A' im Krümmungsmittelpunkt A_0 der Bahn des Punktes A. Der Winkel $d\varphi$,

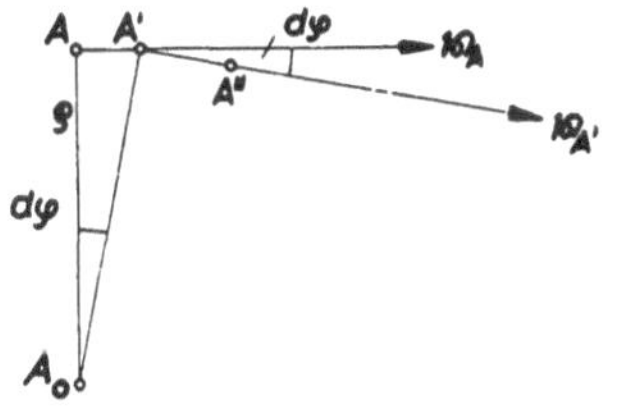

Bild 6. Geschwindigkeitsvektoren eines auf krummliniger Bahn bewegten Punktes

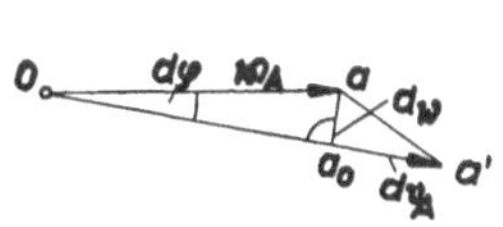

Bild 7. Geschwindigkeitsänderung

den die beiden Bahnnormalen bilden, ist der gleiche, unter dem sich die Geschwindigkeitsvektoren $\mathfrak{v}_A$ und $\mathfrak{v}'_A$ schneiden. Werden diese von einem Punkt 0 aus abgetragen (Bild 7), dann wird durch die Verbindungsgerade der Endpunkte a und a' der Vektoren die Änderung der Geschwindigkeit (Beschleunigung) dargestellt:

$$\mathfrak{b}_A = aa'/dt.$$

aa' kann derart zerlegt werden, daß $\mathfrak{v}_A$ zunächst seine Richtung ändert, a geht über in a_0. Hierauf ändert sich die Größe der Geschwindigkeit, a_0 geht über in a'. Die geometrische Addition $aa_0 + a_0a'$ ergibt aa'. Der Anteil aa_0 steht zur Richtung der Geschwindigkeit normal und stellt, nach der Zeit differenziert, die Normalbeschleunigung des Punktes A dar:

$$\mathfrak{b}_{An} = aa_0/dt \qquad aa_0 = v_A \cdot d\varphi .$$

Für ds kann geschrieben werden $\varrho \cdot d\varphi$, dann ist $v_A = \varrho \cdot d\varphi/dt$. Der Quotient $d\varphi/dt$ ist die Winkelgeschwindigkeit ω des Punktes A.

$$\mathfrak{v}_A = \varrho \cdot \omega .$$

Die Normalbeschleunigung läßt sich dann ausdrücken durch

$$\mathfrak{b}_{An} = \varrho \cdot \frac{d\varphi}{dt} \cdot \frac{d\varphi}{dt} = \varrho \cdot \omega^2$$

oder

$$\mathfrak{b}_{An} = \frac{\varrho^2\,\omega^2}{\varrho} = \frac{\mathfrak{v}_A^2}{\varrho} .$$

Der Anteil $a_0 a'$ hat die Größe $d\mathfrak{v}_A$ (Geschwindigkeitszuwachs) und die Richtung der Tangente an die Bahnkurve und wird, nach der Zeit differenziert, Tangentialbeschleunigung genannt:

$$\mathfrak{b}_{A_t} = a_0\, a'/dt = d\mathfrak{v}_A/dt\,.$$

Es ist dann die Gesamtbeschleunigung

$$\mathfrak{b}_A = \mathfrak{b}_{A_n} \dotplus \mathfrak{b}_{A_t} = \sqrt{\mathfrak{b}_{A_n}^2 + \mathfrak{b}_{A_t}^2}\,.$$

Bei der zahlenmäßigen Auswertung einer zeichnerischen Darstellung der Bewegung eines Punktes ist folgendes zu beachten:

Soll der Ablauf der Bewegung in einem Bewegungsschaubild dargestellt werden, dann ist auf der x-Achse (Einheit in cm) die Zeit t (in sec), mit der Maßstabskonstanten k multipliziert, aufzutragen. Auf der y-Achse wird der zurückgelegte

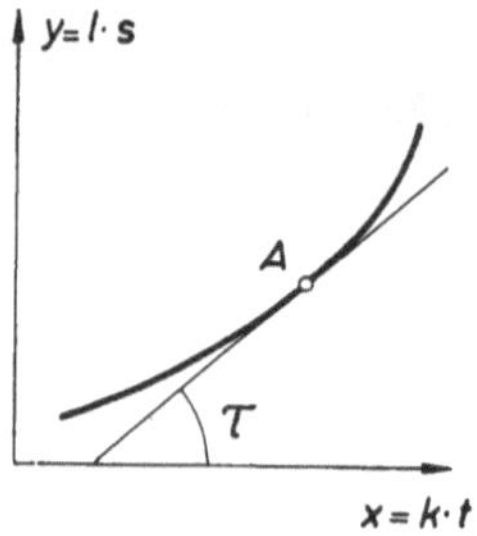

Bild 8. Weg-Zeit-Schaubild

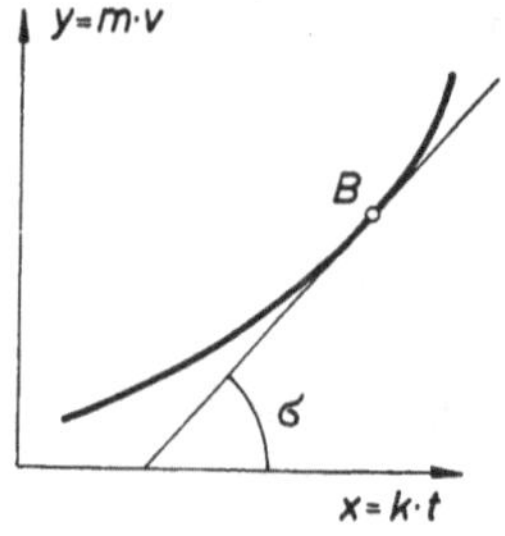

Bild 9. Geschwindigkeit-Zeit-Schaubild

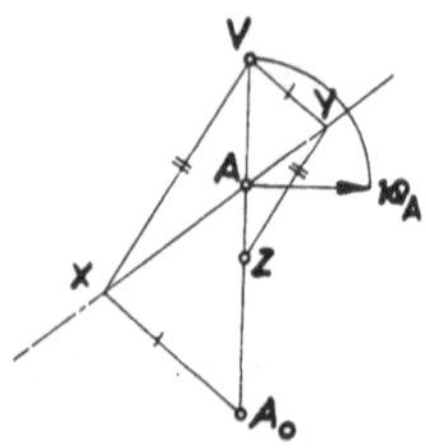

Bild 10. Ermittlung der Normalbeschleunigung

Weg s, multipliziert mit der Maßstabskonstanten l, eingezeichnet. Die Dimension von k ist cm/sec, l ist dimensionslos. Die Tangente an die Weg-Zeit-Kurve schneidet die positive Richtung der x-Achse unter dem Winkel τ (Bild 8).

Es ist

$$\operatorname{tg}\tau = dy/dx = d(l\cdot s)/d(k\cdot t) = \frac{l}{k}\cdot\frac{ds}{dt} = \frac{t}{k}\cdot v\,.$$

Daraus läßt sich die Geschwindigkeit bestimmen

$$v = \frac{k}{l}\cdot\operatorname{tg}\tau\,.$$

Wird auf der y-Achse die Geschwindigkeit v, multipliziert mit der Maßstabskonstanten m, aufgetragen und der Winkel, den die Tangente an die Geschwindigkeit-Zeit-Kurve mit der x-Achse bildet, mit σ bezeichnet, dann ist nach Bild 9

$$\operatorname{tg}\sigma = \frac{dy}{dx} = d(m\cdot v)/d(k\cdot t) = \frac{m}{k}\cdot b_t\,.$$

Die Tangentialbeschleunigung ist dann

$$b_t = \frac{k}{m}\cdot\operatorname{tg}\sigma\,;$$

m hat die Dimension sec.

Die Größe der Normalbeschleunigung b_{A_n} kann zeichnerisch ermittelt werden. Es seien der Systempunkt A, der Krümmungsmittelpunkt A_0 seiner Bahn und der Vektor $\mathfrak{v}_A$ seiner Geschwindigkeit gegeben (Bild 10). Der Vektor $\mathfrak{v}_A$ werde um 90° gedreht und damit der Punkt V bestimmt. Durch A soll eine beliebige Gerade gezeichnet werden, die sich mit je einer Geraden durch A_0 und V in X und Y schneidet. Die Geraden durch A_0 und V können beliebige Richtung haben, müssen aber parallel sein. Die zu XV parallele Gerade durch Y schneidet AA_0 im Punkt Z. AZ ist die Normalbeschleunigung b_{A_n}. Ist m die Maßstabskonstante der Geschwindigkeit und l der Zeichenmaßstab, dann ist

$$\mathfrak{b}_{A_n} = \frac{AZ \cdot l}{m^2} .$$

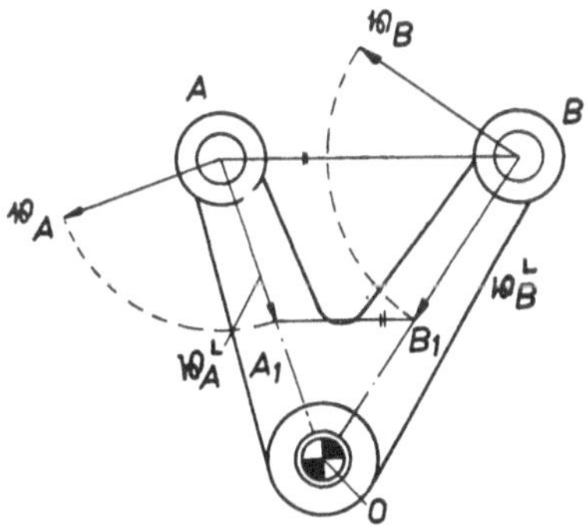

Bild 11. Geschwindigkeiten am Winkelhebel

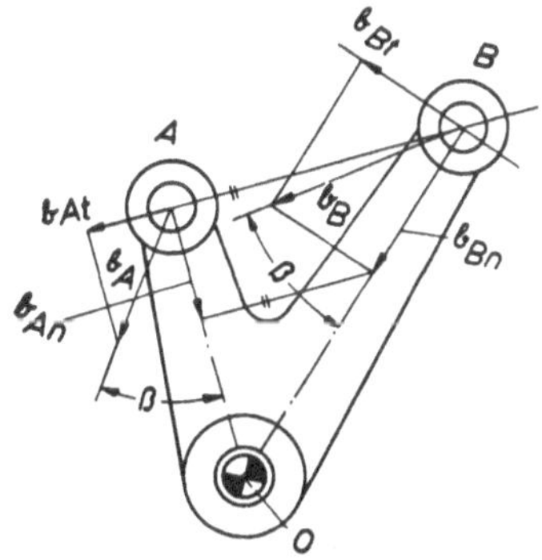

Bild 12. Beschleunigungen am Winkelhebel

Ein Maschinenteil (beispielsweise ein Winkelhebel, Bild 11) drehe sich um den festen Punkt O. Bekannt sei die Geschwindigkeit des Gelenkpunktes A, gesucht ist die Geschwindigkeit des Punktes B.

Der Vektor der Geschwindigkeit $\mathfrak{v}_A$ des Punktes A werde um 90° gedreht, dann fällt $\mathfrak{v}_A^{\llcorner}$ in die Gerade OA. Die Parallele zu AB durch den Endpunkt A_1 des gedrehten Vektors schneidet OB in B_1, dem Endpunkt des gedrehten Vektors der Geschwindigkeit des Punktes B. Durch Zurückdrehen um 90° wird der Geschwindigkeitsvektor $\mathfrak{v}_B$ des Punktes B erhalten.

$$\mathfrak{v}_A = OA \cdot \omega , \qquad \mathfrak{v}_A : \mathfrak{v}_B = OA : OB .$$
$$\mathfrak{v}_B = OB \cdot \omega ,$$

Ist die Beschleunigung $\mathfrak{b}_A$ des Punktes A bekannt, dann kann die Beschleunigung des Punktes B bestimmt werden. $\mathfrak{b}_A$ läßt sich in die Normalbeschleunigung $\mathfrak{b}_{A_n}$ und die Tangentialbeschleunigung $\mathfrak{b}_{A_t}$ zerlegen. Die Parallele zu AB durch den Endpunkt des Vektors $\mathfrak{b}_{A_n}$ schneidet OB im Endpunkt des Beschleunigungsvektors $\mathfrak{b}_{B_n}$ (Bild 12). Der Winkel β zwischen der Gesamtbeschleunigung und dem Normalanteil ist für alle Punkte des drehenden Systems der gleiche und bestimmt die Richtung der Beschleunigung $\mathfrak{b}_B$; das Lot auf OB im Endpunkt des Vektors $\mathfrak{b}_{Bn}$ bestimmt die Größe des Vektors $\mathfrak{b}_B$. Es ist

$$\mathfrak{b}_{An} = \varrho_A \cdot \omega^2,$$

$$\mathfrak{b}_{Bn} = \varrho_B \cdot \omega^2; \qquad \mathfrak{b}_{An} : \mathfrak{b}_{Bn} = \varrho_A : \varrho_B,$$

$$\mathfrak{b}_{At} = \frac{dv_A}{dt} = \frac{d(\varrho_A \cdot \omega)}{dt} = \frac{\varrho_A \cdot d\omega}{dt} = \varrho_A \cdot \varepsilon,$$

(ε = Winkelbeschleunigung)

$$\mathfrak{b}_A : \mathfrak{b}_{An} = \varepsilon : \omega^2 = \operatorname{tg} \beta \text{ (const für alle Punkte der Ebene)},$$

$$\mathfrak{b}_{A_t} = \sqrt{\mathfrak{b}_{A_t}^2 + \mathfrak{b}_{An}^2} = \varrho_A \sqrt{\varepsilon^2 + \omega^4}.$$

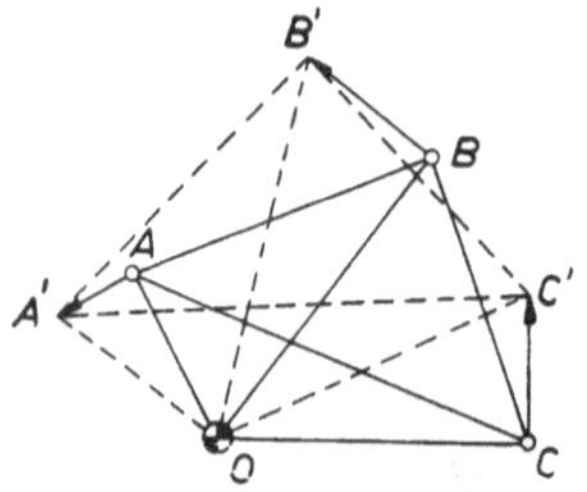

Bild 13. Die Endpunkte der Geschwindigkeitsvektoren bilden eine dem System ähnliche Figur

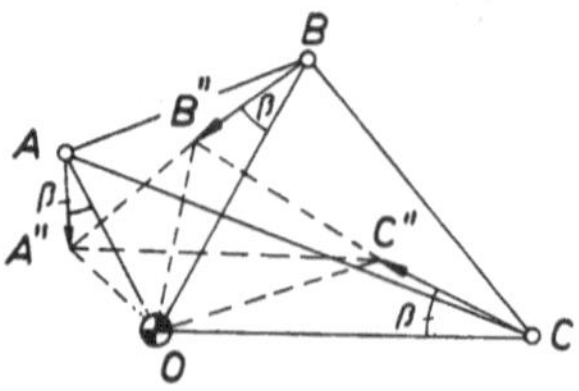

Bild 14. Die Endpunkte der Beschleunigungsvektoren bilden eine dem System ähnliche Figur

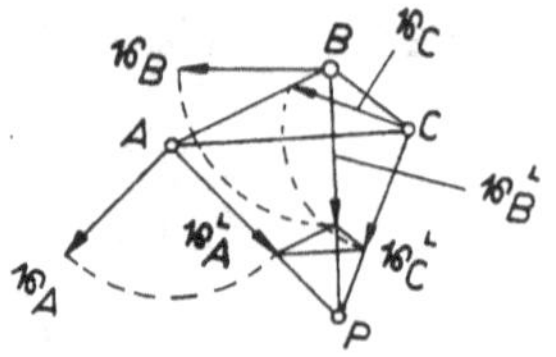

Bild 15. Die Endpunkte der gedrehten Geschwindigkeiten bilden eine dem System ähnliche und ähnlich gelegene Figur

Die Sätze von BURMESTER. Ist O der Drehpunkt eines ebenen starren Systems, dann stehen die Geschwindigkeitsvektoren der Punkte A, B, C (Bild 13) senkrecht auf den Strecken OA, OB und OC. Es ist

$$\begin{aligned}
&AA' : OA = BB' : OB = CC' : OC = \omega \\
&\Delta OAA' \sim \Delta OBB' \sim \Delta OCC' \\
&OA : OA' = OB : OB' \\
&OA : OB = OA' : OB' \\
&+ \Delta OA'B' \sim \Delta OAB \\
&+ \Delta OB'C' \sim \Delta OBC \\
&- \Delta OA'C' \sim \Delta OAC \\
\hline
&\Delta A'B'C' \sim \Delta ABC.
\end{aligned}$$

„Die Endpunkte der Geschwindigkeitsvektoren eines ebenen starren Systems bilden eine Figur, die der von den Systempunkten gebildeten ähnlich ist“ [7].

Sind AA'', BB'', CC'' die Beschleunigungsvektoren der Punkte eines ebenen starren Systems, das um O rotiert (Bild 14), dann ist

$$\begin{array}{l} AA'' \cos\beta : BB'' \cos\beta = OA : OB \\ \Delta OAA'' \sim \Delta OBB'' \sim \Delta OCC'' \\ OA : OA'' = OB : OB'' \\ OA : OB = OA'' : OB'' \\ + \Delta OA''B'' \sim \Delta OAB \\ + \Delta OB''C'' \sim \Delta OBC \\ - \Delta OA''C'' \sim \Delta OAC \\ \hline \Delta A''B''C'' \sim \Delta ABC . \end{array}$$

„Die Endpunkte der Beschleunigungsvektoren eines ebenen starren Systems bilden eine Figur, die der von den Systempunkten gebildeten ähnlich ist.“

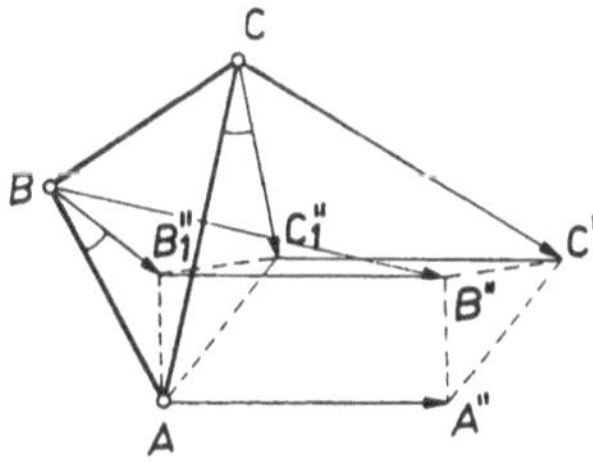

Bild 16. Beschleunigungsvektoren für Drehung und Schiebung

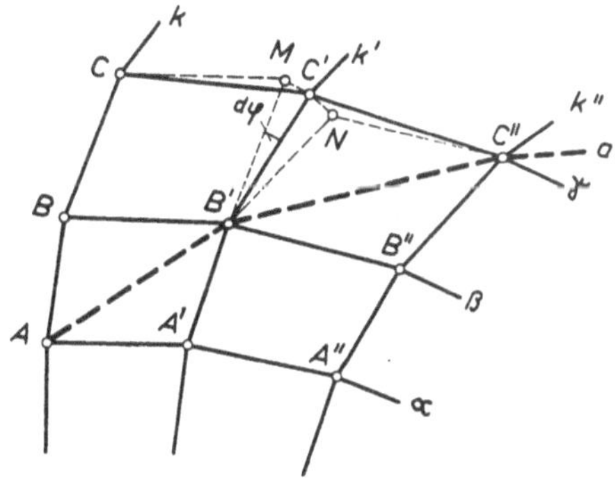

Bild 17. Zusammengesetzte Bewegung

Bei einer beliebigen ebenen Bewegung des Systems ABC tritt an die Stelle des Drehpunktes O der Momentanpol P; damit hat der Satz von Burmester über die Endpunkte der Geschwindigkeiten Allgmeingültigkeit. Erwähnt sei, daß die Endpunkte der gedrehten Geschwindigkeitsvektoren, da sie auf den Polstrahlen liegen, ebenfalls eine der Systemfigur ähnliche Figur bilden, die außerdem ähnlich gelegen ist (Bild 15).

Befindet sich der Punkt A des ebenen starren Systems in Ruhe und die Beschleunigung des Punktes B ist bekannt, dann kann nach dem Ähnlichkeitssatz die Beschleunigung des Punktes C ermittelt werden. Werden die Endpunkte der Beschleunigung mit B_1'' bzw. C_1'' bezeichnet, dann ist

$$\Delta AB_1''C_1'' \sim \Delta ABC .$$

Erfährt das Dreieck ABC zusätzlich eine Schiebebewegung in dem beispielsweise dem Punkt A eine Beschleunigung AA'' erteilt wird (Bild 16), dann erhalten auch B und C zusätzlich diese Beschleunigung und ihre Gesamtbeschleunigung ist BB'' bzw. CC'' und es ist

$$\Delta A''B''C'' \sim \Delta ABC ,$$

und damit hat der Ähnlichkeitssatz von BURMESTER auch für die beliebige Bewegung eines starren ebenen Systems Gültigkeit [7].

Die Beschleunigung der zusammengesetzten Bewegung. Ein Punkt A bewege sich auf einer Kurve k und gelange in zwei aufeinander folgenden Zeitteilchen nach B bzw. C. Die Kurve k bewege sich in der ruhenden Ebene mit der Winkelgeschwindigkeit ω, so daß die Punkte A, B, C in den beiden Zeitelementen nach A', B', C' bzw. A'', B'', C'' gelangen (Bild 17).

AB' und $B'C''$ sind dann die resultierenden Bahnelemente, die Punkt A in zwei aufeinander folgenden Zeitelementen auf der Bahnkurve a durchläuft. Nach R. MÜLLER kann die Beschleunigung angegeben werden [29]

$$\mathfrak{b} = \frac{B'C'' - AB'}{dt^2},$$

$$\mathfrak{b} = \frac{(B'C' + C'C'') - (AB + BB')}{dt^2}.$$

Für den Zähler des Bruches werden gesetzt

$$(BC - AB) + (B'B'' - BB') + (B'C' - BC) + (C'C'' - B'B''),$$

hierin bedeutet der Ausdruck $(BC - AB)/dt^2$ die relative Beschleunigung $\mathfrak{b}_r$ des Punktes A auf der Kurve k; der zweite Ausdruck $(B'B'' - BB')/dt^2$ wird Führungsbeschleunigung $\mathfrak{b}_f$ genannt und ist die Beschleunigung, die ein mit der Kurve k fest verbundener Punkt hat. Beim Grenzübergang tritt an die Stelle des Punktes B der Punkt A.

Im speziellen Fall der Parallelverschiebung werden die beiden letzten Ausdrücke zu Null und es ist

$$\mathfrak{b} = \mathfrak{b}_r \mathbin{+\!\!\!\!\rightarrow} \mathfrak{b}_f,$$

d. h. die Beschleunigung b eines Punktes, der sich mit der Beschleunigung $\mathfrak{b}_r$ auf einer Kurve bewegt, die eine Parallelverschiebung $\mathfrak{b}_f$ erfährt, ist gleich der Diagonalen des aus $\mathfrak{b}_r$ und $\mathfrak{b}_f$ gebildeten Parallelogrammes.

Im allgemeinen Fall ist

$$B'C' - BC = B'C' - B'M = MC',$$

$$C'C'' - B'B'' = C'C'' - NC'' = C'N,$$

$$MC' + C'N = MN,$$

$$\frac{MN}{dt^2} = \frac{2\,BC \cdot d\varphi}{dt \cdot dt}, \text{ im Grenzübergang } \frac{2\,AB \cdot d\varphi}{dt \cdot dt};$$

AB/dt ist die Relativgeschwindigkeit $\mathfrak{v}_r$ des Punktes A auf der Kurve k und $d\varphi/dt$ ist die Winkelgeschwindigkeit ω, mit der sich die Kurve k in der ruhenden Ebene bewegt. Zu der geometrischen Summe von $\mathfrak{b}_r$ und $\mathfrak{b}_f$ tritt als weiteres Glied der Vektor $2 \cdot \mathfrak{v}_r \cdot \omega$, der CORIOLIS-Beschleunigung $\mathfrak{b}_c$ genannt wird.

$$\mathfrak{b} = \mathfrak{b}_r \mathbin{+\!\!\!\!\rightarrow} \mathfrak{b}_f \mathbin{+\!\!\!\!\rightarrow} \mathfrak{b}_c.$$

Der Vektor $\mathfrak{b}_c$ hat die Richtung des um 90° im Sinne von ω gedrehten Vektors der Relativgeschwindigkeit.

Ermittlung der Geschwindigkeiten und Beschleunigungen am Gelenkviereck. Ein Gelenkviereck befindet sich in der im Bild 18 gezeichneten Stellung A_0ABB_0. Die gedrehte Geschwindigkeit des Gelenkpunktes A sei durch die Strecke AK gegeben. Die Parallele zu AB durch K bestimmt auf BB_0 die gedrehte Geschwindigkeit $\mathfrak{v}_B^{\llcorner}$. Die Parallele zu BB_0 durch K bestimmt auf AB die Strecke AN, die gedrehte Relativgeschwindigkeit $\mathfrak{v}_{BA}^{\llcorner}$. Es ist

$$\mathfrak{v}_B^{\llcorner} = \mathfrak{v}_A^{\llcorner} \dotplus \mathfrak{v}_{BA}^{\llcorner}.$$

Die Normalbeschleunigungen $\mathfrak{b}_{An}$, $\mathfrak{b}_{Bn}$ und $\mathfrak{b}_{BAn}$ werden je durch einen doppelten Parallelenzug gefunden (vgl. Bild 10).

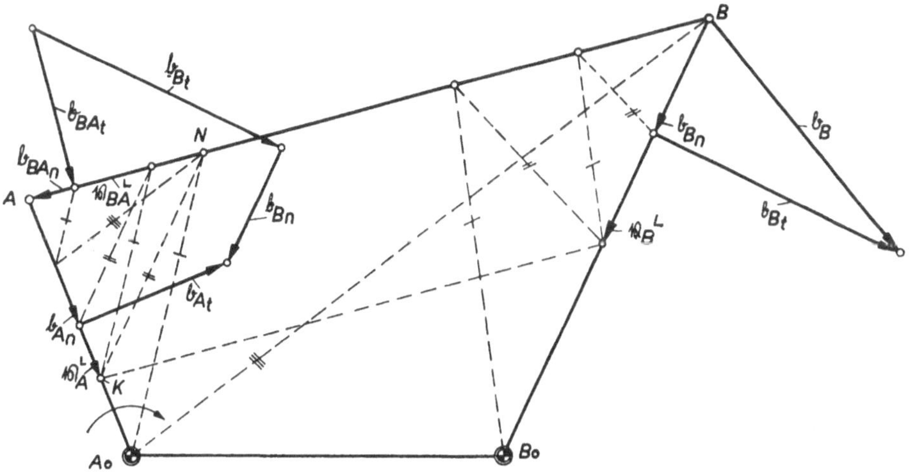

Bild 18. Ermittlung der Geschwindigkeiten und Beschleunigungen am Gelenkviereck

Die Tangentialbeschleunigung $\mathfrak{b}_{At}$ sei gegeben und von $\mathfrak{b}_{Bt}$ und $\mathfrak{b}_{BAt}$ sind die Richtungen bekannt. Nach der Vektorengleichung

$$\mathfrak{b}_{Bn} + \mathfrak{b}_{Bt} = \mathfrak{b}_{An} \dotplus \mathfrak{b}_{At} \dotplus \mathfrak{b}_{BAn} \dotplus \mathfrak{b}_{BAt}$$

läßt sich der Vektorenzug zeichnen.

Der Kurbelgelenkpunkt A der exzentrischen Schubkurbel im Bild 19 habe die Geschwindigkeit $\mathfrak{v}_A$ und die Beschleunigung $\mathfrak{b}_A = \mathfrak{b}_{An} \dotplus \mathfrak{b}_{At}$. Die Parallele zu AB durch den Endpunkt des gedrehten Vektors $\mathfrak{v}_A^{\llcorner}$ bestimmt $\mathfrak{v}_B^{\llcorner}$ senkrecht zur Schubrichtung. Die Relativgeschwindigkeit wird aus dem Vektorendreieck ermittelt und mit Hilfe der doppelten Parallelenzüge lassen sich $\mathfrak{b}_{An}$ und $\mathfrak{b}_{BAn}$ zeichnen. $\mathfrak{b}_{Bn}$ ist Null, weil B sich auf einer Geraden bewegt. Der Vektorenzug der Beschleunigungen kann entsprechend der Gleichung

$$\mathfrak{b}_B = \mathfrak{b}_{An} \dotplus \mathfrak{b}_{At} \dotplus \mathfrak{b}_{BAn} + \mathfrak{b}_{BAt}$$

gezeichnet werden.

Eine exzentrische Kurbelschleife ist im Bild 20 dargestellt. Die ruhende Ebene ist E_1, die Ebene der Schleife E_2 und die Ebene der Kurbel ist E_3. Kurbelgelenkpunkt A_3 und der Punkt A_2 der Schleife (Stange) fallen zusammen. Die Vektorengleichung der gedrehten Geschwindigkeiten lautet, wenn $\mathfrak{v}_{A31}$ bekannt ist

$$\mathfrak{v}^{L}_{A31} = \mathfrak{v}^{L}_{A21} +\!\!\!\!\rightarrow \mathfrak{v}^{L}_{A32}\,.$$

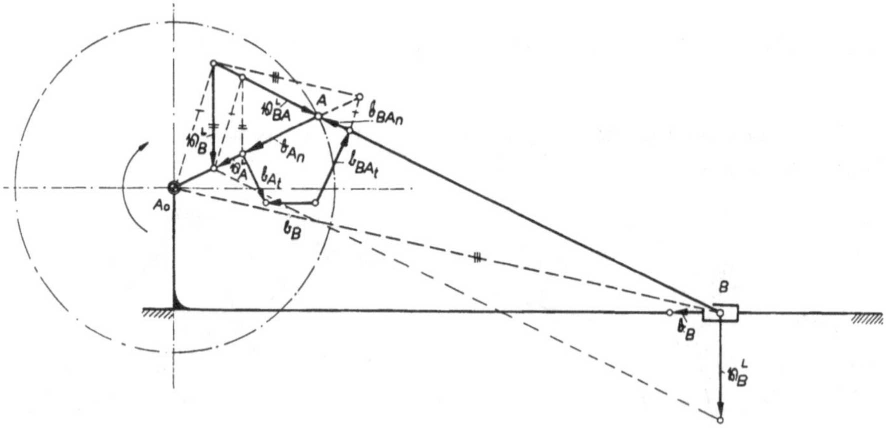

Bild 19. Ermittlung der Geschwindigkeiten und Beschleunigungen an der Schubkurbel

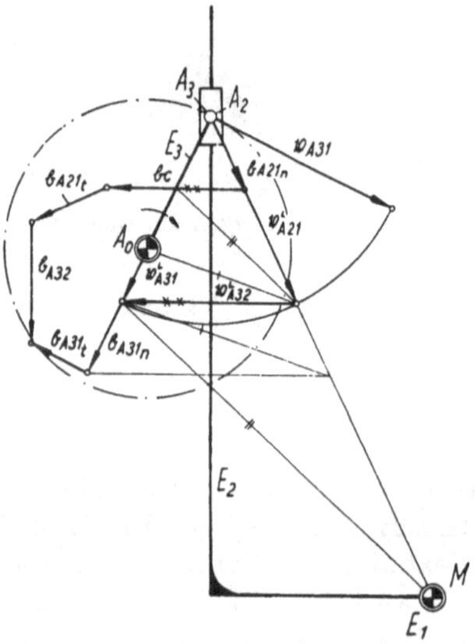

Bild 20. Ermittlung der Geschwindigkeiten und Beschleunigungen an der Kurbelschleife

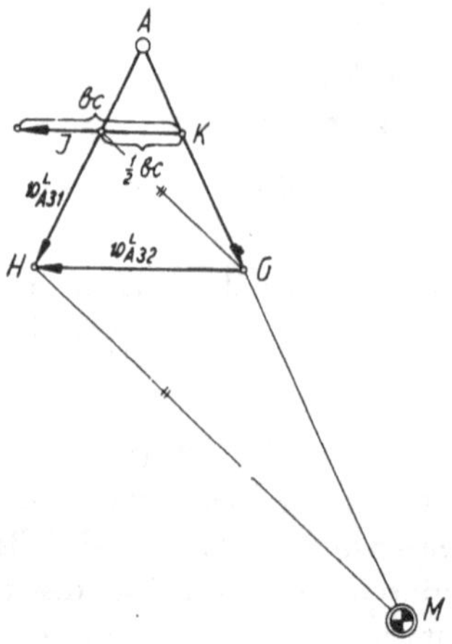

Bild 21. Zeichnerische Ermittlung der CORIOLIS-Beschleunigung

Die doppelten Parallelenzüge bestimmen $\mathfrak{b}_{A31_n}$ und $\mathfrak{b}_{A21_n}$. Die Normalbeschleunigung $\mathfrak{b}_{A32_n}$ ist Null. Die CORIOLIS-Beschleunigung $\mathfrak{b}_c$ kann nach Bild 21 zeichnerisch ermittelt werden. Im Vektorendreieck AHG der gedrehten Geschwindigkeitsvektoren ist mit Hilfe des doppelten Parallelenzuges $IG // HM$ und $IK // HG$ die Normalbeschleunigung $\mathfrak{b}_{A21_n}$ bestimmt worden; IK ist der halbe Vektor $\mathfrak{b}_c$.

Es ist $IK : HG = AI : AH = AG : AM$,

$$IK = HG \cdot AG : AM = \mathfrak{v}_{A32} \cdot \mathfrak{v}_{A21} : r = \mathfrak{v}_r \cdot \omega;$$

$\mathfrak{b}_c$ hat die Richtung der um 90° im Sinne ω gedrehten Relativgeschwindigkeit $\mathfrak{v}_r$.

Ist $\mathfrak{b}_{A31_t}$ gegeben, dann lassen sich die Beschleunigungsvektoren entsprechend der Gleichung

$$\mathfrak{b}_{A31_n} \mathrel{+\!\!\!\!\rightarrow} \mathfrak{b}_{A31_t} = \mathfrak{b}_{A21_n} \mathrel{+\!\!\!\!\rightarrow} \mathfrak{b}_c \mathrel{+\!\!\!\!\rightarrow} \mathfrak{b}_{A21_t} \mathrel{+\!\!\!\!\rightarrow} \mathfrak{b}_{A32}$$

aneinanderreihen.

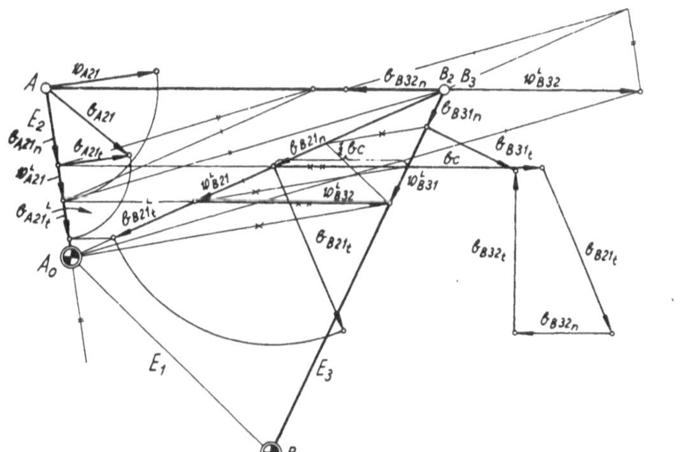

Bild 22. Ermittlung der Geschwindigkeiten und Beschleunigungen auf Grund der Relativbewegung am Gelenkviereck

Die gleiche Betrachtungsweise ist auch beim Gelenkviereck im Bild 22 möglich. Die ruhende Ebene ist E_1, die Kurbelebene E_2 und die Schwingebene E_3. Im Gelenkpunkt B fällt B_2 zur Kurbelebene gehörig mit B_3 zur Schwingebene gehörig zusammen. Gegeben sind $\mathfrak{v}_{A21}$ und $\mathfrak{b}_{A21_t}$. Die Parallele zu AB durch den Endpunkt des gedrehten Vektors $\mathfrak{v}^{\llcorner}_{A21}$ bestimmt $\mathfrak{v}^{\llcorner}_{B21}$ und $\mathfrak{v}^{\llcorner}_{B31}$. Die Relativgeschwindigkeit $\mathfrak{v}^{\llcorner}_{B32}$ wird aus dem Vektorendreieck gewonnen. Die doppelten Parallelenzüge bestimmen $\mathfrak{b}_{A21_n}$, $\mathfrak{b}_{B31_n}$, $\mathfrak{b}_{B21_n}$ und gleichzeitig $\frac{1}{2}\,\mathfrak{b}_c$. Der Vektorenzug der Beschleunigungen erfüllt die Gleichung

$$\mathfrak{b}_{B31_n} \mathrel{+\!\!\!\!\rightarrow} \mathfrak{b}_{B31_t} = \mathfrak{b}_{B21_n} \mathrel{+\!\!\!\!\rightarrow} \mathfrak{b}_c \mathrel{+\!\!\!\!\rightarrow} \mathfrak{b}_{B21_t} \mathrel{+\!\!\!\!\rightarrow} \mathfrak{b}_{B32_n} \mathrel{+\!\!\!\!\rightarrow} \mathfrak{b}_{B32_t}.$$

Bei der Schubkurbel des Bildes 23 wird der Gleitsteingelenkpunkt B_2 zur Kurbelebene E_2 gehörig betrachtet und der mit ihm zusammenfallende Punkt B_3 gehört der Gleitsteinebene E_3 an. E_1 ist die ruhende Ebene. Gegeben sind die Geschwindigkeit $\mathfrak{v}_{A21}$ des Kurbelgelenkpunktes A und seine Tangentialbeschleunigung $\mathfrak{b}_{A21_t}$. Die Parallele zu AB durch den Endpunkt des gedrehten Vektors $\mathfrak{v}_{A21}^{\llcorner}$ bestimmt die gedrehten Vektoren $\mathfrak{v}_{B21}^{\llcorner}$ und $\mathfrak{v}_{B32}^{\llcorner}$; $\mathfrak{v}_{B32}^{\llcorner}$ schließt das Vektorendreieck. Die doppelten Parallelenzüge ergeben die Normalbeschleunigungen $\mathfrak{b}_{A21_n}$, $\mathfrak{b}_{B32_n}$ und $\mathfrak{b}_{B21_n}$. Bei der Ermittlung der letzteren wird gleichzeitig $\frac{1}{2}\,\mathfrak{b}_c$ gewonnen. Der Vektorenzug der Beschleunigungen kann nach der Gleichung

$$\mathfrak{b}_{B31} = \mathfrak{b}_{B21_n} \mathrel{+\!\!\!\to} \mathfrak{b}_c \mathrel{+\!\!\!\to} \mathfrak{b}_{B21_t} \mathrel{+\!\!\!\to} \mathfrak{b}_{B32_n} \mathrel{+\!\!\!\to} \mathfrak{b}_{B32_t}$$

gezeichnet werden.

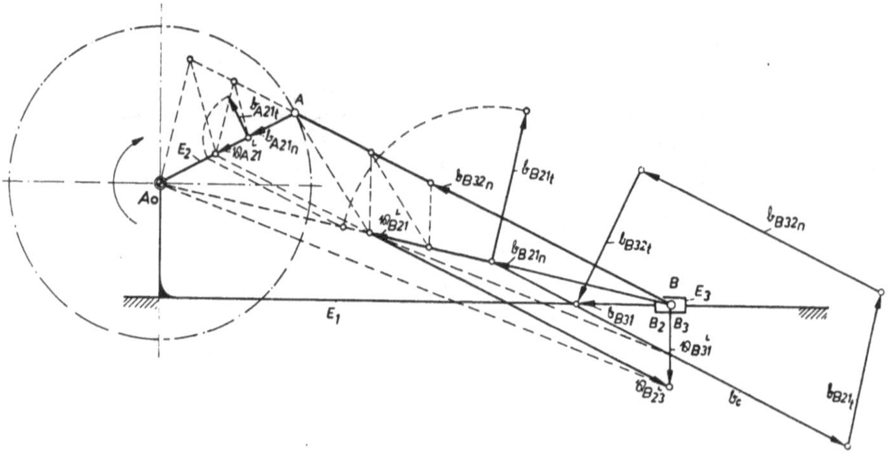

Bild 23. Ermittlung der Geschwindigkeiten und Beschleunigungen auf Grund der Relativbewegung an der Schubkurbel

2.3 Die Krümmungsmittelpunkte der Bahnen

Der Punkt A eines bewegten ebenen Getriebegliedes gelange von der Lage A nach A' auf einer Bahn, deren Krümmungsmittelpunkt in A_0 liege. Das Getriebeglied beschreibt dabei einen unendlich kleinen Drehwinkel $d\varphi$ um den Momentanpol P, der auf AA_0 liegen muß (Bild 24). Der Winkel $d\varphi$ wird von den Polstrahlen PA und PA' gebildet. Die Richtung der Polbahntangente t sei bekannt und damit ist der Pol P' der Lage A' auf $A'A_0$ bestimmt. Der Winkel zwischen der Polbahnnormalen n und dem Polstrahl PA sei α und es werde gesetzt $PA = a$ und $PA_0 = r$. Das Wegelement ds, welches der Pol auf der Polbahn in der kleinen Zeit dt zurücklegt, entspreche der Strecke PP'.

Die Senkrechte zu PA in P schneidet $A'A_0$ in P_1, dann ist der Winkel P_1PP' gleich α und es kann geschrieben werden

$$AA' : PP_1 = (r + a) : r \, .$$

Wird gesetzt

$$PP_1 = PP' \cdot \cos\alpha = ds \cdot \cos\alpha\,,$$
$$AA' = a \cdot d\varphi\ ,$$

dann ist

$$\frac{a \cdot d\varphi}{ds \cdot \cos\alpha} = \frac{r + a}{r}\,,$$

$$\frac{d\varphi}{ds} = \frac{r + a}{r\,a}\cos\alpha\,,$$

$$\frac{d\varphi}{ds} = \left(\frac{1}{a} + \frac{1}{r}\right)\cos\alpha\,.$$

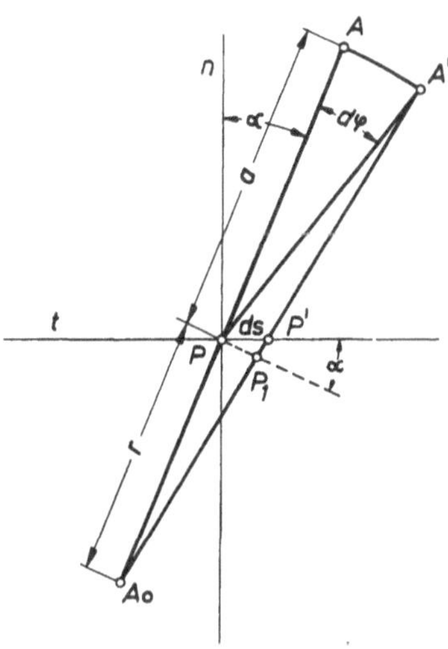

Bild 24

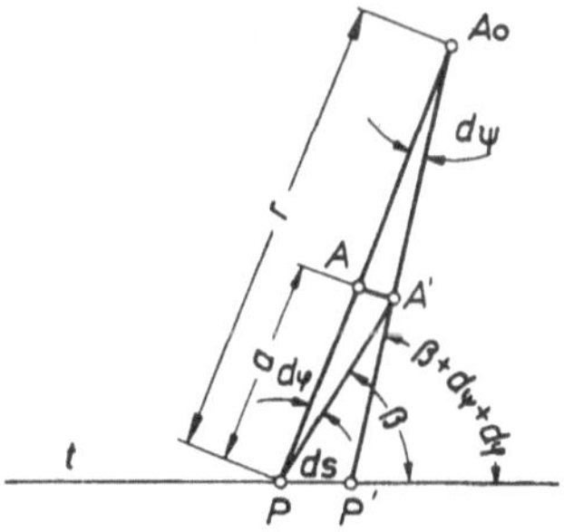

Bild 25

Bild 24. Momentanpol und Krümmungsmittelpunkt

Bild 25. Momentanpol und Krümmungsmittelpunkt auf verschiedenen Seiten des Systempunktes

$d\varphi/dt$ ist die Winkelgeschwindigkeit ω der bewegten Ebene und ds/dt ist die Polwechselgeschwindigkeit u. Der Quotient u/ω werde mit w bezeichnet, dann ist

$$\frac{d\varphi/dt}{ds/dt} = \frac{\omega}{u} = \frac{1}{w}$$

und der Krümmungszustand einer bewegten Ebene wird gekennzeichnet durch die Gleichung

$$\left(\frac{1}{a} \pm \frac{1}{r}\right)\cos\alpha = \frac{1}{w}\,,$$

die die Euler-Savarysche Gleichung genannt wird.

Für den Fall, daß A und A_0 auf der gleichen Seite vom Pol aus gesehen liegen, gilt das Minuszeichen. Wird an Stelle des Winkels α der Winkel β zwischen Polbahntangente und PA gemessen, dann ist in der EULER-SAVARYschen Gleichung an Stelle $\cos\alpha$ der $\sin\beta$ zu setzen (Bild 25):

$$\left(\frac{1}{a} - \frac{1}{r}\right)\sin\beta = \frac{1}{w}\,.$$

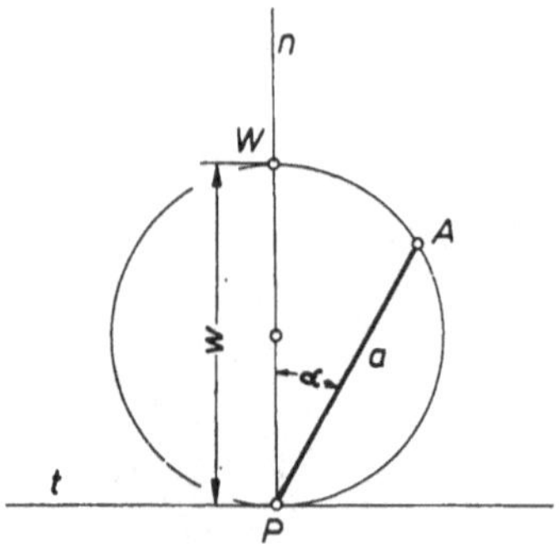

Bild 26. Momentanpol und Wendekreis

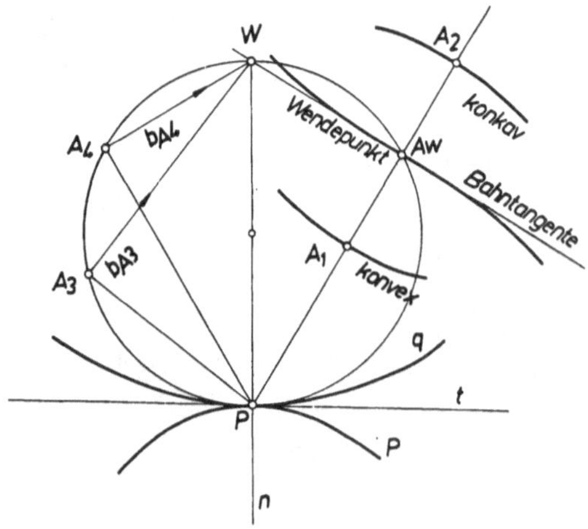

Bild 27. Wendekreis und Punktbahnen

Wird r unendlich groß, dann rückt A_0 ins Unendliche und der Punkt A beschreibt eine gerade Bahn

$$\left(\frac{1}{a} + \frac{1}{\infty}\right)\cos\alpha = \frac{1}{w}\,,$$

$$w\cos\alpha = a\,.$$

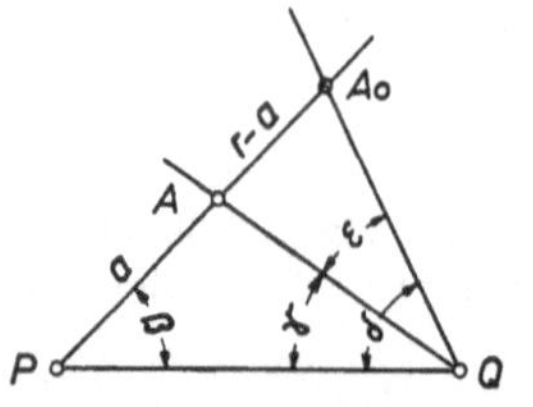

Bild 28. Momentanpol P und Punkt Q

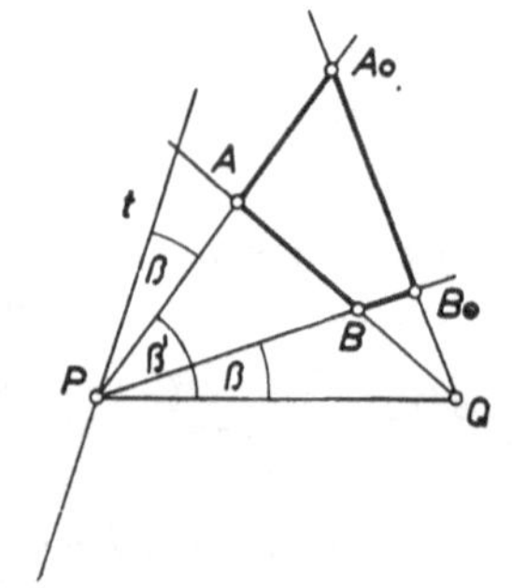

Bild 29. Polbahntangente t und Kollineationsachse PQ

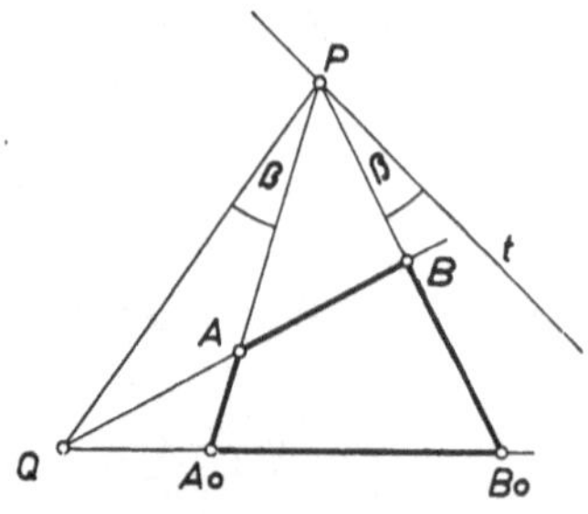

Bild 30. Konstruktion der Polbahntangente beim Gelenkviereck

Das ist die Gleichung eines Kreises in Polarkoordinaten mit dem Durchmesser w (Bild 26). Dieser Kreis heißt Wendekreis und ist der geometrische Ort für alle Punkte einer bewegten Ebene, die eine gerade Bahn durchlaufen und infolgedessen keine Normalbeschleunigung haben.

Für α gleich null Grad wird $a = w$, d. h. der Punkt A liegt auf der Normalen und wird Wendepol W genannt. PW ist der Durchmesser des Wendekreises und fällt mit der Polbahnnormalen zusammen. Der Wendekreis berührt die Polbahntangente in P. Vom Momentanpol aus gesehen sind die Bahnen aller Punkte der bewegten Ebene innerhalb des Wendekreises konvex und außerhalb desselben konkav gekrümmt (Bild 27).

Konstruktion der Polbahntangente nach BOBILLIER. Die Schenkel eines Winkels mit dem Scheitel Q werden von einer durch P gehenden Geraden in A und A_0 geschnitten (Bild 28) [29]. Es ist

$$\Delta PQA_0 - \Delta PQA = AQA_0\,,$$

$$PQ \cdot QA_0 \sin\delta - PQ \cdot QA \sin\gamma = AQ \cdot QA_0 \sin\varepsilon\,,$$

$$\frac{1}{QA\sin\gamma} - \frac{1}{QA_0\sin\delta} = \frac{\sin\varepsilon}{PQ\sin\gamma\sin\delta}\,,$$

$$\frac{1}{PA\sin\beta'} - \frac{1}{PA_0\sin\beta'} = \frac{\sin\varepsilon}{PQ\sin\gamma\sin\delta}\,,$$

$$\left(\frac{1}{a} - \frac{1}{r}\right)\frac{1}{\sin\beta'} = \frac{\sin\varepsilon}{PQ\sin\gamma\sin\delta}\,.$$

Eine zweite, durch P gehende Gerade schneidet die Schenkel des Winkels ε in B und B_0 (Bild 29). Die rechte Seite der Gleichung bleibt dadurch unverändert und wenn PB gleich a' und PB_0 gleich r' gesetzt wird, kann geschrieben werden

$$\left(\frac{1}{a'} - \frac{1}{r'}\right)\frac{1}{\sin\beta} = \frac{\sin\varepsilon}{PQ\sin\gamma\sin\delta}\,;$$

daraus folgt

$$\left(\frac{1}{a} - \frac{1}{r}\right)\sin\beta = \left(\frac{1}{a'} - \frac{1}{r'}\right)\sin\beta'\,.$$

Diese Gleichung wird erfüllt, wenn der Winkel zwischen der Polbahntangente und PA gleich β bzw. zwischen der Polbahntangente und PB gleich β' gemacht wird. Bild 30 zeigt die Konstruktion der Polbahntangente, wenn zwei Paar entsprechender Krümmungsmittelpunkte A, A_0 und B, B_0 gegeben sind, die nicht in derselben Geraden liegen.

Sind der Momentanpol und die Polbahntangente bekannt, so sind drei unendlich benachbarte Lagen einer bewegten Ebene definiert. Zu jedem Punkt dieser Ebene läßt sich der Krümmungsmittelpunkt seiner Bahn bestimmen.

Die beiden Festpunkte A_0, B_0 und die Gelenkpunkte A und B der Koppelebene eines Gelenkvierecks sind gegeben; der Krümmungsmittelpunkt C_0 der Bahn eines Punktes C der Koppelebene ist gesucht (Bild 31). Der Momentanpol P ist der Schnittpunkt der Bahnnormalen in A und B, das sind die Geraden A_0A und

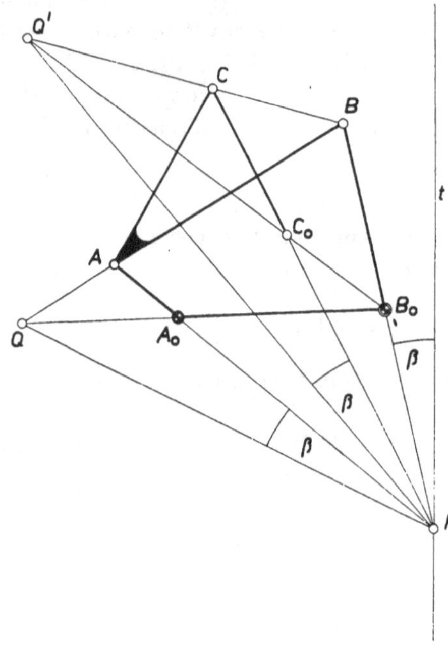

Bild 31. Bestimmung des Krümmungsmittelpunktes C_0 der Bahn eines Koppelpunktes C

B_0B. Der Schnittpunkt der Geraden A_0B_0 und AB ist Q. Die Gerade PQ ist die Kollineationsachse. Der Winkel $QPA = \beta$ wird an PB in P angetragen und bestimmt die Polbahntangente. Die Gerade BC und der Schenkel des an PC in P angetragenen Winkels β schneiden sich in Q', dessen Verbindungsgerade mit B_0 auf der Geraden PC den Krümmungsmittelpunkt C_0 bestimmt.

Wird das Verfahren von Hartmann angewendet [110], so ist einem der Punkte A oder B eine beliebige Geschwindigkeit zu erteilen und daraus die Polwechselgeschwindigkeit u zu bestimmen, die sich aus zwei aufeinander senkrecht stehenden Komponenten zusammensetzt. Der Endpunkt der zur Geschwindigkeit des Punktes C parallelen Komponente der Polwechselgeschwindigkeit ist mit dem Endpunkt der Geschwindigkeit des Punktes C zu verbinden und die Verbindungsgerade schneidet die Gerade PC im Krümmungsmittelpunkt C_0 (Bild 31a).

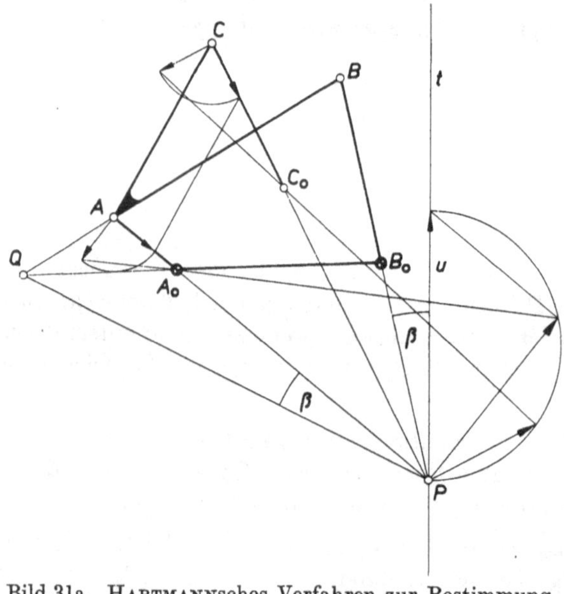

Bild 31a. Hartmannsches Verfahren zur Bestimmung des Krümmungsmittelpunktes

Konstruktion des Wendekreises. 1. Die Strecke AB kennzeichne die Lage der Koppelebene eines Gelenkvierecks (Kurbelgetriebes) mit den Festpunkten A_0 und B_0 (Bild 32). P und Q werden wie bisher gefunden. J ist der Schnittpunkt der Geraden AB mit der Parallelen zu A_0B_0 durch P. Die Parallele zu PQ durch J schneidet PA und PB in den Punkten A_w bzw. B_w, die auf dem Wendekreis liegen. Die

Senkrechten in A_w und B_w zu PA bzw. PB schneiden sich im Wendepol W. PW ist der Wendekreisdurchmesser. Aus der EULER-SAVARYschen Gleichung folgt

$$\frac{w \cos \alpha}{a} = \frac{r}{r - a},$$

d. h. $PA_w : PA = QJ : QA = PA_0 : AA_0$.

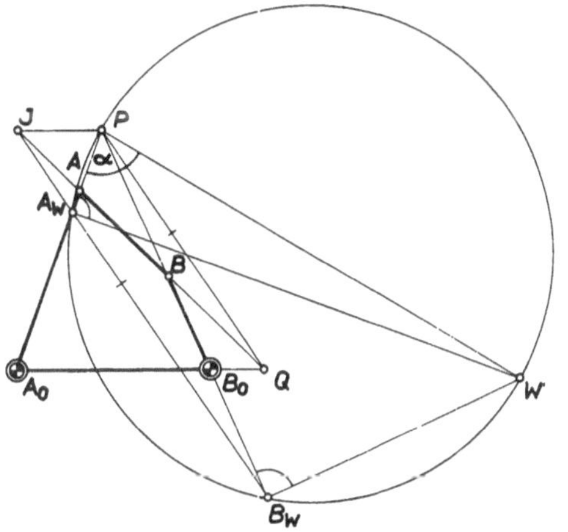

Bild 32. Bestimmung des Wendekreisdurchmessers beim Gelenkviereck

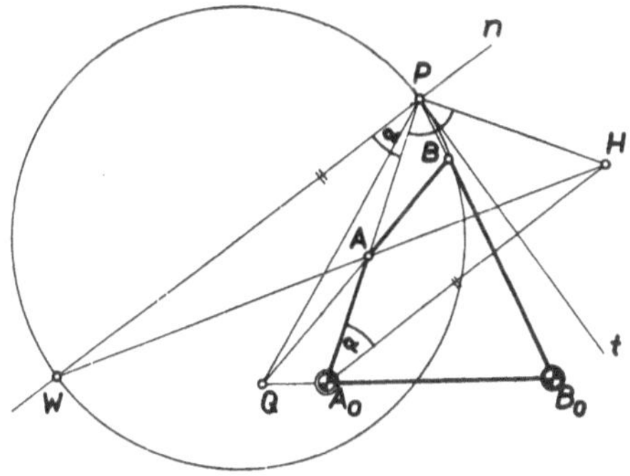

Bild 33. Bestimmung des Wendekreisdurchmessers beim Gelenkviereck

2. Sind die Polbahntangente t und Polbahnnormale n gefunden (Bild 33), dann schneidet sich die Senkrechte zu PA in P mit der Parallelen zu n durch A_0 in H. Die Gerade HA schneidet die Polbahnnormale in W.

Die EULER-SAVARYsche Gleichung kann geschrieben werden

$$\frac{w}{\dfrac{r}{\cos \alpha}} = \frac{a}{r - a},$$

d. h. $PW : A_0H = PA : AA_0$.

3. Die Projektionen der beiden Kurbeln des Gelenkvierecks auf die Polbahnnormale werden mit n_A und n_B bezeichnet (Bild 34). Der Durchmesser des Wendekreises läßt sich dann nach der Gleichung errechnen

$$w = \frac{PA \cdot PA_0}{n_A} = \frac{PB \cdot PB_0}{n_B}.$$

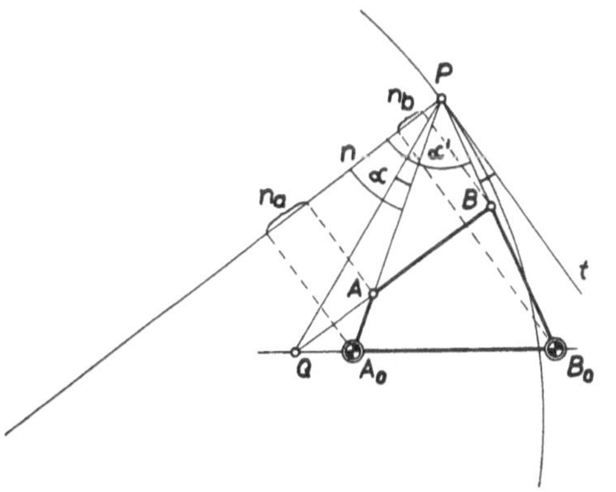

Bild 34. Bestimmung des Wendekreisdurchmessers beim Gelenkviereck unter Einbeziehung der Rechnung

Diese Beziehung folgt unmittelbar aus der EULER-SAVARYschen Gleichung, umgeformt in

$$w = \frac{a \cdot r}{(r - a) \cos \alpha} = \frac{a' \cdot r'}{(r' - a') \cos \alpha'}.$$

2.4 Die Gesetze der Zahnrädergetriebe

Das einfache Rädergetriebe besteht aus dem Steg s, einem Rad R_1 und einem Rad R_2, die sich beide in den Teilkreisen (Wälzkreisen) berühren. Ihr Berührungspunkt ist der Wälzpunkt 12 (Bild 35), in dem die Geschwindigkeit für beide Räder gleich groß ist. Die vom Endpunkt des Geschwindigkeitsvektors $\mathfrak{v}$ nach den Radachsen gezogenen Geraden kennzeichnen die Abnahme der Geschwindigkeit vom Wert $\mathfrak{v}$ bis zum Wert Null in den Achsen. Die Gerade 1 und die Parallele 2′ zur Geraden 2 schneiden eine in beliebigem Abstand a von der Achse s 1 gezeichnete Horizontale in den Punkten I und II. Das Verhältnis der Strecken SI : SII ist gleich dem Drehzahlverhältnis $n_{1s} : n_{2s}$ (Drehzahlplan von Kutzbach) [121]:

$$\frac{\mathfrak{v}}{r_1} = \frac{S\text{I}}{a}; \quad \frac{\mathfrak{v}}{r_2} = \frac{S\text{II}}{a}; \quad \frac{\omega_{1s}}{\omega_{2s}} = \frac{S\text{I}}{S\text{II}} = \frac{n_{1s}}{n_{2s}}.$$

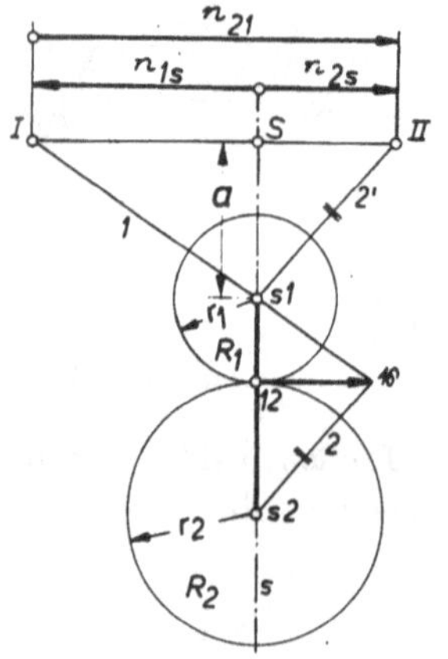

Bild 35. Drehzahlplan eines Stirnräderpaares

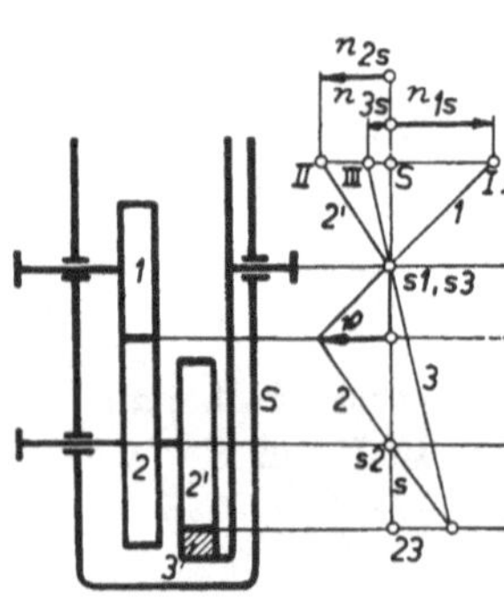

Bild 36. Drehzahlplan eines gleichachsigen Standgetriebes

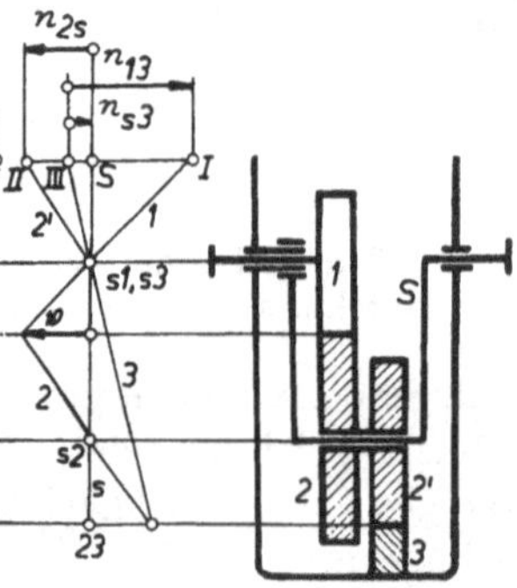

Bild 37. Drehzahlplan eines gleichachsigen Umlaufrädergetriebes

Der Index „$1s$" in ω_{1s} bzw. n_{1s} soll kennzeichnen, daß sich das Rad R_1 mit der Winkelgeschwindigkeit ω_1 bzw. Drehzahl n_1 gegenüber dem Steg s dreht.

Bei mehreren hintereinandergeschalteten Rädergetrieben können die Achsen der An- und Abtriebswelle in die gleiche Achse gelegt werden (gleichachsige Getriebe). Sind alle Achsen im Gestell gelagert, wird das Getriebe Standgetriebe genannt (Bild 36); läuft der Steg mit den in ihm gelagerten Radachsen um, dann entstehen Umlaufräder- oder Planetengetriebe (Bild 37). In der gleichen Weise wie im Bild 35 lassen sich die Drehzahlpläne zeichnen und die Punkte S, I, II, III bestimmen. Beim Einzeichnen der Geraden 3 ist zu beachten, daß die Räder 2 und 3 im Wälzpunkt 23 gleiche Geschwindigkeiten haben. Im Bild 36 wird s festgehalten, und das Drehzahlverhältnis $n_{1s} : n_{3s}$ ist gleich dem Verhältnis der Strecken SI : SIII. Steht das mit dem Gehäuse verbundene Rad 3 fest (Bild 37) und der Steg s läuft um, dann ist $n_{13} : n_{s3} = \text{I III} : S\text{III}$. Bei gleichen Abmessungen der

Zahnräder läßt sich mit dem Umlaufgetriebe eine höhere Übersetzung erzielen als mit dem Standgetriebe. Bei vorliegender Konstruktion sind beim Standgetriebe An- und Abtriebsrichtung verschieden, beim Umlaufrädergetriebe laufen An- und Abtrieb in gleicher Richtung [65, 66]. Ist bei einem vorgeschriebenen Achsabstand a das Übersetzungsverhältnis i bekannt und ein Umlaufrädergetriebe gefordert, dann wird zuerst der Drehzahlplan gezeichnet (Bild 38). Die von 0 ausgehenden Geraden s, 1 und 3 führen zu den Punkten S, I und III, die das Übersetzungsverhältnis kennzeichnen. Der Achsabstand bestimmt den Ausgangspunkt der Geraden 2, die nach rechts oben verlaufen kann und die Dimensionen außenverzahnter Stirnräder festlegt oder im Falle (2) beim Verlauf nach rechts unten ein Umlaufrädergetriebe bestimmt, bei dem zwei innenverzahnte Räder mit dem Doppelrad 2/2′ im Eingriff stehen [121].

Beim Drehzahlplan des im Bild 39 dargestellten Aufzugsgetriebes ist zu beachten, daß die Gerade 2 parallel zur Geraden s des Steges verläuft. Die von den Kurbeln mitgenommenen Stirnräder 2 führen keine Drehbewegung, sondern eine Kreisschiebung aus, d. h. alle Punkte der Räder 2 haben gleiche und gleichgerichtete Geschwindigkeit. Das Verhältnis der Geschwindigkeit der Handkette des Haspelrades zur Geschwindigkeit der Last wird durch die Strecken v_H und v_L ausgedrückt [67].

Das Umlaufgetriebe des Bildes 40 ist mit einem Stirnräderpaar und einem Parallelkurbelgetriebe versehen. Die Kurbel 1 läßt das Rad 2 innerhalb des Zahnkranzes 3 abrollen. Die Scheibe 5 ist durch 4 Koppeln 4, deren Länge gleich dem Hub der Kurbel 1 sein muß, mit dem Rad 2 gelenkig verbunden, so daß 5 relativ zu 2 nur eine Kreisschiebung vollführen kann. Im Drehzahlplan müssen daher die Geraden 2 und 5 parallel sein [68].

Bild 41 zeigt das Schema eines Umlaufgetriebes für einen Elektroaufzug. Beim Aufzeichnen des Drehzahlplanes kann mit der Geschwindigkeit v_t des auf die Trommel aufzuwickelnden Seiles begonnen werden. Man erhält die Gerade t und durch Übernahme der Achsen und Wälzpunkte in den Drehzahlplan der Reihe nach die Geraden 4, 3, 2 und 1, damit das Verhältnis der Drehzahl n_M des Motors zur Drehzahl n_t der Trommel [67].

Mehrere Umlaufrädergetriebe, die sich durch elektromagnetische Kupplungen betätigen lassen, können zu einem Schaltgetriebe für Kraftfahrzeuge, dem „Cotal-Getriebe", vereinigt werden (Bild 42). Im direkten (4.) Gang sind die Räderpaare 5/6, 7/8 durch die eingeschalteten Kupplungen C und D blockiert, so daß die Abtriebsdrehzahl gleich der Motordrehzahl wird. Im Drehzahlplan auf der Geraden 0 IV werden die verlangten Übersetzungsverhältnisse für den 1., 2., 3. und Rückwärtsgang durch die Punkte I, II, III′ und R maßstäblich festgelegt. Bei willkürlicher Annahme des Durchmessers des Rades 2 und vorgeschriebenem Achsabstand a ergeben sich bei eingeschalteter Kupplung A die Durchmesser der Räder 7 und 5 für den 1. Gang (C eingeschaltet) und den Rückwärtsgang (D eingeschaltet). Räderpaar 5/6 wird für den 2. Gang verwendet (D eingeschaltet), und die Gerade 3 bestimmt den Durchmesser des Rades 3 bei festgehaltenem Rad 4 (B eingeschaltet). Damit sind alle vier Räderpaare festgelegt. Im 3. Gang

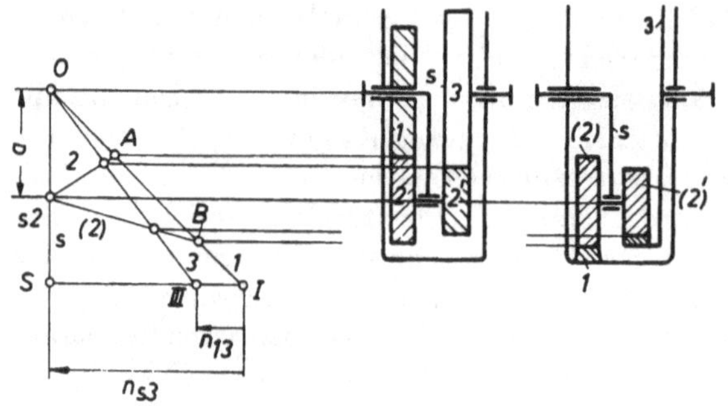

Bild 38. Gleiches Drehzahlverhältnis bei Außen- und Innenverzahnung

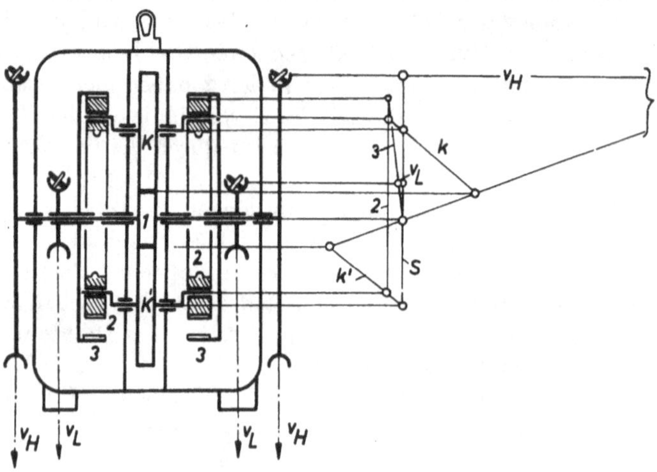

Bild 39. Drehzahlplan für einen Flaschenzug

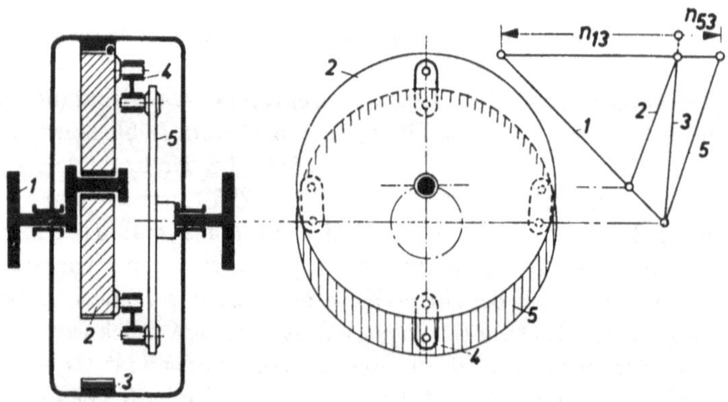

Bild 40. Drehzahlplan für einen Flaschenzug mit Parallelkurbelgetriebe

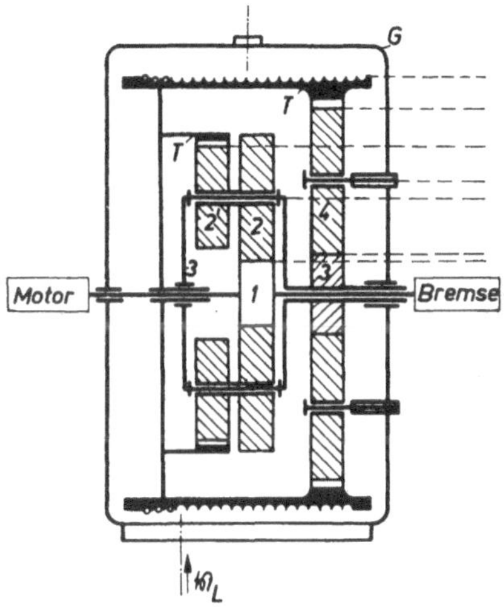

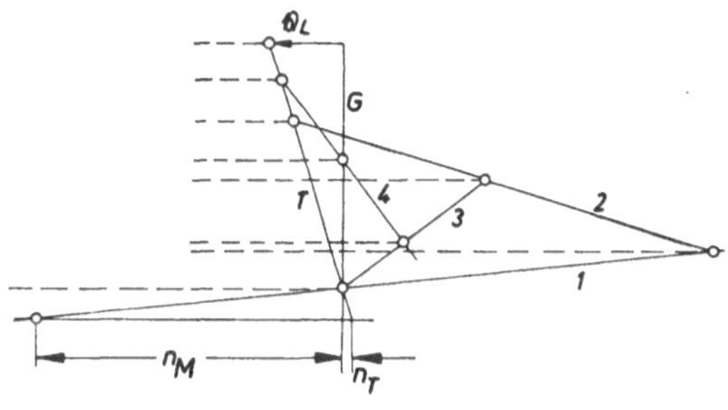

Bild 41. Drehzahlplan des alten Demag-Zuges

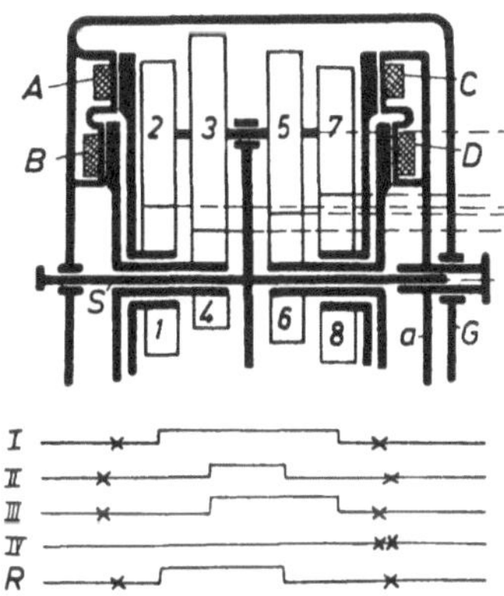

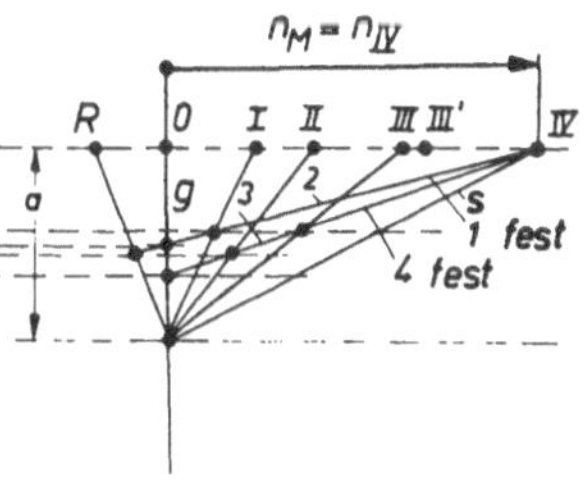

Bild 42. Drehzahlplan des Cotal-Getriebes

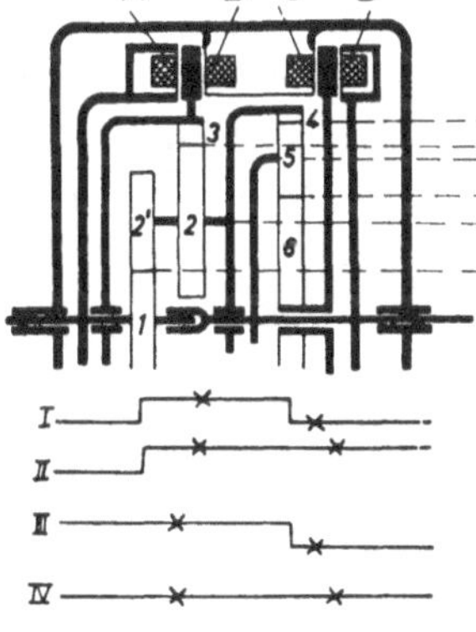

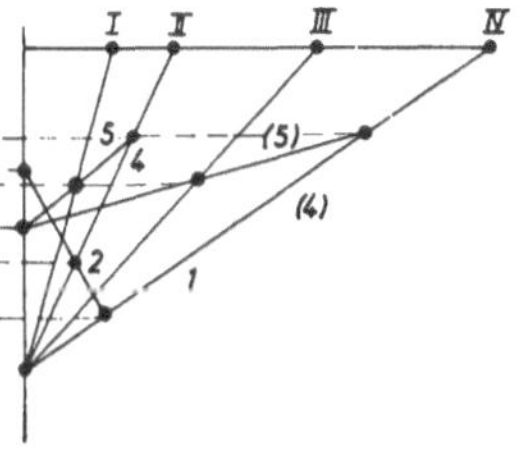

Bild 43. Drehzahlplan des neuen Cotal-Getriebes

übertragen die Räderpaare 3/4 (B eingeschaltet) und 7/8 (C eingeschaltet). Es ergibt sich ein Punkt III, der nicht mit III′ zusammenfällt und deshalb das geforderte Übersetzungsverhältnis nur angenähert verwirklicht. Größere Annäherung kann durch Änderung des willkürlich angenommenen Durchmessers des Rades 2 erzielt werden [144].

Bild 43 zeigt das neue Cotal-Getriebe. Durch Einschalten der Kupplungen A und D werden die Räder blockiert und die Abtriebsdrehzahl wird gleich der Motordrehzahl (4. Gang). Bleibt die erste Rädergruppe weiter blockiert und statt D wird Kupplung C eingeschaltet, dann steht Rad 6 still, Rad 5 rollt darauf ab und das Getriebe übersetzt im 3. Gang. Beim Schalten auf den 2. Gang bleiben die Räder 4, 5, 6 blockiert (D eingeschaltet) und die Kupplung B setzt Rad 3 still, in dem Rad 2 abrollt. Im 1. Gang sind die Kupplungen B und C eingeschaltet, so daß die Räder 3 und 6 stillstehen und die Räder 2 bzw. 5 abrollen.

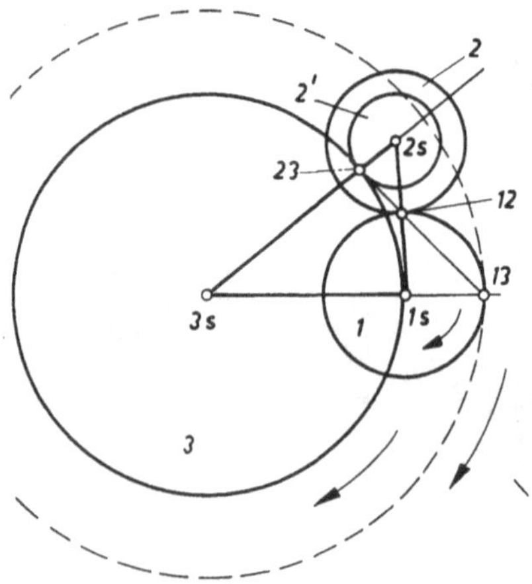

Bild 44. Innenverzahntes Getriebe wird durch außenverzahnte Räder ersetzt

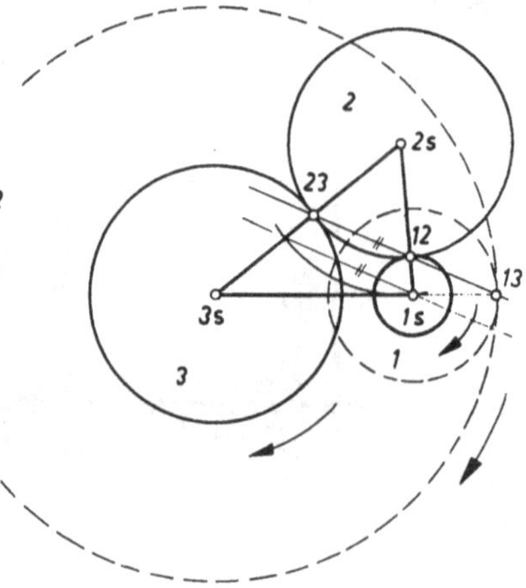

Bild 45. Ersatz des Doppelrades von Bild 44 durch einfaches Zwischenrad

Das Stirnrädergetriebe des Bildes 44, Ritzel 1 im Eingriff mit Innenzahnrad 3, wird ersetzt durch außenverzahnte Räder; dabei soll das Ritzel 1 erhalten bleiben. Der Lagerpunkt 2 s des Zwischenrades 2 ist vorgeschrieben. Der Wälzpunkt 12 liegt auf der Verbindungsgeraden $\overline{1s\,2s}$ und der Wälzpunkt 23 auf $\overline{2s\,3s}$. Da 13, 12, 23 auf einer Geraden liegen müssen, ist 23 auf $\overline{2s\,3s}$ eindeutig bestimmt. Damit sind die Teilkreisdurchmesser der außenverzahnten Räder 2, 2′ und 3 festgelegt, 2 und 2′ sind zu einem Doppelrad vereinigt. Soll an Stelle dieses Doppelrades ein einfaches Zwischenrad verwendet werden, dann müssen die Punkte 13, 12, 23 derart auf einer Geraden liegen, daß die Abstände der Punkte 12 und 23 von $2s$ einander gleich sind (Bild 45). Das Verhältnis der Drehzahlen kann aus dem Verhältnis von drei auf einer Geraden liegenden Polen gewonnen werden:

$$n_{1s} : n_{3s} = \overline{3s\,13} : \overline{1s\,13}\,.$$

Ganz allgemein gilt bei der Relativbewegung gelenkig miteinander verbundener Ebenen (Getriebeglieder), daß die Drehzahlen oder Winkelgeschwindigkeiten zweier Ebenen gegen eine dritte sich umgekehrt verhalten wie die Abstände des Poles der beiden Ebenen von den Polen mit der dritten Ebene [7, 121].

Im Bild 46 stehen vier Stirnräder im Eingriff, davon sind zwei als Doppelräder ausgebildet. Das Übersetzungsverhältnis wird durch Einzeichnen der Polstrahlen gewonnen:

$$n_{1s} : n_{4s} = \overline{4s\,14} : \overline{1s\,14}\,.$$

Zur Bestimmung der Drehzahlverhältnisse bei Kegelrädergetrieben wird der Winkelgeschwindigkeitsvektorenplan von Beyer benutzt. Die Lage des Vektors gibt die Lage der Drehachse des konischen Radkörpers an (Bild 47), seine Länge die Winkelgeschwindigkeit oder Drehzahl und die Pfeilspitze die Drehrichtung (die

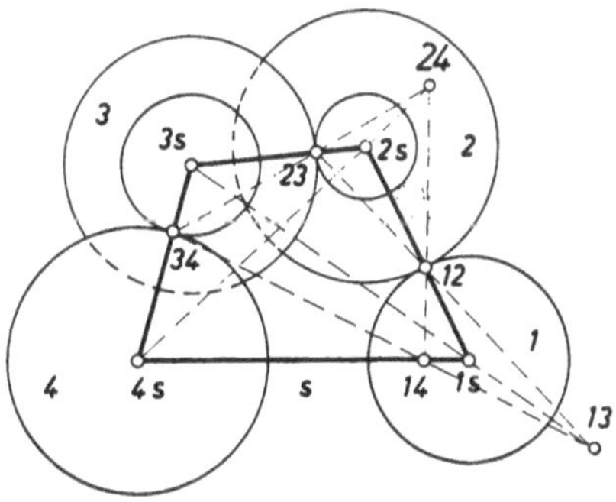

Bild 46. Bestimmung des Übersetzungsverhältnisses beim Räderknie

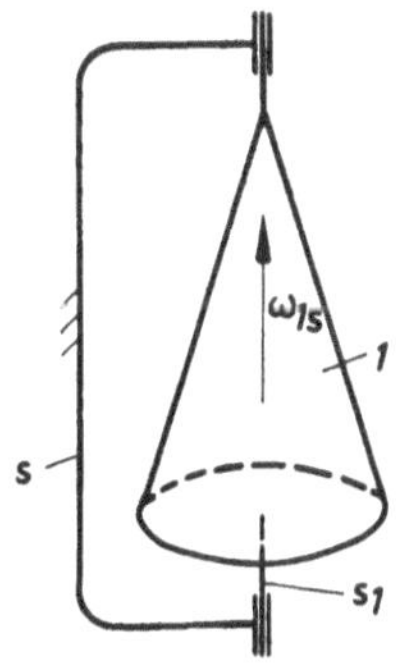

Bild 47. Drehkörper und ω-Vektor

Pfeilspitze soll mit der Fortschreitungseinrichtung einer Rechtsschraube übereinstimmen). Die Drehachsen des Kegelräderpaares 1/2 und des Steges s (Bild 48) sind mit $s1$, $2s$ und 21 bezeichnet; sie schneiden sich in einem Punkte. Aus dem Vektorenparallelogramm folgt die Gleichung

$$\omega_{2s} \dotplus \omega_{s1} = \omega_{21}\,,$$

dabei wird Rad 1 festgehalten, der Steg s um die Achse $s1$ gedreht und Rad 2 rollt auf Rad 1 [72, 73].

Beim zweistufigen Kegelrädergetriebe des Bildes 49 sind die Räder 2 und 2′ zu einem Doppelrad vereinigt, welches sich lose auf dem Steg s dreht; das Rad 3 dreht sich lose um die Achse des Rades 1. Vorhanden sind die Drehachsen $2s$, 23, 21, 31, $s1$; die beiden letzteren sind identisch. Aus dem Drehzahlvektorenplan folgen die Gleichungen

$$n_{s1} \dotplus n_{2s} = n_{21}\,; \quad n_{31} \dotplus n_{23} = n_{21}\,; \quad n_{s1} \dotplus n_{3s} = n_{31}\,;$$

bei festgehaltenem Rad 1 und vorgeschriebener Drehzahl des Steges s ist die Drehzahl des Rades 3 bestimmt. Darüber hinaus können sämtliche Relativdreh-

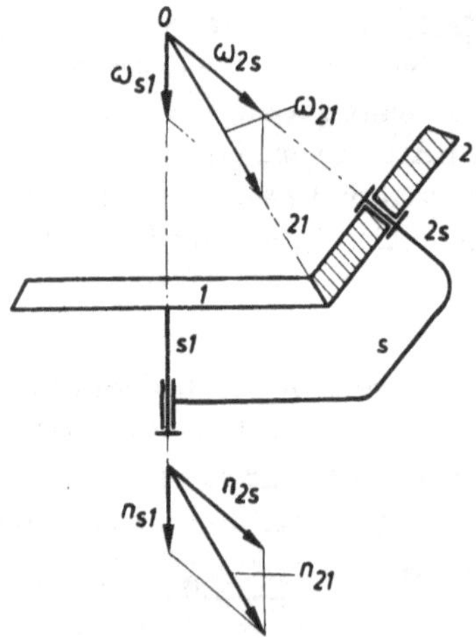

Bild 48. Einfaches Kegelrädergetriebe mit Vektorenplan

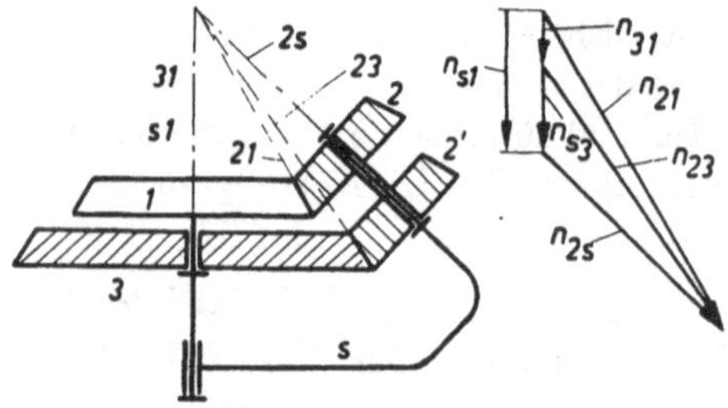

Bild 49. Zweifaches Kegelrädergetriebe mit Vektorenplan

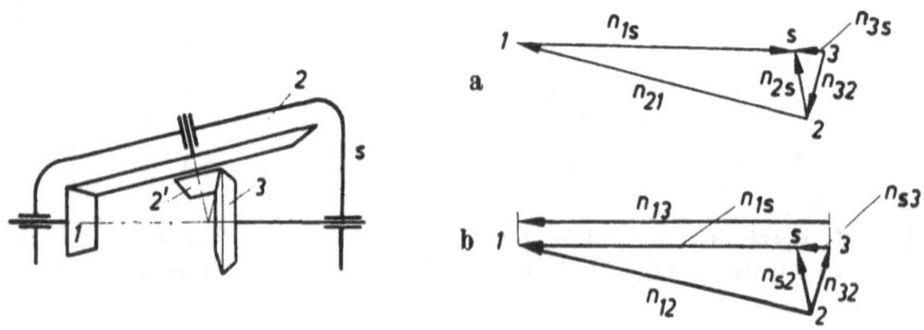

Bild 50. Kegelrädergetriebe mit Vektorenplänen

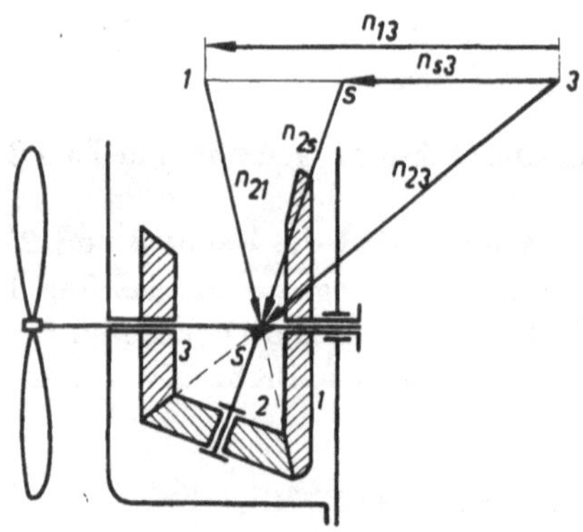

Bild 51. Farman-Getriebe mit Vektorenplan

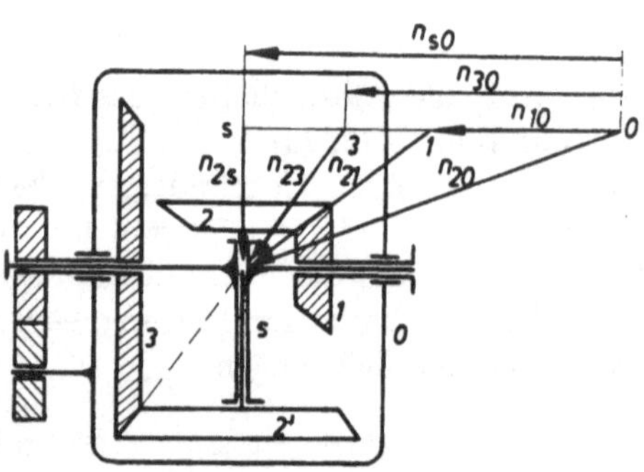

Bild 52. Tweedale-Getriebe mit Vektorenplan

zahlen der Drehkörper untereinander dem Drehzahlvektorenplan entnommen werden.

Das Kegelradgetriebe (Bild 50) kann als Standgetriebe benutzt werden; dann wird eine hohe Drehzahl am Rad 1 eingeleitet und eine niedrige Drehzahl am Rad 3 abgenommen:

$$n_{1s} \nrightarrow n_{31} = n_{3s} \quad \text{(Bild 50a)}.$$

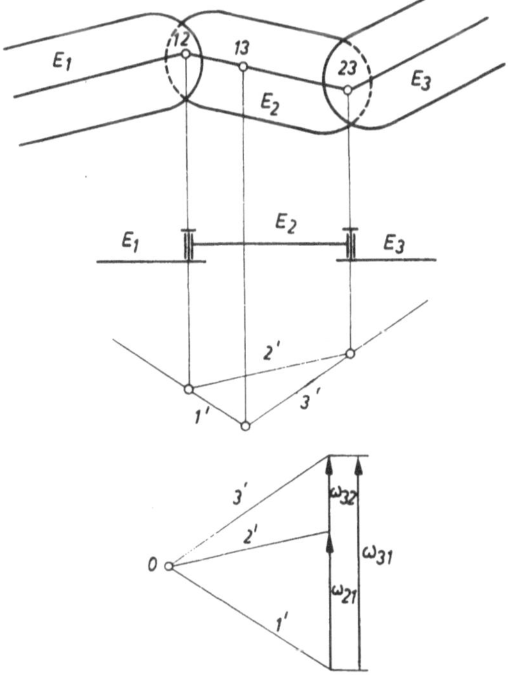

Bild 53. Komplan bewegte Ebenen und ihr Winkelgeschwindigkeitsplan

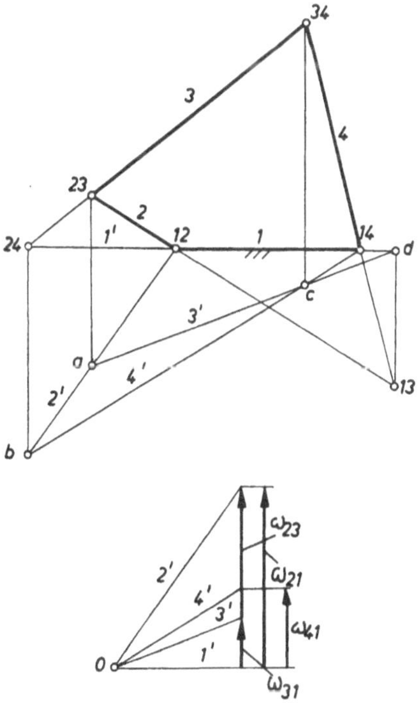

Bild 54. Gelenkviereck mit ω-Plan

Bei festgehaltenem Rad 3 läuft der Steg s um. Die hohe Drehzahl wird am Rad 1 eingeleitet und die niedrige Drehzahl am Steg s abgenommen:

$$n_{13} \nrightarrow n_{s1} = n_{s3} \quad \text{(Bild 50b)}.$$

Ein Kegelradumlaufgetriebe mit einfachem Zwischenrad zeigt Bild 51. Bei fest mit dem Gehäuse verbundenem Rad 3 und angetriebenem Rad 1 läuft der Steg infolge des auf 3 abrollenden Zwischenrades 2 um. Das Drehzahlverhältnis des Antriebes zum Steg wird dem Vektorenplan entnommen:

$$n_{13} : n_{s3} = 13 : s3 \,.$$

Beim Tweedale-Getriebe (Bild 52) können zwei Antriebe zu einem Abtrieb vereinigt oder ein Antrieb zu zwei Abtrieben verzweigt werden. Eine der Drehzahlen, etwa n_{10} wird maßstäblich eingezeichnet, dann sind alle übrigen Drehzahlen aus den Vektorendreiecken bestimmbar.

Drei komplan bewegte Ebenen sind in den Achsen 12 und 23 gelenkig miteinander verbunden (Bild 53). Die Winkelgeschwindigkeiten ω_{21} der Ebene 2 gegenüber der Ebene 1 und ω_{32} der Ebene 3 gegenüber der Ebene 2 sind bekannt. Es ist gefragt nach der Winkelgeschwindigkeit ω_{31} der Ebene 3 gegenüber der Ebene 1 [72]

$$\omega_{21} \mathbin{+\!\!\!\!\rightarrow} \omega_{32} = \omega_{31}\,.$$

Da die Winkelgeschwindigkeiten proportional den Drehzahlen sind, kann auch geschrieben werden

$$n_{21} \mathbin{+\!\!\!\!\rightarrow} n_{32} = n_{31}\,.$$

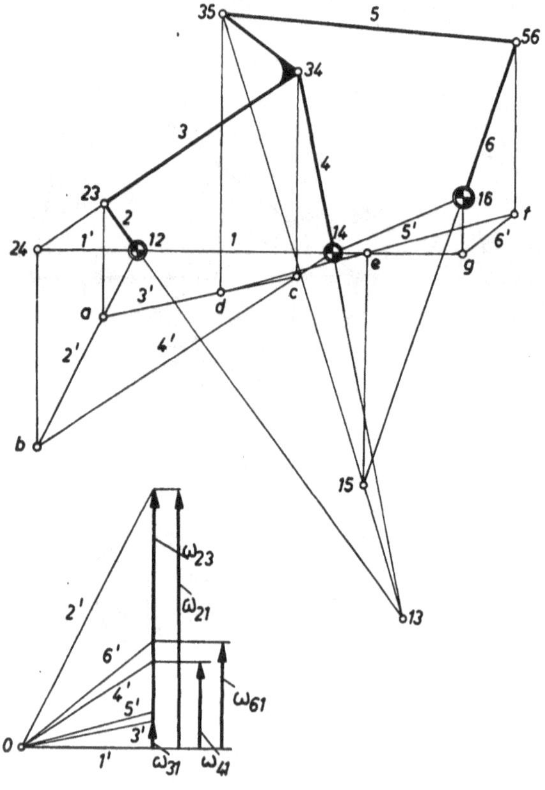

Bild 55. Sechsgliedriges Getriebe mit ω-Plan

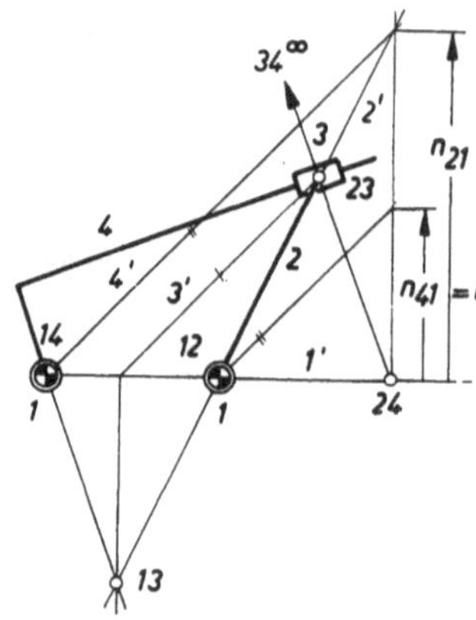

Bild 56. Exzentrische Kurbelschleife mit Drehzahlplan

Zu den von einem beliebigen Pol 0 aus gezogenen Polstrahlen 1', 2' und 3' werden Parallelen gezeichnet und zum Schnitt mit den Senkrechten durch die Drehachsen 12 und 23 gebracht. Der erste und letzte Polstrahl schneiden sich so, daß durch diesen Schnittpunkt die Senkrechte hindurchgeht, die auf der Verbindungsgeraden der Achsen 12 und 23 die Achse 13 bestimmt.

Das Verfahren kann zur Bestimmung der Winkelgeschwindigkeiten oder Drehzahlen der Getriebeglieder benutzt werden. Bild 54 zeigt die Anwendung beim Gelenkviereck. In dem festen Glied 1 liegt die Gerade 1'. Die Winkelgeschwindigkeit ω_{21} der Kurbel 2 gegenüber dem Glied 1 sei gegeben und wird im wählbaren Maßstab von der Geraden 1' aus im ω-Plan senkrecht aufgetragen. Der Pol 0 kann auf 1′ willkürlich gewählt werden, dann ist die Polgerade 2′ bestimmt. Zu 2′ wird durch 12 die Parallele gezogen und in *a* mit der Senkrechten durch 23 zum Schnitt gebracht. Die Senkrechte durch 13 schneidet 1′ in *d*; *a* mit *d* verbunden ergibt die Gerade 3′, die als Parallele zu 3′ in den ω-Plan übertragen werden kann und dort die Winkelgeschwindigkeit ω_{31} des Gliedes 3 gegenüber dem Glied 1 bestimmt. Die Senkrechte durch 24 liefert auf 2′ den Punkt *b* und die Senkrechte durch 34 auf 3′ den Punkt *c*. Die Verbindungsgerade *b* mit *c* stellt die Gerade 4′ dar und diese muß durch 14 hindurchgehen (Kontrolle!). Die Gerade 4′ parallel in den ω-Plan übertragen, bestimmt die Winkelgeschwindigkeit ω_{41} des Gliedes 4 gegenüber dem Gliede 1.

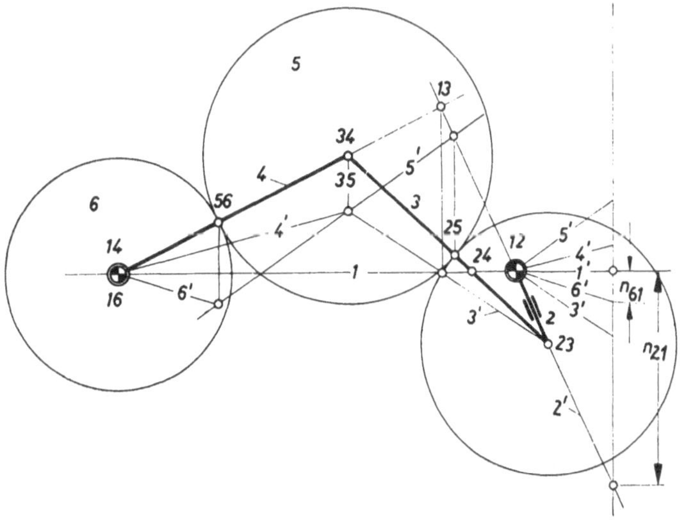

Bild 57. Kurbelrädergetriebe mit Drehzahlplan

In der gleichen Weise wird das Verfahren bei einem sechsgliedrigen Kurbelgetriebe (Bild 55) angewendet. Dabei ist zu beachten, daß sich beispielsweise oberhalb oder unterhalb des Poles 23 die Geraden 2′ und 3′ schneiden.

Bei der umlaufenden Kurbelschleife (Bild 56) ist zu beachten, daß der Pol 34 im Unendlichen liegt und demzufolge die Geraden 3′ und 4′ parallel sein müssen. Die Geraden 2′ und 4′ schneiden sich senkrecht über dem Pol 24, der als Schnittpunkt der Verbindungsgeraden der Pole 12 und 14 und der Senkrechten auf der Kurbelschleife im Pol 23 bestimmt ist (Kontrolle!). Wird in der gezeichneten Stellung die Drehzahl n_{21} der Antriebskurbel mit 100/min angenommen, dann kann in diesem Augenblick die Drehzahl der Kurbelschleife mit 50/min dem Drehzahlplan entnommen werden.

Besonders nützlich ist die Anwendung dieses Verfahrens bei den aus Kurbeln und Rädern zusammengesetzten sogenannten Kurbelrädergetrieben. Ein solches ist im Bild 57 dargestellt und die Drehzahl n_{21} des mit der Antriebskurbel 2 fest verbundenen Stirnrades 2 sei bekannt. Nach dem Einzeichnen der Pole werden auf den Senkrechten durch diese die entsprechenden Geraden zum Schnitt gebracht. Ist nach der augenblicklichen Drehzahl n_{61} des Rades 6 gegenüber dem Steg 1 gefragt, so kann diese nach Einzeichnen der Parallelen zu 6′ durch den Pol 12 abgelesen werden [78].

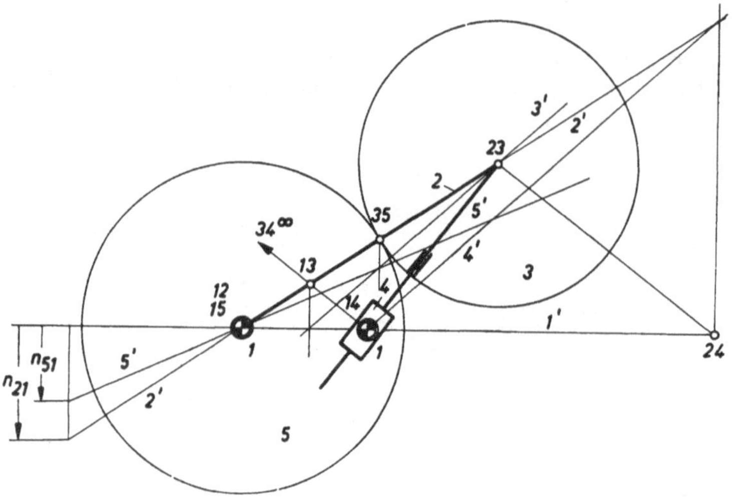

Bild 58. Zahnräder-Kurbelschleife mit Drehzahlplan

Ein Kurbelrädergetriebe in Verbindung mit einer Kurbelschleife zeigt Bild 58. Die Drehzahl n_{51} des Rades 5 gegenüber dem Steg kann abgelesen werden, wenn die Gerade 5′ eingezeichnet worden ist. Sie geht durch den Pol 12, der gleichzeitig der Pol 15 ist, und den Schnittpunkt der Senkrechten durch den Pol 35 mit der Geraden 3′.

3 GRUNDLAGEN DER GETRIEBELEHRE

3.1 Elementenpaare

Das *Elementenpaar* ist die bewegliche Verbindung zweier Getriebeglieder.

Niedere Elementenpaare sind: Drehpaar, Schiebepaar, Schraubenpaar (Bilder 59 bis 61). Die Berührung ihrer Elemente erfolgt in Flächen. Der Freiheitsgrad der niederen Elementenpaare ist $f = 1$. Bei der Relativbewegung der Elemente durchläuft ein jeder Punkt dieselbe Bahnkurve, gleichgültig ob er dem einen oder dem anderen Element angehört (linienläufige Elementenpaare).

Bei den *höheren Elementenpaaren* unterscheidet man selbständige und unselbständige.

Bogenzweieck im gleichseitigen Dreieck (Bild 62) und gleichseitiges Bogendreieck im Quadrat (Bild 63) sind *höhere selbständige Elementenpaare* ($f = 1$). In

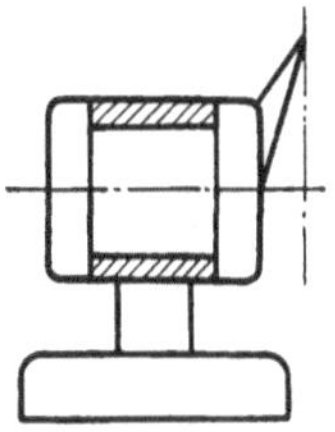

Bild 59. Drehkörper- oder Rundlingspaar

Bild 60. Prismen- oder Schiebepaar

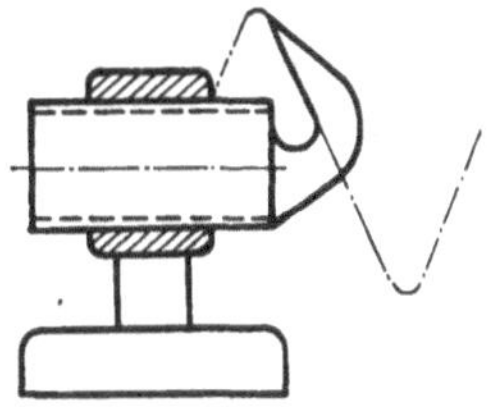

Bild 61. Schraubenpaar

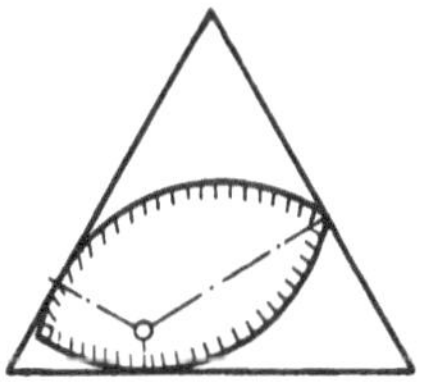

Bild 62. Bogenzweieck im gleichseitigen Dreieck

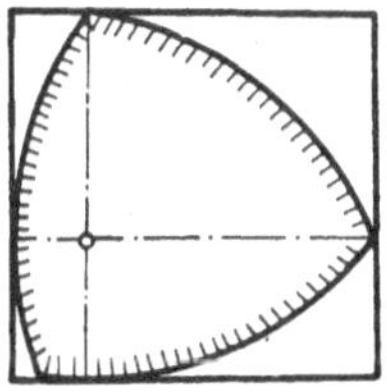

Bild 63. Bogendreieck im Quadrat

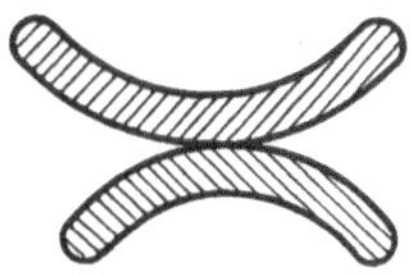

Bild 64. Kurvenpaar

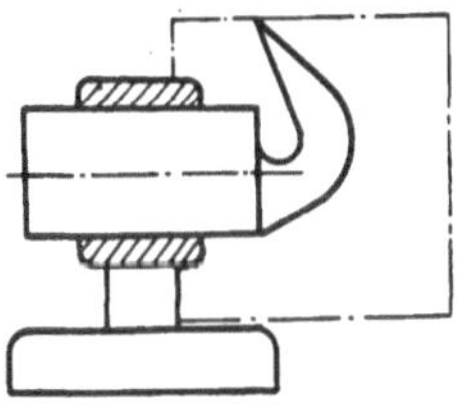

Bild 65. Drehschiebepaar $f = 2$

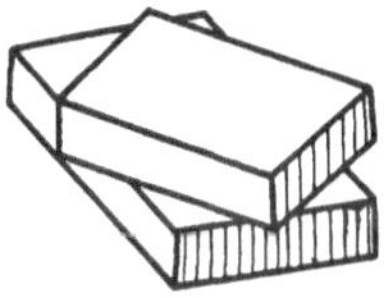

Bild 66. Ebenenpaar $f = 3$

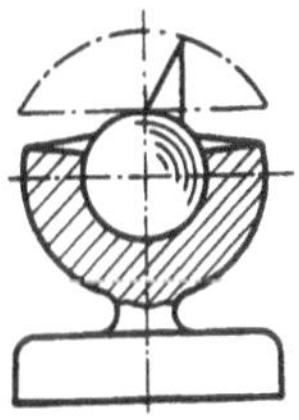

Bild 67. Kugel in Hüllkugel $f = 3$

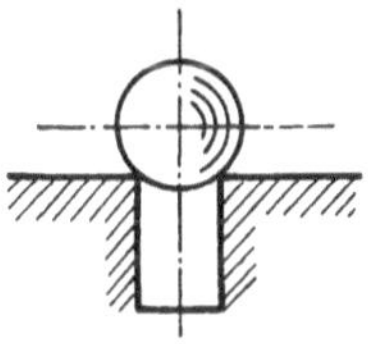

Bild 68. Kugel auf Kreiskante $f = 3$

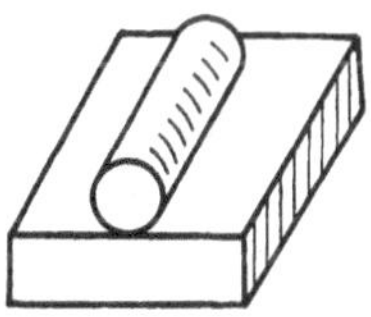

Bild 69. Zylinder auf Ebene $f = 4$

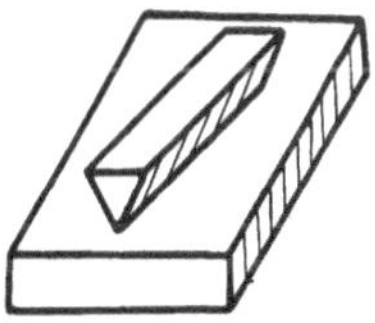

Bild 70. Prisma auf Ebene $f = 4$

allen stetig aufeinanderfolgenden Lagen schneiden sich ihre Stütznormalen in einem Punkt, so daß keine Schiebung, sondern nur Drehung erfolgen kann [34].

Das Kurvenpaar (Bild 64) wird als *höheres unselbständiges Elementenpaar* ($f = 2$) bezeichnet; es ist Drehung und Schiebung möglich. Kurvenpaare treten auf bei Wälzhebelgetrieben, Nockensteuerungen und Zahnrädern. Die höheren Elementenpaare haben Linienberührung.

Sonderfall: Das Elementenpaar Rolle auf Kurve, daß bei Kurvengetrieben verwendet wird, ist ein höheres selbständiges Elementenpaar ($f = 1$).

Flächenläufige und raumläufige Elementenpaare. Das Drehpaar als linienläufiges, niederes Elementenpaar ist mit Bordscheiben zu versehen; denn für ebene Getriebe ist allein diese bauliche Form brauchbar. Werden die Bordscheiben fortgelassen, dann ist eine Drehung und unabhängig davon gleichzeitig eine Schiebung möglich (Bild 65). Dieses Elementenpaar hat den Freiheitsgrad $f = 2$ und Flächenberührung (Zylinder im Hüllzylinder). Da jeder Punkt in der Berührungsfläche des Elementenpaares an jeden beliebigen Punkt einer Zylindermantelfläche gelangen kann, ist es flächenläufig. Das Ebenenpaar (Bild 66) ist ein Elementenpaar mit drei Bewegungsfreiheiten (es sind zwei Schiebungen und eine Drehung möglich). Es ist flächenläufig und hat Flächenberührung [16].

Eine Kugel in einer Hüllkugel (Bild 67) hat Flächenberührung und drei Bewegungsfreiheiten (drei Drehungen), eine Kugel in einer Kreiskante (Bild 68) hat ebenfalls drei Bewegungsfreiheiten, aber Linienberührung. Die Elementenpaare Kugel in Hüllkugel und Kugel auf Kreiskante sind flächenläufig.

Ein Zylinder oder eine Prismenkante auf einer Ebene haben Linienberührung und vier Bewegungsfreiheiten (zwei Drehungen und zwei Schiebungen) (Bild 69 u. 70); diese Elementenpaare sind raumläufig.

Die Elementenpaare Kugel auf Ebene (Bild 71), Zylinder auf Zylinder (Bild 72), Prismenkante auf Prismenkante (Bild 73) berühren sich in einem Punkte, haben folglich fünf Bewegungsfreiheiten und sind raumläufig [18].

3.2 Kinematische Ketten

Eine kinematische Kette ist eine durch Elementenpaare herbeigeführte, bewegliche Verbindung von Körpern, die durch ihre gegenseitige Verbindung in ihrer Beweglichkeit beschränkt werden. Die gelenkig verbundenen Körper werden die Glieder der Kette genannt. Die Kette heißt geschlossen, wenn jedes Glied mit wenigstens zwei anderen Gliedern mittels verschiedener Elementenpaare verbunden ist (Bild 74), andernfalls heißt sie eine offene Kette (Bild 75). Als Beispiel einer offenen Kette sei die Hebelwaage angeführt (Bild 76). In einer offenen Kette können Glieder mit einem Element (singuläre Glieder) vorkommen. In einer geschlossenen Kette kann die Zahl der Elemente in einem Glied nicht kleiner als 2 sein. Es können Glieder mit 2, 3, 4 usw. Elementen auftreten [13, 34].

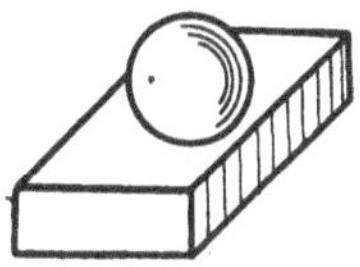

Bild 71. Kugel auf Ebene $f = 5$

Bild 72. Zylinder auf Zylinder $f = 5$

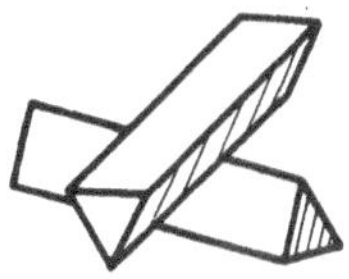

Bild 73. Prisma auf Prisma $f = 5$ (Kante auf Kante)

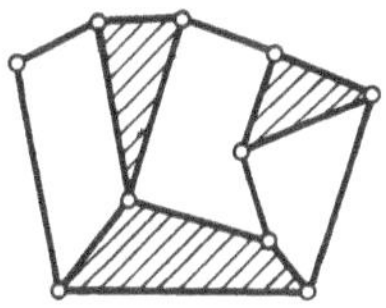

Bild 74. Kinematische Kette mit geschlossenen Gliedergruppen

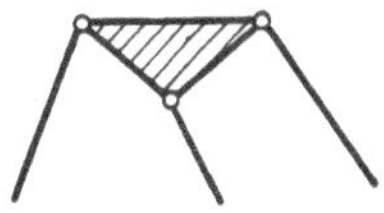

Bild 75. Offene kinematische Kette

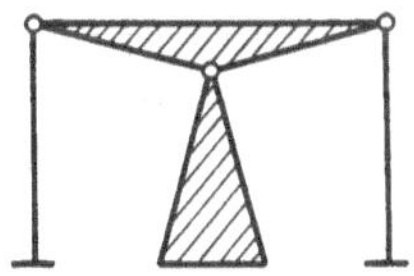

Bild 76. Hebelwaage als Beispiel einer offenen kinematischen Kette

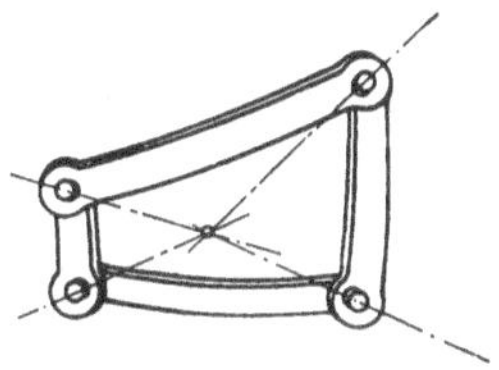

Bild 77. Sphärisches Gelenkviereck

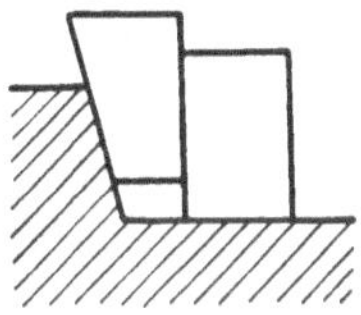

Bild 78. Keilkette

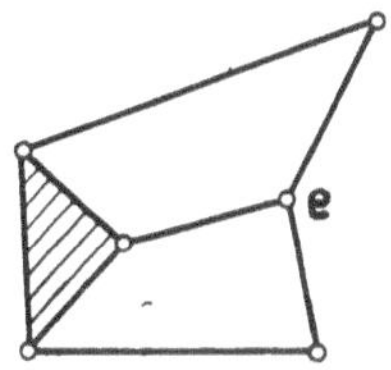

Bild 79. Kinematische Kette mit doppeltem Gelenk bei e

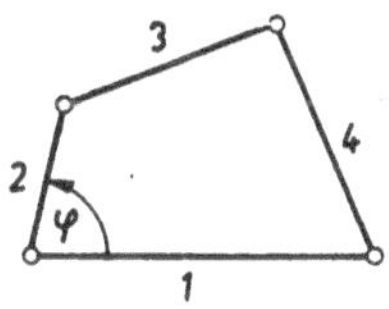

Bild 80. Viergelenkkette mit einem Parameter

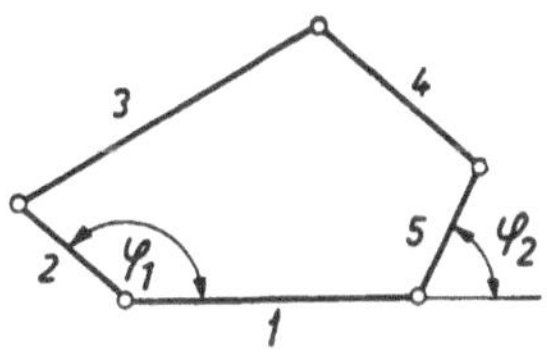

Bild 81. Fünfgelenkkette mit zwei Parametern

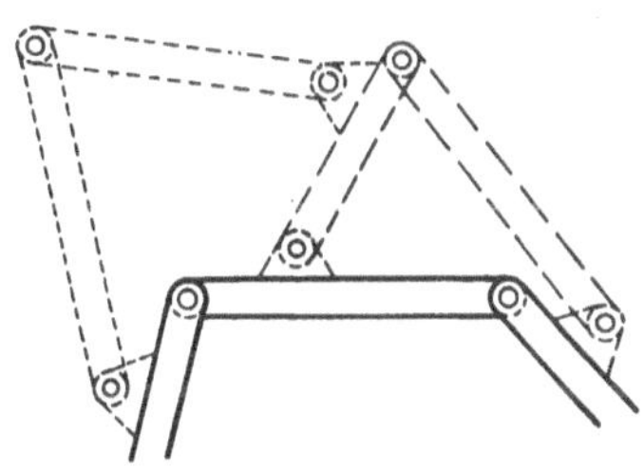

Bild 82. Kinematische Kette mit Zweischlägen

Liegen die Achsen der Drehpaare (Gelenke) parallel, so ergeben sich ebene kinematische Ketten. Es können aber beispielsweise bei der Viergelenkkette die Drehachsen sich in einem Punkt schneiden. Dabei bleibt die Beweglichkeit der Kette erhalten, und sie wird eine sphärische Viergelenkkette genannt (Bild 77). Sie ist ein Sonderfall der eigentlichen räumlichen kinematischen Ketten. Anstelle der Drehpaare können in den kinematischen Ketten Schiebepaare auftreten. Enthält eine kinematische Kette nur Schiebepaare, dann wird sie zur Schiebepaarkette oder Schubkette (Bild 78).

In einer kinematischen Kette können zum Unterschied von einfachen Gelenken mehrfache Gelenke auftreten. Ein mehrfaches Gelenk entsteht, wenn beispielsweise in einem Glied mit 3 Elementen die Entfernung zweier Elemente Null wird (Bild 79). Auf diese Weise ergibt sich ein zweifaches Gelenk. Beträgt die Zahl der durch das Gelenk verbundenen Glieder i, so ist ein $(i - 1)$faches Gelenk erforderlich.

3.3 Zwanglauf

Eine kinematische Kette ist zwangläufig, wenn jeder Stellung eines Gliedes gegen irgend ein anderes die Stellungen aller übrigen Glieder eindeutig zugeordnet sind. Dabei wird vorausgesetzt, daß bei dem Getriebe, das aus der zwangläufigen Kette entsteht, nur *ein* Antriebsglied (Bewegungsparameter) vorhanden ist. Die Stellungen aller Getriebeglieder sind dann durch *einen* Bewegungsparameter bestimmt.

Im Bild 80 ist eine kinematische Kette mit vier Gliedern gezeichnet. Der Winkel φ zwischen den Gliedern 1 und 2 sei der Bewegungsparameter. Die Größe des Winkels φ bestimmt die Stellungen der Glieder zueinander.

Hat ein Getriebe mehrere Antriebsglieder, dann sind die Stellungen aller Getriebeglieder durch ebensoviel Bewegungsparameter bestimmt, wie Antriebsglieder vorhanden sind [9].

Im Bild 81 ist eine kinematische Kette mit fünf Gliedern gezeichnet. Das aus dieser Kette entstehende Getriebe habe zwei Antriebsglieder, das sind die Glieder 2 und 5. Die Winkel, die diese Glieder mit dem Glied 1 einschließen, werden mit φ_1 bzw. φ_2 (Bewegungsparameter) bezeichnet. Bei vorgeschriebenen Werten φ_1 und φ_2 sind die Stellungen aller Glieder zueinander eindeutig bestimmt. Sind m Antriebsglieder vorhanden, so sind bei Zwanglauf die Lagen aller Getriebeglieder durch m Bewegungsparameter bestimmt.

An einem vorhandenen, zwangläufigen Mechanismus mit n_0 Gliedern und e_0 Elementenpaaren werden zwei gelenkig verbundene Glieder (Zweischlag) so angefügt, daß sie sich mit dem Mechanismus bewegen können. Die Zwangläufigkeit des Mechanismus wird dadurch nicht gestört und bleibt auch erhalten, wenn weitere Zweischläge angelenkt werden (Bild 82). Erfolgt das Hinzufügen von Zweischlägen a mal, dann ist die Anzahl n der Glieder des Getriebes

$$n = n_0 + 2\,a$$

und die Anzahl e der Elementenpaare ($f = 1$)

$$e = e_0 + 3\,a\,.$$

In der Gleichung

$$2\,e - 3\,n = 2\,e_0 - 3\,n_0$$

kann über e_0 und n_0 verfügt werden. Beide Größen müssen einem Mechanismus angehören, der zwangläufig ist, beispielsweise einem Gelenkviereck. Bei einem solchen ist $e_0 = 4$ und $n_0 = 4$. Durch Einsetzen dieser Werte wird die GRÜBLERsche Zwanglaufbedingung

$$2\,e - 3\,n + 4 = 0 \tag{1}$$

erhalten. Sie gilt, wenn nur niedere Elementenpaare auftreten. Der Zwanglauf ist von den Abmessungen der Glieder eines Getriebes unabhängig [13].

Die aus der Zwanglaufbedingung folgende Gleichung

$$e = (3\,n - 4)/2 \tag{2}$$

läßt erkennen, da e eine ganze Zahl sein muß, daß die Anzahl der Glieder nur eine gerade Zahl sein kann:

$$\begin{array}{lllllll} n = 4 & 6 & 8 & 10 & 12 & 14 & 16\ldots \\ e = 4 & 7 & 10 & 13 & 16 & 19 & 22\ldots . \end{array}$$

Im Falle, daß neben Elementenpaaren vom Freiheitsgrad $f = 1$, (e_1), auch solche vom Freiheitsgrad $f = 2$, (e_2), auftreten, lautet die Zwanglaufbedingung nach H. ALT

$$2\left(e_1 + \frac{e_2}{2}\right) - 3\,n + 3 + F = 0\,. \tag{3}$$

Hier ist für F der Freiheitsgrad oder die Laufbedingung des Getriebes, bzw. die Anzahl der Bewegungsparameter (Antriebsglieder) zu setzen, die erforderlich ist, die Lage der einzelnen Glieder zu bestimmen. Aus der aus der Zwanglaufbedingung sich ergebenden Gesetzmäßigkeit folgt, wenn für i die Anzahl der Elemente in einem Glied und für n_i die Anzahl der Glieder mit i Elementen gesetzt wird,

$$\begin{aligned} n &= n_2 + n_3 + n_4 + n_5 + \cdots + n_i \\ 3\,n &= 3\,n_2 + 3\,n_3 + 3\,n_4 + 3\,n_5 + \cdots + 3\,n_i\ - \\ 2\,e &= 2\,n_2 + 3\,n_3 + 4\,n_4 + 5\,n_5 + \cdots + i\,n_i\ + \\ 2\,e - 3\,n = -4 &= -n_2 + n_4 + 2\,n_5 + \cdots + (i-3)\,n_i \end{aligned}$$

und daraus

$$n_2 = 4 + n_4 + 2\,n_5 + \cdots + (i-3)\,n_i\,. \tag{4}$$

Diese Gleichung kann zum Aufbau kinematischer Ketten benutzt werden.

An einem Glied mit i Elementen können i Glieder angelenkt werden, die durch $(i-1)$ Glieder verbunden sein können, dann ist die Mindestzahl der Glieder der Kette (Bild 83)

$$n = 1 + i + i - 1\,,$$

$$n = 2\,i\,,$$

daraus folgt

$$i = n/2\,,$$

d. h., die Anzahl der Elemente in einem Glied einer n-gliedrigen zwangläufigen kinematischen Kette, in der nur Drehpaare vorkommen, kann höchstens $n/2$ betragen oder kleiner als $n/2$ sein.

Das Gelenkviereck (Bild 84) hat 4 binäre Glieder ($n_2 = 4$) und 4 Gelenke ($e_1 = 4$).

Die sechsgliedrige Kette ($n = 6$) hat 7 Gelenke ($e_1 = 7$).

Nach Gl. 4 ist $n_2 = 4$, folglich $n_3 = 2$, da $i \leqq 3$ und n_4 nicht auftreten kann. Die beiden möglichen kinematischen Ketten mit 6 Gliedern zeigen die Bilder 85 und 86.

Für die achtgliedrige Kette ist $n = 8$, $e_1 = 10$, $i \leqq 4$. Nach Gl. (4) lassen sich drei verschiedene Gruppen entwickeln:

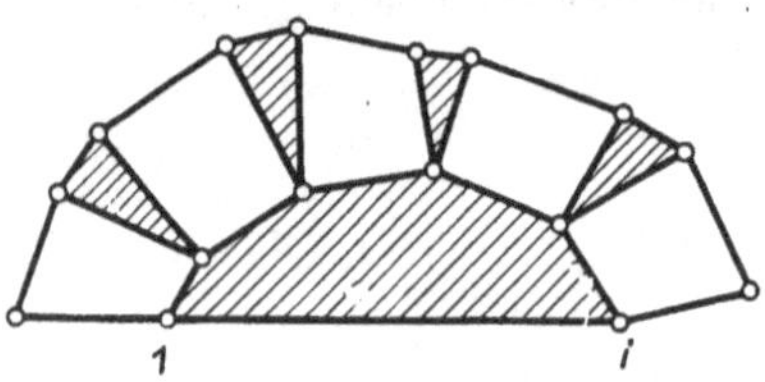

Bild 83. Kinematische Kette mit i Elementen im Gestellglied

	I	II	III
$n_4 =$	0	1	2
$n_2 =$	4	5	6
$n_3 =$	4	2	0.

Innerhalb jeder Gruppe lassen sich die einzelnen Glieder in verschiedener Weise miteinander verbinden und so 16 Formen der achtgliedrigen Kette aufbauen (Bild 87).

Für die zehngliedrige Kette ist $n = 10$, $e = e_1 = 13$, $i \leqq 5$. Es lassen sich sieben verschiedene Gruppen entwickeln:

	I	II	III	IV	V	VI	VII
$n_5 =$	0	0	0	0	1	1	2
$n_4 =$	0	1	2	3	0	1	0
$n_2 =$	4	5	6	7	6	7	8
$n_3 =$	6	4	2	0	3	1	0

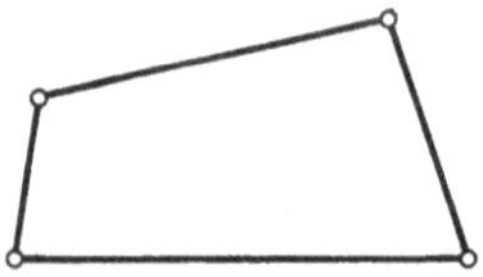
Bild 84. Viergliedrige kinematische Kette

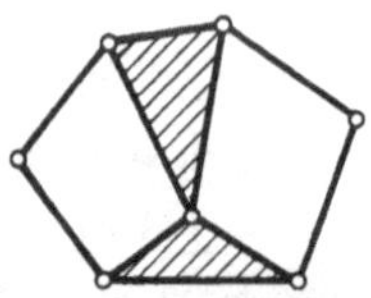
Bild 85. Sechsgliedrige kinematische Kette (Kette I)

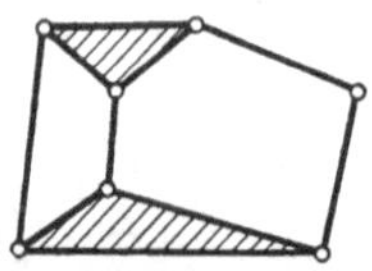
Bild 86. Sechsgliedrige kinematische Kette (Kette II)

und daraus eine große Zahl verschiedener Formen, von denen einige in Bild 88 dargestellt sind.

Abweichungen in der Zwangläufigkeit der niederen Elementenpaarketten. Die GRÜBLERsche Zwanglaufbedingung gilt nicht, wenn

1. binäre, nur Schiebepaare enthaltende Glieder miteinander verbunden sind (Bild 89),

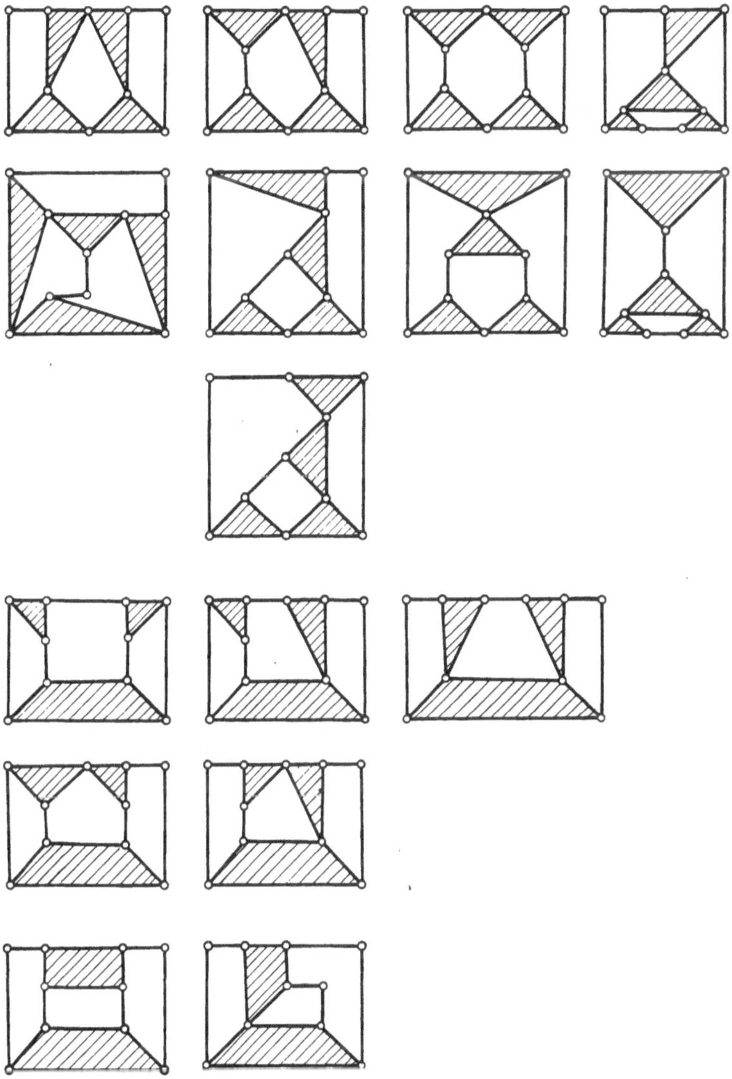

Bild 87. Formen der achtgliedrigen kinematischen Kette

2. ein Glied mit einem anderen ausschließlich durch parallele Schiebepaare verbunden ist (Bild 90),
3. in einer geschlossenen Gliedergruppe weniger als zwei Drehpaare auftreten (Bild 91). In dem Drehgelenk tritt keine Bewegung auf, es kann fortfallen.

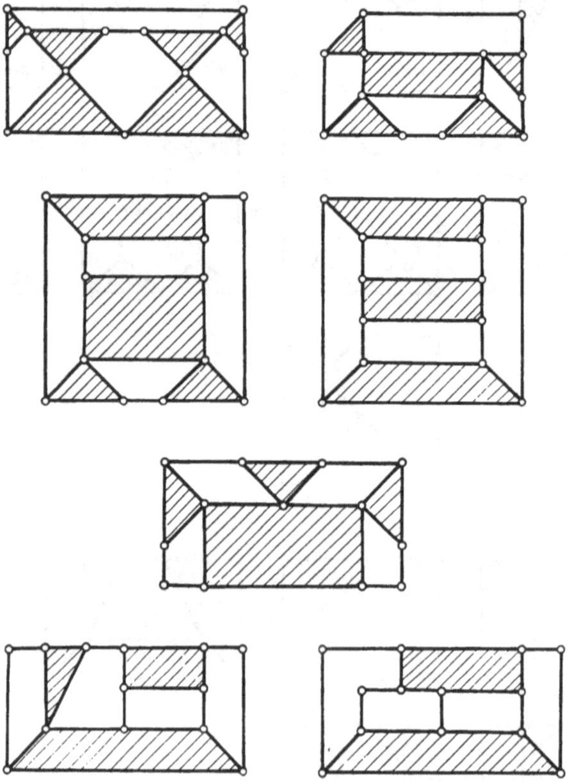

Bild 88. Einige Formen der zehngliedrigen Kette

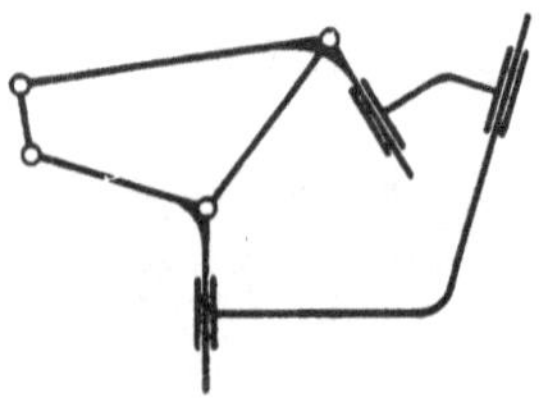

Bild 89. Kinematische Kette mit binären, nur Schiebepaare enthaltenden Gliedern, die einander benachbart sind

Bild 90. Glied der Kette mit ausschließlich parallelen Schiebepaaren

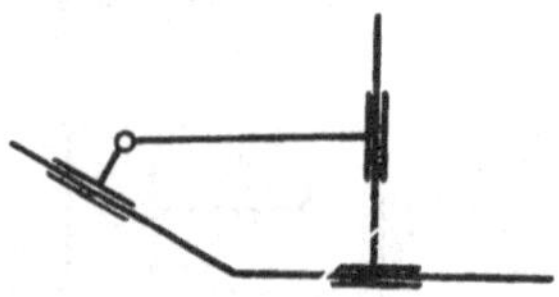

Bild 91. Binäre, nur Schiebepaare enthaltende Glieder sind miteinander verbunden

Der Sonderfall der *Keilkette* oder Schubkette (Bild 92): Es sind nur drei Glieder vorhanden, es treten nur Schiebepaare auf, aber die Kette ist zwangläufig (s. auch Bild 78) [13].

Mehrere Antriebe (Bewegungsparameter). Wird in der Gleichung

$$2e - 3n + 3 + F = 0$$

für $F = 2$ gesetzt, so bedeutet dies, daß das Getriebe von zwei Stellen aus angetrieben wird, oder es ist außer dem Antriebsglied eine Verstelleinrichtung vorhanden, die eine Veränderung des Laufes, evtl. auch während des Ganges, vorsieht, wie es z. B. bei der Heusinger-Steuerung (Bild 93) der Fall ist:

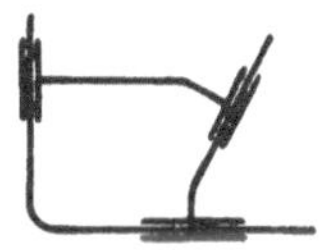

Bild 92. Kinematische Kette mit ausschließlich Schiebepaarelementen (Keilkette)

$$n = 13; \quad e_1 = 17; \quad F = 2,$$

$$2 \cdot 17 - 3 \cdot 13 + 3 + 2 = 0.$$

Den beiden Antrieben zufolge wird das Getriebe *zweiläufig* genannt. Im Bild 94 ist ein Getriebe mit drei Antriebsgliedern ($F = 3$) angedeutet:

$$e_1 = 9; \quad n = 8,$$

$$2 \cdot 9 - 3 \cdot 8 + 3 + 3 = 0.$$

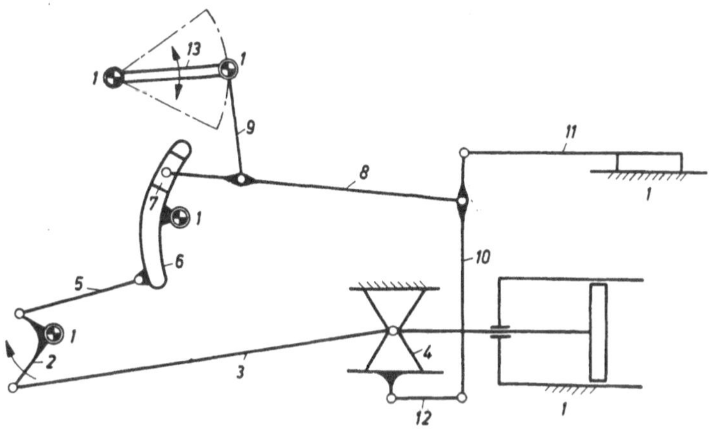

Bild 93. Getriebeschema der Heusinger-Steuerung

Die Anzahl der Glieder und Gelenke erfüllen die Gleichung und damit die Laufbedingung des Getriebes. Dieses Getriebe heißt *dreiläufig* und allgemein wird ein Getriebe mit m Antriebsgliedern m-läufig genannt.

Beim Aufzeichnen der kinematischen Kette ist es üblich, $F = 1$ zu setzen. Aus diesem Grunde müssen über $F = 1$ hinausgehende Antriebsglieder als feste Glieder betrachtet werden.

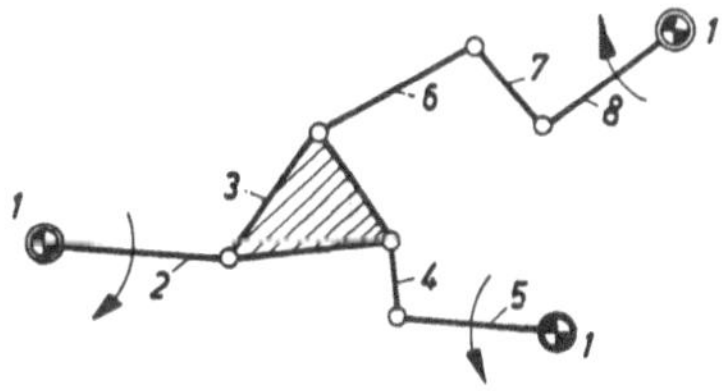

Bild 94. Kurbelgetriebe mit drei Antrieben

Dem Getriebe der Heusinger-Steuerung liegt dann eine kinematische Kette mit 12 Gliedern und 16 Elementenpaaren (Bild 95) zugrunde. Auf diese Kette ist die GRÜBLERsche Zwanglaufbedingung $2e - 3n + 4 = 0$ anwendbar.

Bei der Untersuchung des Zwanglaufes kann vom Getriebe oder von der kinematischen Kette ausgegangen werden.

Mechanismus und Getriebe. Ein Mechanismus ist eine zwangläufige kinematische Kette, von der ein Glied festgestellt, d. h. gegen einen bestimmten Bezugskörper in Ruhe gehalten wird. Soviel Glieder eine Kette enthält, soviel verschiedene Mechanismen können im allgemeinen aus ihr hervorgehen [34].

Ein Getriebe ist ein Mechanismus, in dem ein Glied oder auch mehrere Glieder die Bewegung der übrigen hervorrufen. Dieses Glied oder auch diese Glieder werden der Antrieb bzw. die Antriebe genannt. Aus einem Mechanismus gehen somit im allgemeinen mehrere Getriebe hervor. Ebenso können in einem Getriebe ein oder mehrere Abtriebsglieder vorhanden sein.

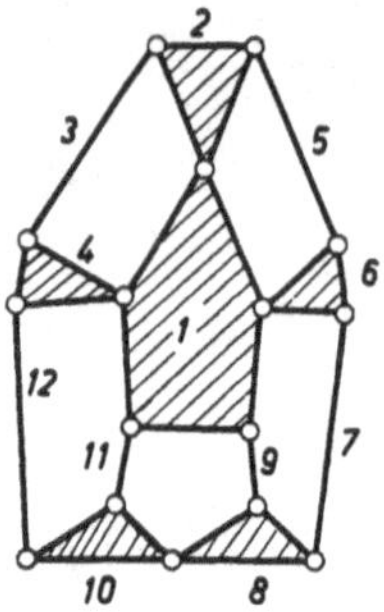

Bild 95. Kinematische Kette der Heusinger-Steuerung

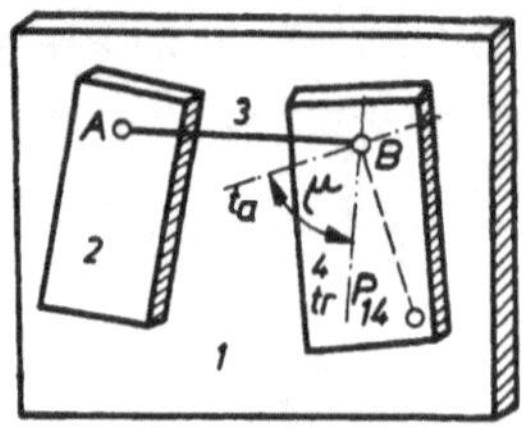

Bild 96. Übertragungswinkel μ

Eine Maschine ist ein Getriebe mit dem Zwecke der Verwirklichung bestimmter Bewegungsvorgänge, bestimmter Kräftewirkung bzw. Arbeitsverrichtung.

3.4 Güte der Bewegungsübertragung [52]

Die Bewegungen eines ebenen Getriebes werden auf ein festes Glied 1 bezogen (Bild 96). Vom Antriebsglied 2 wird die Bewegung durch das Übertragungsglied 3 auf das angetriebene Glied 4 übertragen, dessen Momentanpol P_{14} bekannt ist.

Der Punkt B hat eine absolute Bewegungseinrichtung t_a, die zu BP_{14} senkrecht ist, und gegen das treibende Glied eine relative Bewegungsrichtung t_r, die zu BA senkrecht ist. Der Winkel μ zwischen t_r und t_a wird nach H. Alt der Übertragungswinkel von Glied 3 nach Glied 4 genannt. Dabei wird stets der spitze Winkel angegeben. Der Winkel μ, dessen Größe sich im allgemeinen während der Bewegung dauernd ändert, gibt ein Kennzeichen für die Güte der Bewegungsübertragung auf das angetriebene Glied 4. Die günstigste Bewegungsübertragung erhält man bei $\mu = 90°$, während bei $\mu = 0$ eine Bewegungsübertragung unmöglich ist.

Die Getriebe sind so zu konstruieren, daß in keiner Stelle des Getriebes der Winkel μ eine gewisse Grenze unterschreitet. μ soll im allgemeinen nicht kleiner als etwa 40° sein (Erfahrungswert). Bei der Konstruktion der Getriebe sind folgende Fragen zu klären:

1. An welcher Stelle treten Übertragungswinkel auf?
2. Wie groß sind sie?
3. In welcher Getriebestellung erreicht μ seinen Kleinstwert?

Beim Gelenkviereck tritt nur im Punkte B ein Übertragungswinkel auf (Bild 97), er wird eingeschlossen von der Koppelgeraden und der Verbindungsgeraden des Punktes B mit dem Drehpunkt B_0. Um beim Gelenkviereck den Kleinstwert des Übertragungswinkels zu bestimmen, bringt man die Kurbel in die durch die beiden Festpunkte gehende Verbindungsgerade (Bilder 98 u. 99).

Übertragungswinkel beim Schubkurbelgetriebe: Bild 100.

Übertragungswinkel bei der Kurbelschleife: Bild 101.

Übertragungswinkel bei sechsgliedrigen Kurbelgetrieben: Bilder 102 bis 104.

Im Bild 103 tritt zwischen den Gliedern 5 und 6 ein Übertragungswinkel μ_{56} und ebenso ein solcher μ_{65} auf; die Bewegungsübertragung kann von 5 nach 6 oder von 6 nach 5 gehend betrachtet werden. Im Bild 104 ist nur der im Gelenkpunkt der Glieder 5 und 6 auftretende Übertragungswinkel zu untersuchen.

Übertragungswinkel bei Kurvengetrieben: Bilder 105 u. 106.

t_r ist die Tangente an die Bahn des Rollenmittelpunktes d. i. die Äquidistante zur Kurve im Abstand des Rollenhalbmessers.

Bei gleichem Bewegungsgesetz wird μ günstiger, wenn die Kurvenscheibe größer ausgeführt wird.

Übertragungswinkel beim Wälzkurvengetriebe: Bild 107.

Bei Zahnflanken ist gebräuchlich, den Pressungswinkel zu messen. Pressungswinkel und Übertragungswinkel ergänzen sich zu 90°. Ist der Pressungswinkel Null, dann ist die Bewegungsübertragung von einer Zahnflanke auf die andere am besten. Bei der Übertragung von 1 nach 2 ist der Übertragungswinkel μ_{12}. Er ist größer als der Übertragungswinkel μ_{21} bei der Bewegungsübertragung von 2 nach 1.

3.5 Viergliedrige Kurbelgetriebe

3.51 Gelenkviereck

In der Viergelenkkette sei $l_{\min}$ das kleinste Glied, die diesem benachbarten Gliedern seien $l_{\max}$ und l', das $l_{\min}$ gegenüberliegende sei l'' (Bild 108). Nach dem Satz von Grashof gilt:

I. $l_{\min} + l_{\max} < l' + l''$,
 a) $l_{\max}$ oder l' sei ruhend: *Kurbelschwinge* (Bild 109),
 b) $l_{\min}$ sei ruhend: *Doppelkurbel* (Bild 110),
 c) l'' sei ruhend: *Doppelschwinge* (Bild 111).

II. $l_{\min} + l_{\max} > l' + l''$: *Doppelschwinge.*

III. $l_{\min} + l_{\max} = l' + l''$: Diese Bedingung führt zu den Sonderfällen des Gelenkvierecks.

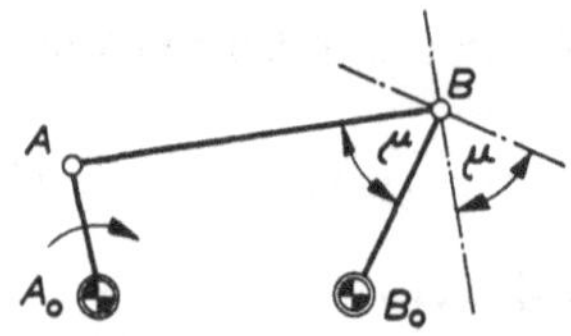

Bild 97. Übertragungswinkel μ beim Gelenkviereck

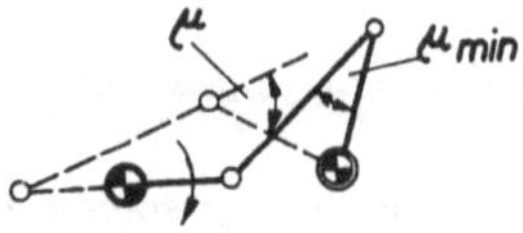

Bild 98. Kleinster Übertragungswinkel bei der Kurbelschwinge

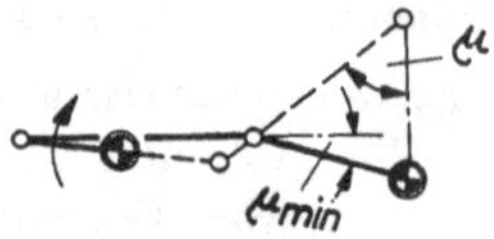

Bild 99. Kleinster Übertragungswinkel bei der Kurbelschwinge

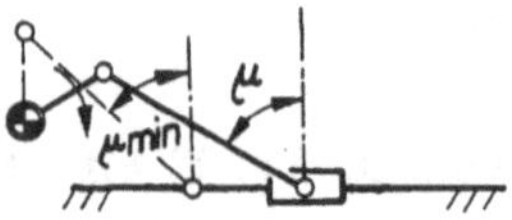

Bild 100. Übertragungswinkel μ bei der Schubkurbel

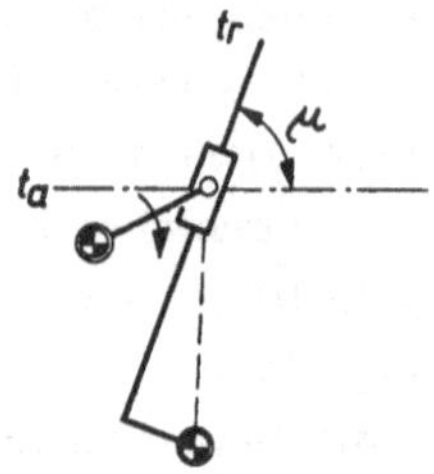

Bild 101. Übertragungswinkel μ bei der Kurbelschleife

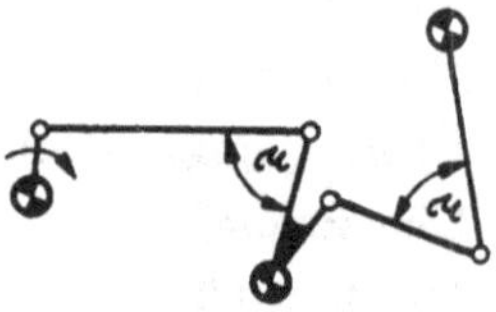

Bild 102. Übertragungswinkel bei einem sechsgliedrigen Kurbelgetriebe

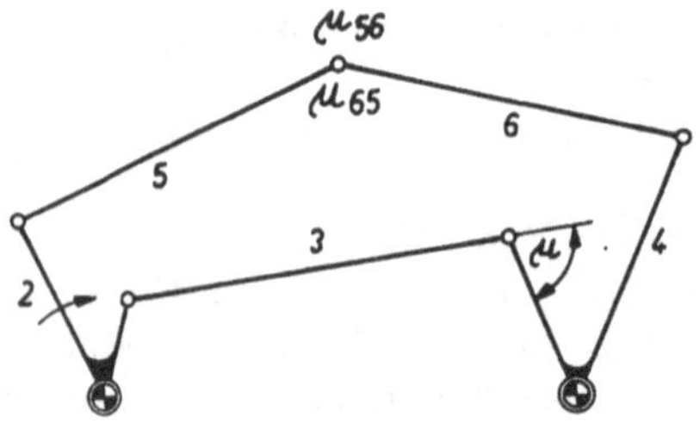

Bild 103. Übertragungswinkel bei einem sechsgliedrigen Kurbelgetriebe

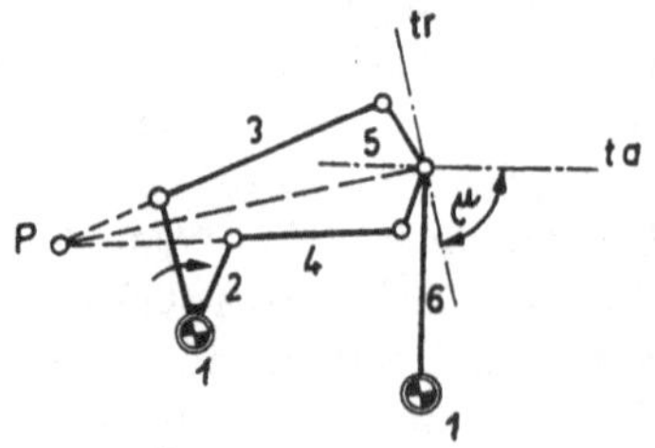

Bild 104. Übertragungswinkel bei einem sechsgliedrigen Verzweigungsgetriebe

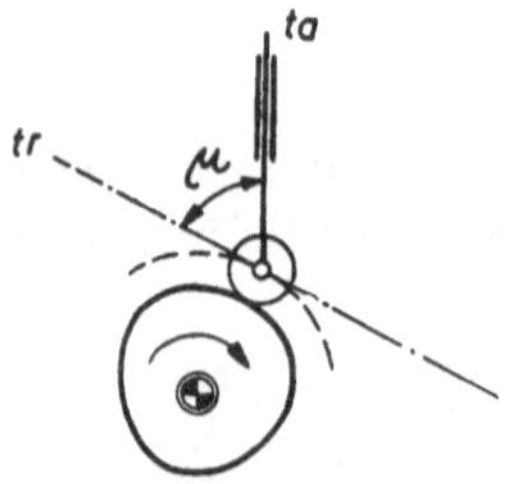

Bild 105. Übertragungswinkel am Kurvengetriebe mit geradegeführter Rolle

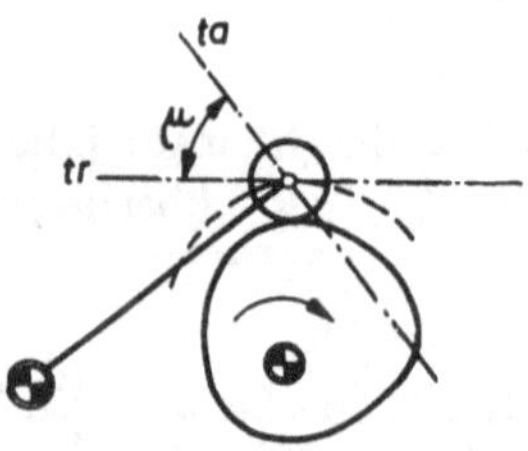

Bild 106. Übertragungswinkel am Kurvengetriebe mit Rolle am Schwinghebel

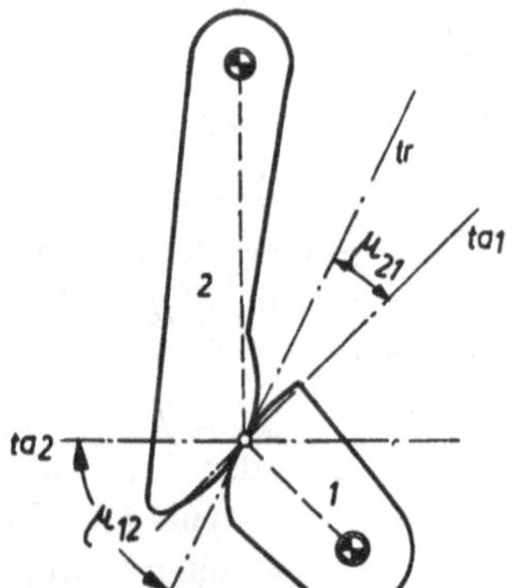

Bild 107. Übertragungswinkel am Wälzhebelgetriebe (Zahnrädergetriebe)

Parallelkurbelgetriebe. Die gegenüberliegenden Glieder sind gleich groß; beide Kurbeln laufen im gleichen Drehsinn um. Es ist gleichgültig, welches Glied zum Gestell gemacht wird (Bild 112).

Antiparallelkurbelgetriebe. Beide Kurbeln haben entgegengesetzten Drehsinn, wenn eines der beiden langen Glieder zum Gestell gemacht wird (Bild 113). Beide Kurbeln sind gleichläufig, wenn eines der beiden kurzen Glieder zum Gestell gemacht wird (Bild 114).

Gleichschenklige Kurbelgetriebe. Je zwei benachbarte Glieder sind gleich groß. Wird eines der längeren Glieder zum Gestell gemacht, entsteht eine gleichschenklige Kurbelschwinge (Bild 115), beim Feststellen eines kurzen Gliedes eine gleichschenklige Doppelkurbel (Bild 116). Zur Überwindung zwangloser Lagen, in denen keine Bewegungsübertragung möglich ist, sind besondere Hilfsmittel (Hilfsverzahnungen u. a.) erforderlich.

3.52 Schubkurbelkette

Wird eines der vier Drehpaare der Viergelenkkette durch ein Schiebepaar ersetzt, dann entsteht die Schubkurbelkette. Die Glieder seien a, b, c und d (Bild 117). Die Schubrichtung soll jeweils durch zwei Drehgelenkpunkte hindurchgehen (zentrische Schubkurbelkette).

Bei der umlaufenden Schubkurbel (Bild 118) wird d Gestell. Ist $a < b$, kann a umlaufen, und der Gleitstein c wird vermittels der Koppel b mit einem Hube von $2a$ hin- und herbewegt.

Wird a festgestellt, können b und d umlaufen (umlaufende Kurbelschleife) (Bild 119). In dem Fall $b < a$, kann b umlaufen und d schwingen (schwingende Kurbelschleife) (Bild 120).

Wird Glied b Gestell, kann a umlaufen und der Gleitstein c um seinen Gelenkpunkt schwingen. Die Punkte des Gliedes d beschreiben Koppelkurven (schwingende Kurbelschleife) (Bild 121).

Bei Feststellung des Gleitsteines c schwingt b, und d bewegt sich geradlinig hin und her (schwingende Schubkurbel) (Bild 122). Sonderfälle der Schubkurbelkette, wenn $a = b$. Feststellung von c oder d ergibt die gleichschenklige Schubkurbel (Bild 123); der Gleitstein legt bei einer Kurbelumdrehung einen Hub von vierfacher Kurbellänge zurück. Feststellung von a oder b führt zur gleichschenkligen umlaufenden Kurbelschleife (Bild 124); zu einer Umdrehung von d gehören zwei Umdrehungen von b. Beide Getriebe besitzen zwanglose Lagen, die mit Hilfsmitteln überwunden werden.

Wird beim Schubkurbelgetriebe die Schubrichtung in einem endlichen Abstand e am Kurbeldrehpunkt vorbeigeführt, so entsteht die exzentrische oder geschränkte Schubkurbel (Bild 125). Durch Feststellen eines anderen Gliedes lassen sich neue exzentrische Getriebe der Schubkurbelkette bilden, z. B. die exzentrische umlaufende Kurbelschleife (Bild 126), die exzentrische schwingende Kurbelschleife (Bilder 127 u. 128).

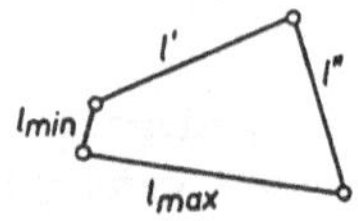

Bild 108. Gelenkviereck

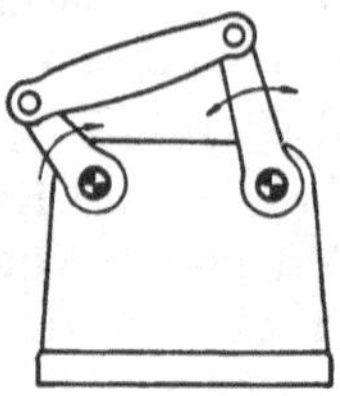

Bild 109. Kurbelschwinge

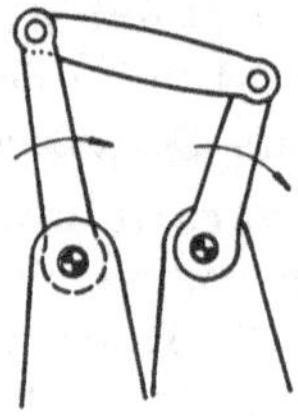

Bild 110. Doppelkurbel

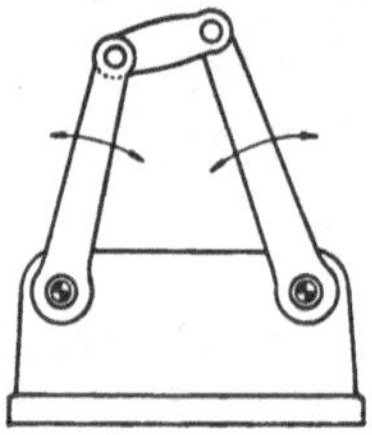

Bild 111. Doppelschwinge

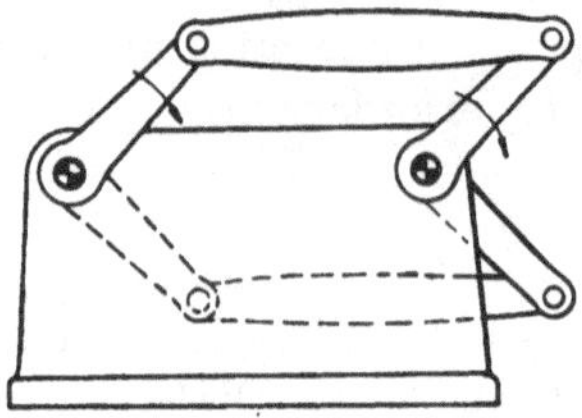

Bild 112. Parallelkurbelgetriebe

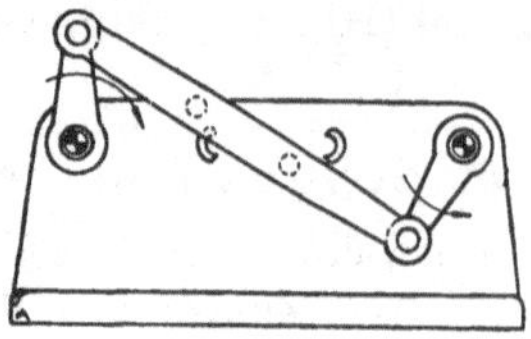

Bild 113. Antiparallelkurbelgetriebe

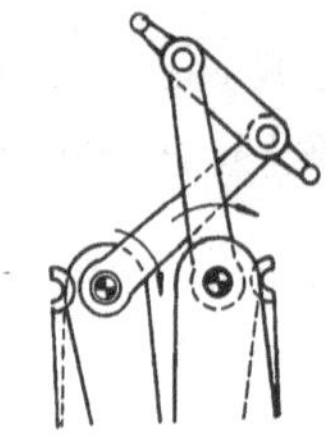

Bild 114. Antiparalleldoppelkurbelgetriebe

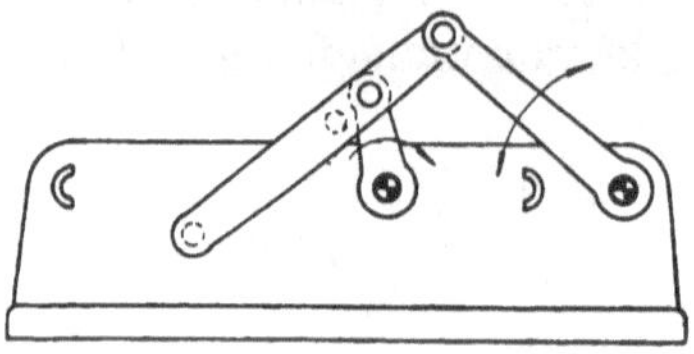

Bild 115. Gleichschenklige Kurbelschwinge

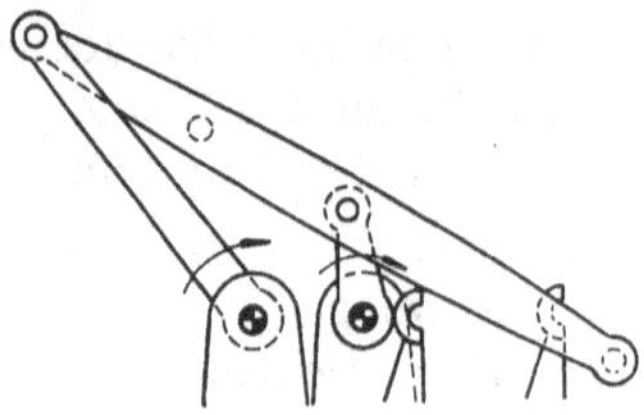

Bild 116. Gleichschenklige Doppelkurbel

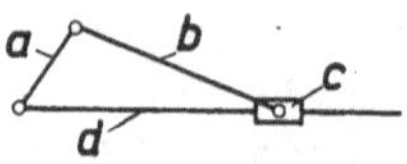

Bild 117. Getriebeschema der Schubkurbel

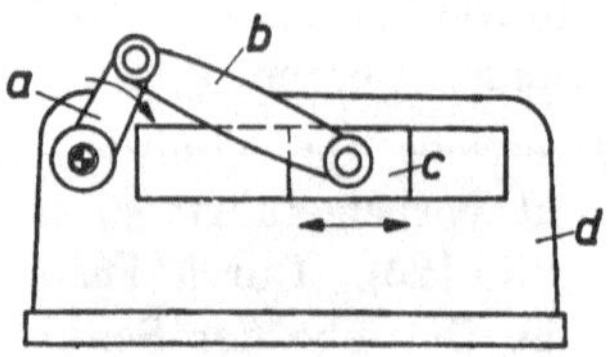

Bild 118. Zentrische Schubkurbel

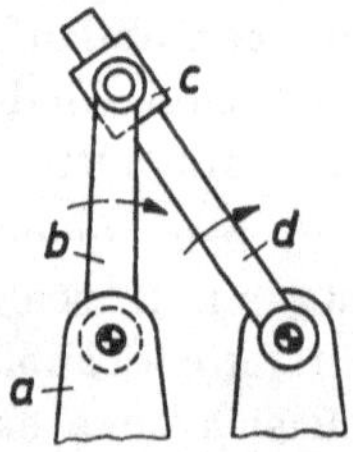

Bild 119. Umlaufende Kurbelschleife

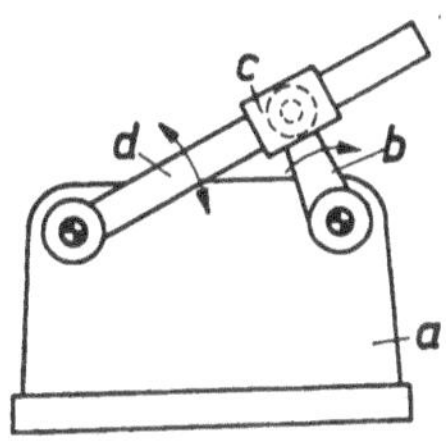

Bild 120. Schwingende Kurbelschleife (Gestellglied *a*)

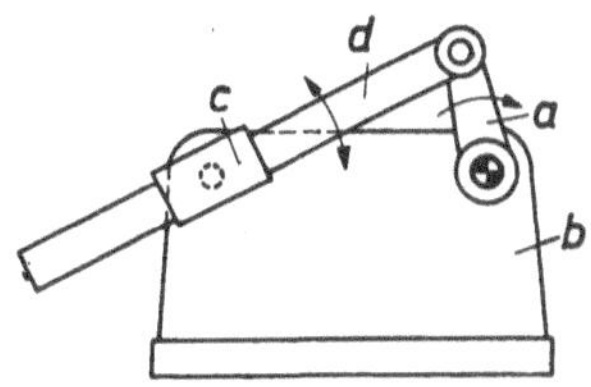

Bild 121. Schwingende Kurbelschleife (Gestellglied *b*)

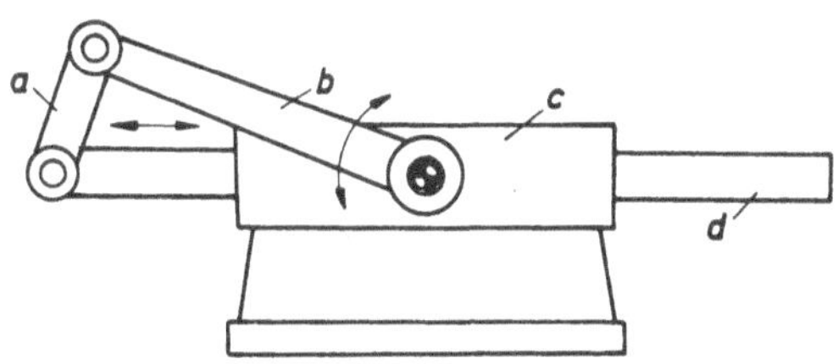

Bild 122. Schwingende Schubkurbel

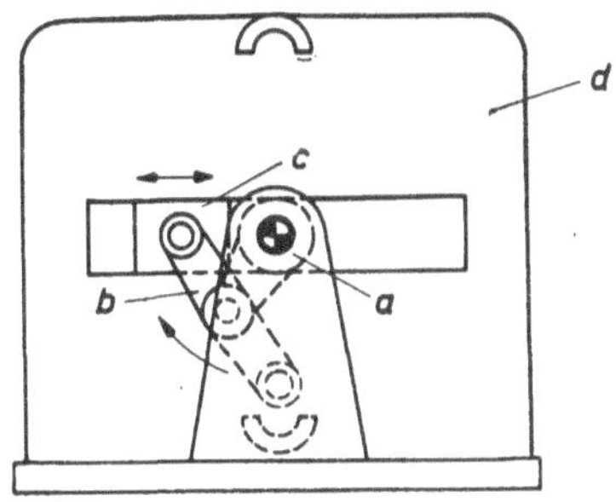

Bild 123. Gleichschenklige Schubkurbel

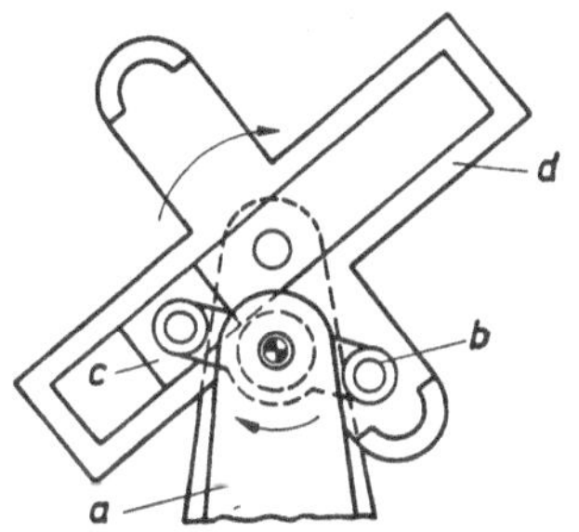

Bild 124. Gleichschenklige umlaufende Kurbelschleife

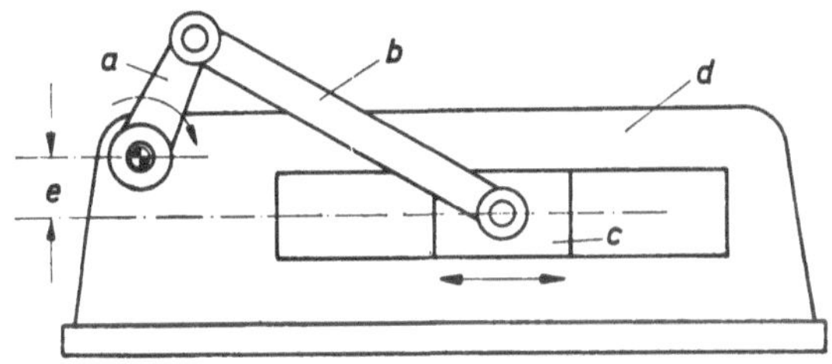

Bild 125. Exzentrische oder geschränkte Schubkurbel

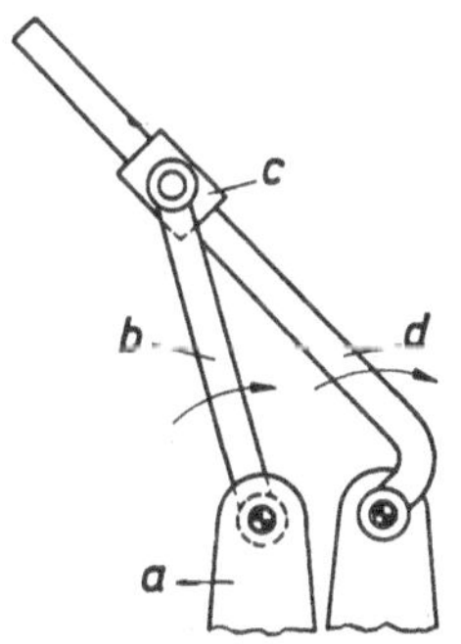

Bild 126. Geschränkte umlaufende Kurbelschleife

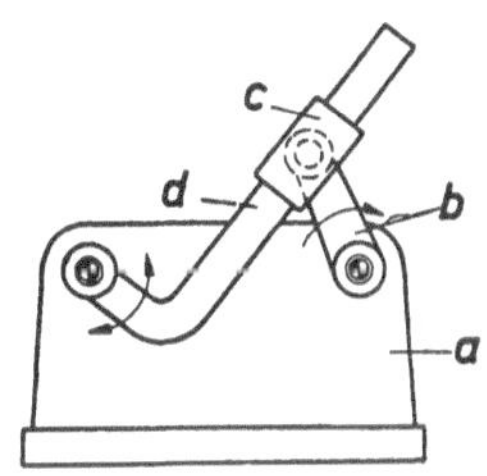

Bild 127. Geschränkte schwingende Kurbelschleife (Gestellglied *a*)

3.53 Kreuzschleifenkette

Wenn bei der Schubkurbel die Koppel unendlich lang gemacht wird, entsteht die hin- und hergehende Kreuzschleife oder Kreuzschubkurbel (Bild 129). Sie ist ein Getriebe mit zwei Drehpaaren und zwei Schiebepaaren.

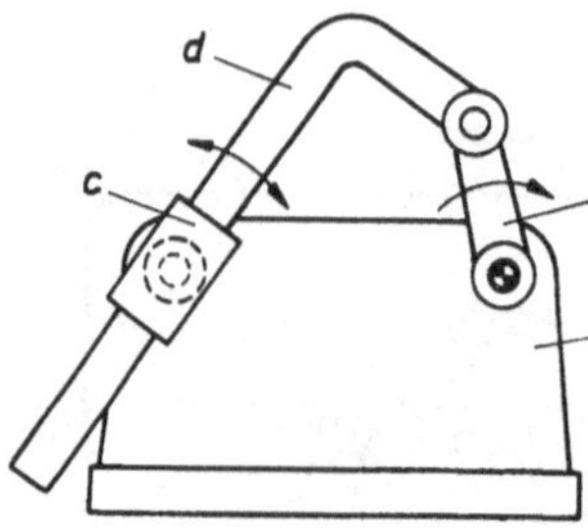

Bild 128. Geschränkte schwingende Kurbelschleife (Gestellglied *b*)

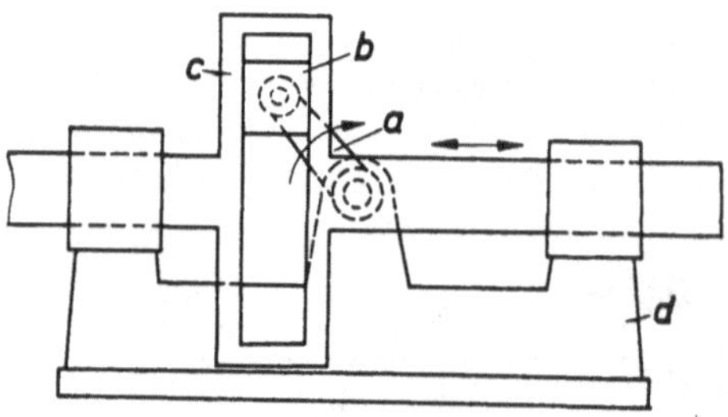

Bild 129. Hin- und hergehende Kreuzschleife

Bei Feststellung der Kurbel *a* werden die Drehpaare mit festgehalten; *b* und *d*, verbunden durch *c*, beschreiben volle Umdrehungen gegenüber dem Gestell und es entsteht die umlaufende Kreuzschleife oder Doppelschleife (Bild 130).

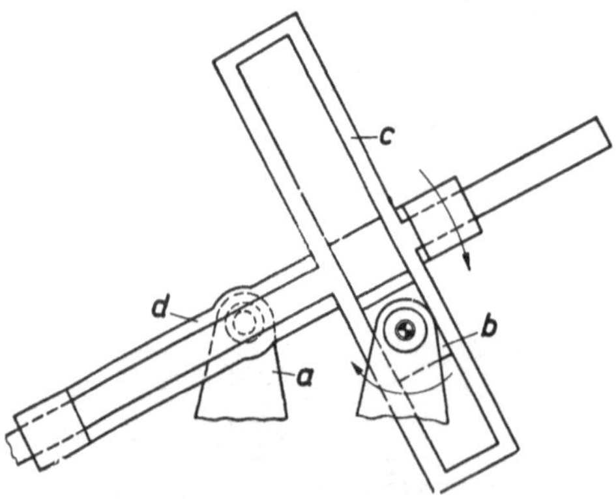

Bild 130. Umlaufende Kreuzschleife

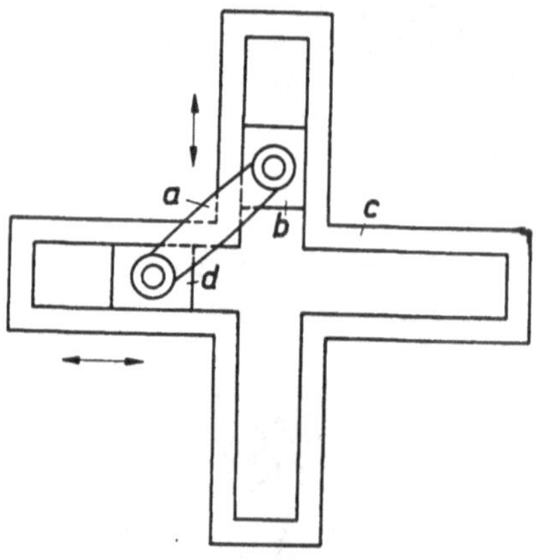

Bild 131. Feststehende Kreuzschleife

Glied *c* fest ergibt die feststehende Kreuzschleife oder den Doppelschieber (Bild 131). Die Gleitsteine *b* und *d*, durch Kurbel *a* verbunden, gleiten in den festliegenden Gleitbahnen des Kreuzes *c*, hin und her.

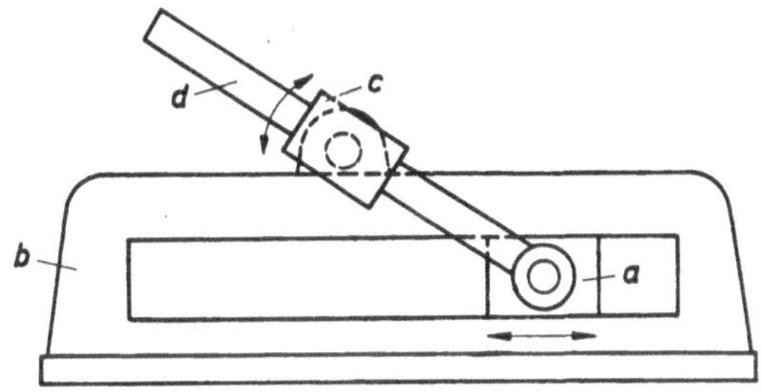

Bild 132. Einfach geschränkte Schubschleife (Gestellglied *b*)

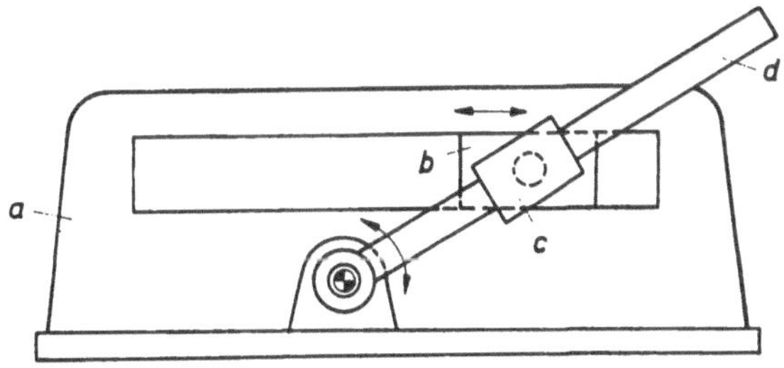

Bild 133. Einfach geschränkte Schubschleife (Gestellglied *a*)

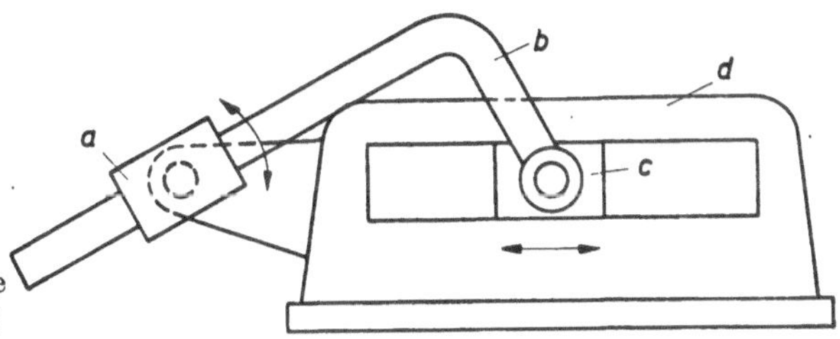

Bild 134. Einfach geschränkte Schubschleife (Gestellglied *d*)

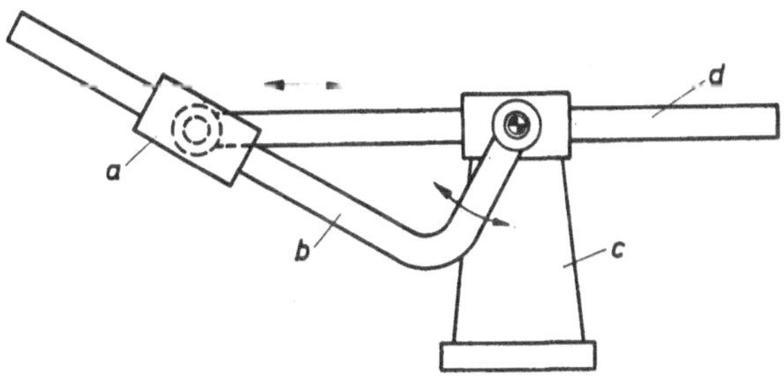

Bild 135. Einfach geschränkte Schubschleife (Gestellglied *c*)

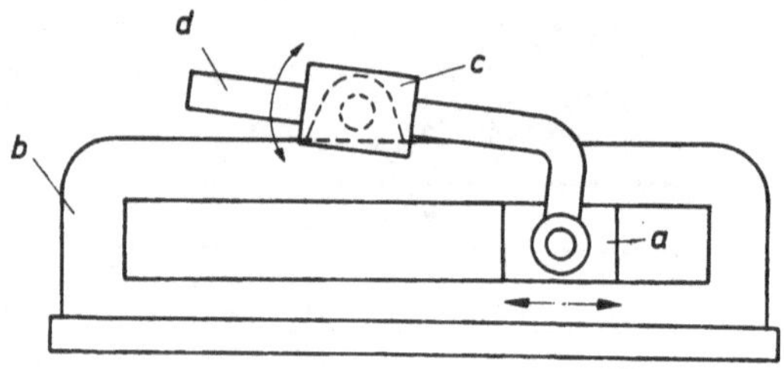

Bild 136. Doppelt geschränkte Schubschleife (Gestellglied *b*)

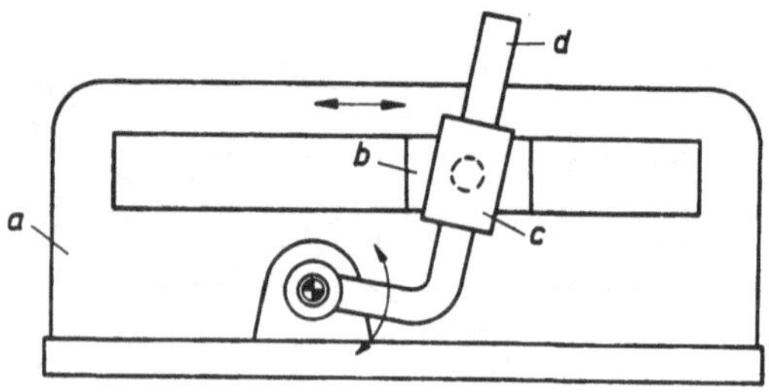

Bild 137. Doppelt geschränkte Schubschleife (Gestellglied *a*)

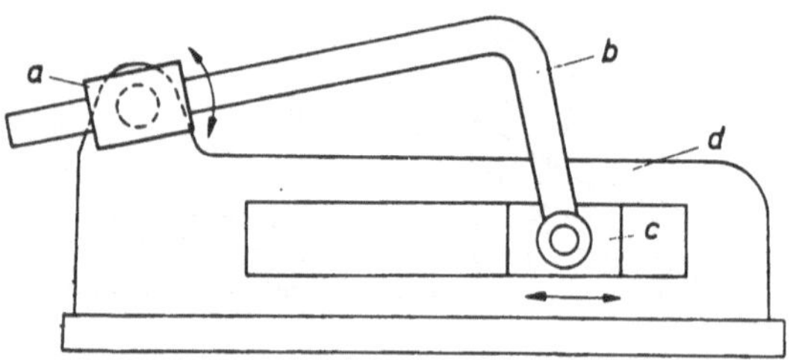

Bild 138. Doppelt geschränkte Schubschleife (Gestellglied *d*)

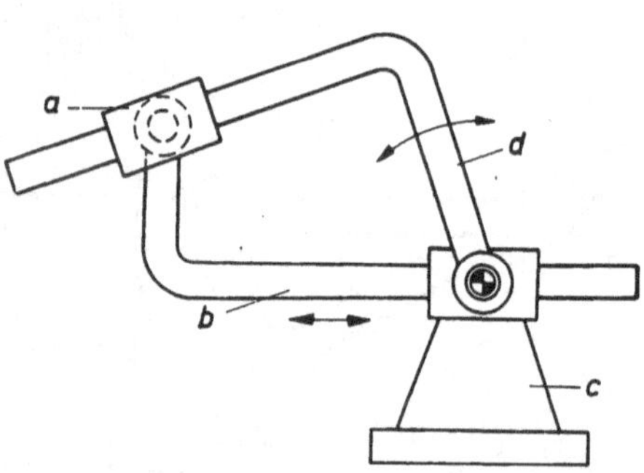

Bild 139. Doppelt geschränkte Schubschleife (Gestellglied *c*)

3.54 Schubschleifenkette

Wird bei der schwingenden Kurbelschleife (Bild 121) der Gelenkpunkt der Kurbel auf einer Geraden geführt, entsteht die einfachgeschränkte Winkelschleife oder Schubschleife (Bild 132) mit b als Gestellglied;

a festgestellt ergibt die Schubschleife des Bildes 133, Feststellung des Gliedes d die Schubschleife des Bildes 134 und c zum Gestellglied gemacht die Schubschleife des Bildes 135. Erhalten die Glieder d dieser Schubschleifen eine Exzentrizität, dann entstehen die doppeltgeschränkten Winkel- oder Schubschleifen der Bilder 136 bis 139.

4 DER AUFBAU DER GETRIEBE

Eine Konstruktionslehre der Gelenkgetriebe konnte von dem Zeitpunkt an aufgebaut werden, da die Beziehungen bekannt waren, die zwischen verschiedenen Lagen einer bewegten Ebene bestehen. Die bewegte Ebene ist dabei als das bewegte Getriebeglied aufzufassen, von dem auf Grund der praktischen Forderungen eine Anzahl charakteristischer Stellungen aufgezeichnet werden. Die Beziehungen dieser Stellungen zueinander sind geometrischer Natur und demzufolge sind die natürlichen Hilfsmittel zur Bestimmung der Abmessungen von Getriebegliedern in der Geometrie zu suchen. Bis auf wenige Ausnahmen werden bei den Verfahren zur Synthese der Gelenkgetriebe zeichnerische Methoden angewandt.

4.1 Mehrere Lagen eines eben bewegten Getriebegliedes

Eine grundlegende Aufgabe der Konstruktionslehre ist die folgende: Gegeben sind verschiedene Lagen einer Ebene E, etwa E_1, E_2, E_3, ... Es sind die Punkte dieser Ebene zu suchen, die bei der Bewegung der Ebene auf einem Kreise liegen. Solche Punkte kann es mehrere geben, z. B. C, D, ... Von diesen Punkten sollen zwei, und zwar C und D, herausgegriffen werden. Sie sollen sich auf Kreisen um C_0 und D_0 bewegen. Auf diese Weise ist ein Gelenkviereck bestimmt, welches die vorgeschriebenen Lagen der bewegten Ebene E verwirklicht.

4.11 Zwei Lagen

Bei zwei Lagen einer bewegten Ebene E (Getriebeglied) gibt es einen selbstentsprechenden Punkt P_{12} (lies P eins zwei) in beiden Ebenenlagen. Um diesen Punkt (Pol) kann die Ebene von der einen in die andere Lage bewegt werden. P_{12} ist der Schnittpunkt der Mittellote zu A_1A_2 und B_1B_2, wenn unter der Strecke AB die bewegte Ebene verstanden wird (Bild 140). Werden die Verbindungsgeraden des Poles P_{12} mit den Punkten A_1, A_2, B_1, B_2 sowie die Geraden A_1A_2 und B_1B_2 eingezeichnet, dann ist nach Bild 141

$$\triangle\, P_{12}A_1B_1 \cong \triangle\, P_{12}A_2B_2\,,$$

folglich

$$\sphericalangle\, A_1P_{12}B_1 = \sphericalangle\, A_2P_{12}B_2\,,$$

$$\sphericalangle\, A_1P_{12}A_2 = \sphericalangle\, B_1P_{12}B_2\,,$$

d. h. die Drehwinkel aller Punkte der Ebene E sind gleich und haben die Größe φ_{12} (lies φ eins zwei). Die Drehwinkel werden im Gegensinne des Uhrzeigers gemessen.

Ist C_1 ein dritter Punkt in der Ebene E_1, so ist C_2 als homologer Punkt in der Ebene E_2 bestimmt:

$$\triangle A_1B_1C_1 \cong \triangle A_2B_2C_2\,,$$
$$\sphericalangle C_1P_{12}C_2 = \sphericalangle A_1P_{12}A_2 = \varphi_{12}\,.$$

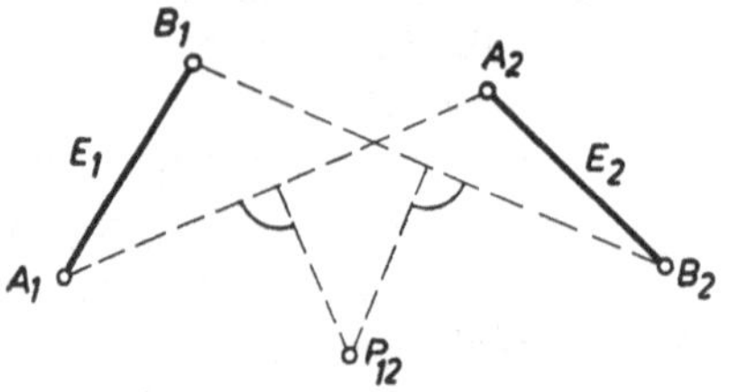

Bild 140. Zwei Lagen einer Ebene

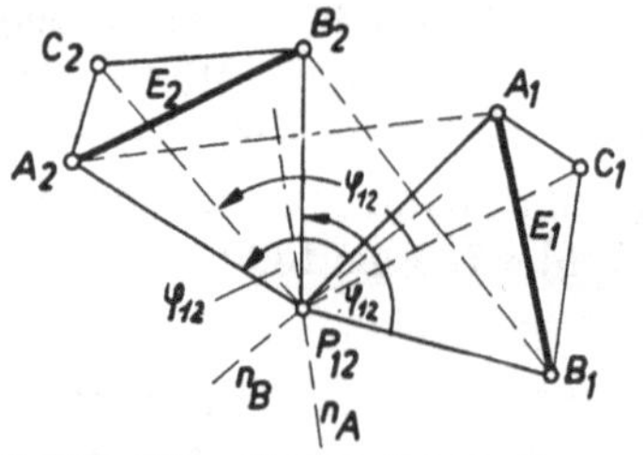

Bild 141. Für alle Punkte der Ebene sind die Drehwinkel gleich

Die Ebene AB soll in den Gelenkpunkten C und D derart geführt werden, daß sie als Koppelebene eines Gelenkvierecks von der Lage 1 in die Lage 2 gebracht wird. Die Gestelldrehpunkte C_0 und D_0 können auf den Mittelloten c_{12} bzw. d_{12}

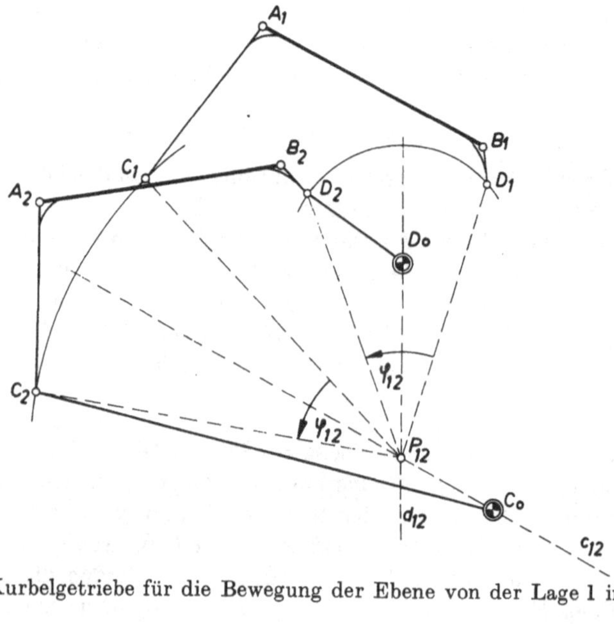

Bild 142. Kurbelgetriebe für die Bewegung der Ebene von der Lage 1 in die Lage 2

willkürlich gewählt werden (Bild 142). Bei der Bewegung der Koppelebene wird der Gelenkpunkt C von C_1 nach C_2 auf einem Kreise um C_0 und der Gelenkpunkt D von D_1 nach D_2 auf einem Kreise um D_0 bewegt. Die Mittellote c_{12} und d_{12} schneiden sich in P_{12}.

Es ist

$$\sphericalangle C_1P_{12}C_2 = \sphericalangle D_1P_{12}D_2 = \varphi_{12}\,.$$

Wird der Gestelldrehpunkt C_0 vorgeschrieben, dann ist die Verbindungsgerade C_0P_{12} das Mittellot c_{12}, und der geometrische Ort beispielsweise für C_1 ist der freie Schenkel des Winkels $\varphi_{12}/2$, der sinngemäß an das Mittellot c_{12} in P_{12} anzutragen ist (P_{12} ist hier der Schnittpunkt der Mittellote zu A_1A_2 und B_1B_2). Auf diesem freien Schenkel des Winkels $\varphi_{12}/2$ kann C_1 gewählt werden.

Es muß unterschieden werden zwischen den Momentanpolen P_1, P_2 und dem durch den Schnittpunkt der Mittellote zu A_1A_2 und B_1B_2 gefundenen Pol P_{12} (Bild 143). Das Gelenkviereck A_0ABB_0 ist hier in zwei Stellungen gezeichnet. Die Koppelebene nimmt die beiden Lagen A_1B_1 und A_2B_2 ein. Der Schnittpunkt der Mittellote zu A_1A_2 und B_1B_2 bestimmt den Pol P_{12}. Der Schnittpunkt der Kurbelgeraden A_0A_1 und der Schwingengeraden B_0B_1 ist der Momentanpol P_1. In entsprechender Weise ist der Momentanpol P_2 als Schnittpunkt der Kurbelgeraden A_0A_2 mit der Schwingengeraden B_0B_2 zu ermitteln.

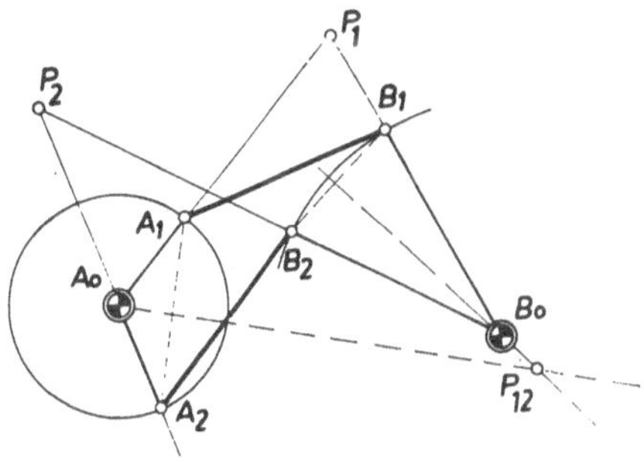

Bild 143. Pol P_{12} und Momentanpol P_1 und P_2

4.12 Drei Lagen und das Poldreieck

Zu den beiden Lagen E_1 und E_2 der Ebene E soll eine dritte Lage hinzugenommen werden. Die drei Lagen der Ebene E werden durch die Strecken A_1B_1, A_2B_2, A_3B_3 bestimmt (Bild 144). Die Mittellote zu A_1A_2 und B_1B_2 schneiden sich in P_{12}, die Mittellote zu A_1A_3 und B_1B_3 in P_{13} und die Mittellote zu A_2A_3 und B_2B_3 in P_{23}. Andere Pole als die angegebenen drei sind nicht möglich. Durch die drei Pole P_{12}, P_{13}, P_{23} ist das Poldreieck der Lagen $E_1 \ldots E_3$ bestimmt. A_1 und A_2 müssen auf einem Kreise a_{12} und P_{12} liegen, denn P_{12} liegt auf dem Mittellot zu A_1A_2. Demzufolge liegen B_1 und B_2 auf dem Kreise b_{12} um P_{12}, A_1 und A_3 auf dem Kreise a_{13} um P_{13}, B_1 und B_3 auf dem Kreise b_{13} um P_{13}, A_2 und A_3 auf dem Kreise a_{23} um P_{23} und B_2 und B_3 auf dem Kreise b_{23} um P_{23}. Die Kreise a_{12}, a_{13}, a_{23} schneiden sich in *einem* Punkte A_{123} und die Kreise b_{12}, b_{13}, b_{23} schneiden sich in *einem* Punkte B_{123}. A_{123} und B_{123} werden die Grundpunkte zu den homologen Punkten $A_1 \ldots A_3$ bzw. $B_1 \ldots B_3$ genannt. Der Grundpunkt A_{123} ist der Symmetriepunkt zu A_1 gegenüber der Polgeraden $P_{12}P_{13}$ (die Eins ist gemeinsam), zu A_2 gegenüber der Polgeraden $P_{12}P_{23}$ (die Zwei ist gemeinsam) und zu A_3 gegenüber der Polgeraden $P_{13}P_{23}$ (die Drei ist gemeinsam). Das gilt in entsprechender Weise für den Grundpunkt B_{123}, der Symmetriepunkt zu B_1 bzw. B_2 bzw. B_3 gegenüber der Polgeraden $P_{12}P_{13}$ bzw. $P_{12}P_{23}$ bzw. $P_{13}P_{23}$ ist [7].

Durch das Poldreieck sind drei Lagen einer Ebene eindeutig bestimmt. Im Poldreieck wird alles erfaßt, was über drei Lagen einer Ebene ausgesagt werden kann.

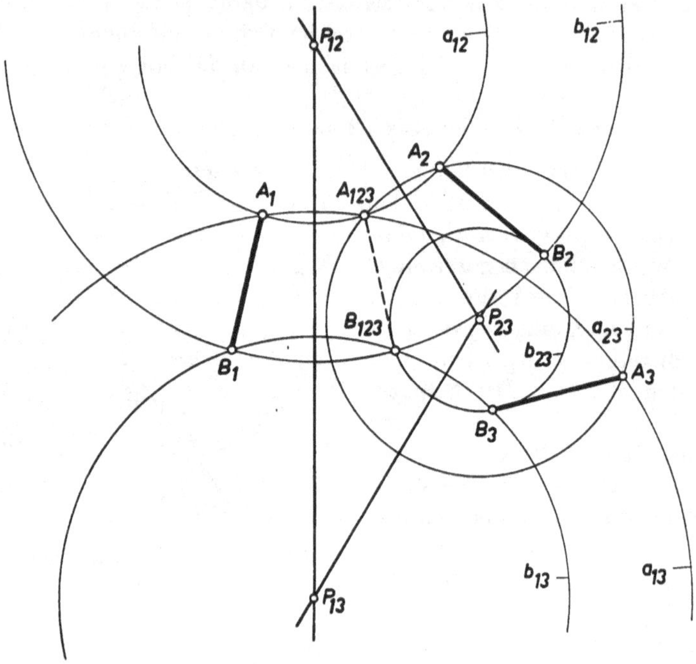

Bild 144. Drei Lagen einer Ebene und das Poldreieck

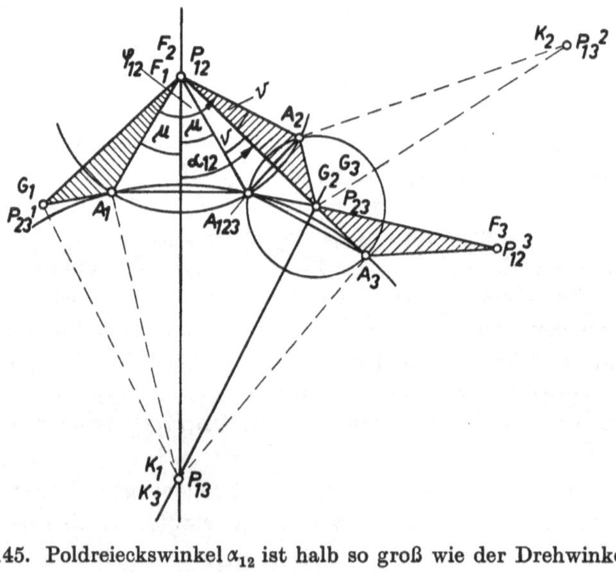

Bild 145. Poldreieckswinkel α_{12} ist halb so groß wie der Drehwinkel φ_{12}

Im Bild 145 ist das Poldreieck $P_{12}P_{13}P_{23}$ gegeben. Punkt A_1 wird gewählt und die homologen Punkte A_2 und A_3 werden gesucht. Der Grundpunkt A_{123} wird als Symmetriepunkt zu A_1 gegenüber der Polgeraden $P_{12}P_{13}$ gefunden. A_2 wird als Symmetriepunkt zum Grundpunkt A_{123} bezüglich der Polgeraden $P_{12}P_{23}$ und A_3 wird als Symmetriepunkt zu A_{123} bezüglich der Polgeraden $P_{13}P_{23}$ ermittelt. Die Verbindungsgeraden von P_{12} nach A_1 und A_2 schließen den Drehwinkel φ_{12} ein. Werden P_{12} und der Grundpunkt A_{123} miteinander verbunden, dann treten je zwei gleiche Winkel μ bzw. ν symmetrisch zu den Polgeraden $P_{12}P_{13}$ bzw. $P_{12}P_{23}$ auf und es folgt aus dem Bild 145

$$\varphi_{12} = 2\,\mu + 2\,\nu; \quad \alpha_{12} = \mu + \nu\,,$$

daraus

$$\alpha_{12} = \varphi_{12}/2\,,$$

d. h. der zum Pol P_{12} gehörige Poldreieckswinkel α_{12} ist halb so groß wie der Drehwinkel φ_{12} bei der Bewegung der Ebene um den Pol P_{12} von der Lage 1 in die Lage 2.

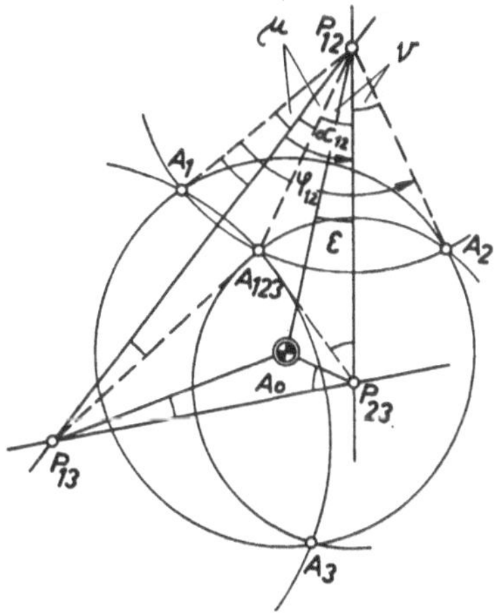

Bild 146. Beziehungen zwischen Grundpunkt A_{123} und Mittelpunkt A_0

Der Pol P_{23} ist selbstentsprechender Punkt der Ebenen E_2 und E_3, gehört sowohl der Ebene E_2 als auch der Ebene E_3 an. Ein Punkt G der bewegten Ebene, der mit P_{23} zusammenfällt, erhält zur Ebene E_2 gehörig die Bezeichnung G_2 und zur Ebene E_3 gehörig die Bezeichnung G_3. Wird die Lage E_2 der bewegten Ebene um den Pol P_{12} in die Lage E_1 zurückbewegt, dann gelangt der Punkt A_2 nach A_1 und der Punkt G_2 nach G_1. Der Punkt G_1 wird als dritter Punkt des Dreiecks $P_{12}A_1G_1$ gefunden und dieses ist dem Dreieck $P_{12}A_2G_2$ kongruent. Da mit G_2 der Pol P_{23} zusammenfällt, gelangt auch dieser bei der Drehung in die Lage 1. Er wird in dieser Lage mit P_{23}^1 bezeichnet. In entsprechender Weise wird die Lage des Poles P_{12} in der Ebene E_3 gefunden und mit P_{12}^3 bezeichnet und die Lage des Poles P_{13} in der Ebene E_2 ermittelt und mit P_{13}^2 benannt (Bild 145).

Das Poldreieck $P_{12}P_{13}P_{23}$ und der Punkt A_1 seien gegeben, der Grundpunkt A_{123} und die homologen Punkte A_2 und A_3 seien bestimmt worden. Der Mittelpunkt A_0 eines Kreises durch die homologen Punkte A_1, A_2, A_3 kann als Schnittpunkt zweier Mittellote z. B. zu A_1A_2 und A_1A_3 angegeben werden (Bild 146). A_1, A_2, A_{123} und A_0 werden mit P_{12} verbunden, so daß die Winkel μ und ν wie im Bild 145 erscheinen. Der Winkel zwischen der Verbindungsgeraden $P_{12}A_0$ und der Poldreieckseite $P_{12}P_{23}$ sei ε. Da $P_{12}A_0$ Mittellot zu A_1A_2 sein muß, gilt die Gleichung

$$\varepsilon = \varphi_{12}/2 - \nu = \alpha_{12} - \nu = \mu\,,$$

in Worten:

Die Verbindungslinien des Grundpunktes A_{123} und des zugehörigen Mittelpunktes A_0 mit den Polen eines Poldreiecks schließen mit den Poldreieckseiten gleiche Winkel ein.

Dieser Satz führt zur Konstruktion der homologen Punkte in drei Lagen einer bewegten Ebene, wenn der Mittelpunkt des Kreises, auf dem die drei homologen Punkte liegen, vorgeschrieben wird.

Das Poldreieck $P_{12}P_{13}P_{23}$ sei bekannt (Bild 147). Im Maschinengestell werde die Lage des festen Drehpunktes C_0 der Kurbel vorgeschrieben. Der Kurbelgelenkpunkt in den Stellungen C_1, C_2, C_3 wird dann folgendermaßen ermittelt: C_0 ist mit zweien der Pole, etwa P_{12} und P_{23}, zu verbinden. Die Winkel, die diese Verbindungsgeraden mit der Poldreieckseite $P_{12}P_{23}$ einschließen, werden im Gegensinne an die Poldreieckseiten $P_{12}P_{13}$ bzw. $P_{23}P_{13}$ angetragen und der Schnittpunkt ihrer freien Schenkel ist der Grundpunkt C_{123}. Zu diesem symmetrisch bezüglich der Polgeraden $P_{12}P_{13}$ bzw. $P_{12}P_{23}$ bzw. $P_{13}P_{23}$ liegen die Punkte C_1, C_2, C_3; sie liegen weiter auf einem Kreis um C_0.

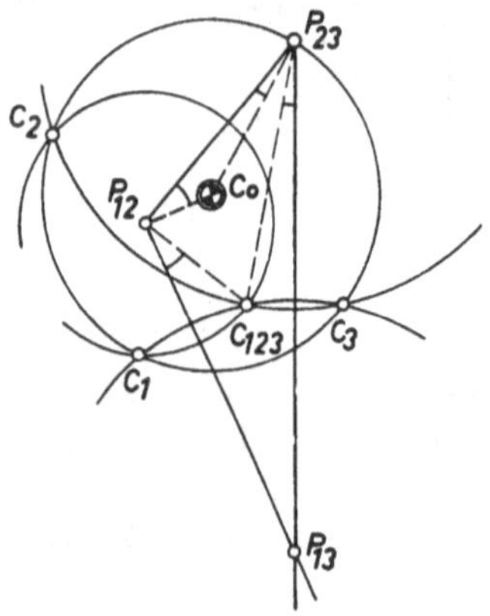

Bild 147. Bestimmung der Punkte $C_1 \cdots C_3$, wenn der Mittelpunkt C_0 und das Poldreieck bekannt sind

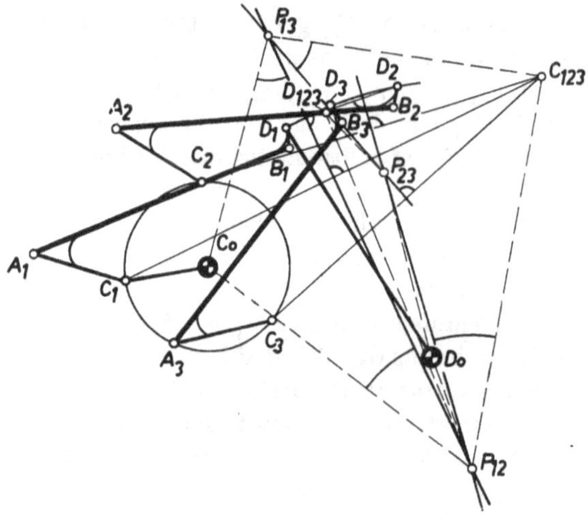

Bild 148. Kurbelgetriebe für die Bewegung einer Ebene durch drei vorgeschriebene Lagen

Die Lösung der Aufgabe, die Bewegung eines Getriebegliedes durch ein Gelenkviereck zu verwirklichen, ist aus dem Bild 148 ersichtlich.

Vorgelegt sind die drei Lagen A_1B_1, A_2B_2, A_3B_3, sowie die festen Drehpunkte C_0 und D_0 im Gestell einer Maschine oder im Gehäuse eines Gerätes. Die Schnittpunkte der Mittellote zu A_1A_2, B_1B_2 bzw. A_1A_3, B_1B_3 bzw. A_2A_3, B_2B_3 bestimmen das Poldreieck $P_{12}P_{13}P_{23}$. C_0 und D_0 werden je mit zweien der drei Pole verbunden und die an den Polen auftretenden Winkel im Gegensinne an die benachbarte Poldreieckseite angetragen. Die Schnittpunkte der freien Schenkel sind die Grundpunkte C_{123} bzw. D_{123}. Symmetrisch zu diesen bezüglich der Polgeraden sind die Gelenkpunkte C_1, C_2, C_3 bzw. D_1, D_2, D_3 gelegen. Das ermittelte Gelenkviereck arbeitet als Kurbelschwinge. C_0C_1 ist die Stellung der Kurbel, D_0D_1 die der Schwinge in der Lage 1 des bewegten Getriebegliedes und damit sind die Abmessungen des gesuchten Gelenkvierecks $C_0C_1D_1D_0$ bestimmt, welches die Ebene AB durch die vorgeschriebenen drei Lagen bewegt.

Drei Lagen einer bewegten Ebene seien durch das Poldreieck $P_{12}P_{13}P_{23}$ definiert und die Richtung des unendlich fernen Mittelpunktes A_0 sei bekannt (Bild 149). Gefragt ist nach den homologen Punkten A_1, A_2, A_3, die auf einer Geraden senkrecht zu der Richtung, in der A_0 unendlich fern liegt, gelegen sind. Zur Bestimmung des Grundpunktes A_{123} wird A_0 beispielsweise mit P_{13} und P_{23} verbunden und die Winkel, die diese Verbindungsgeraden mit der Polgeraden $P_{13}P_{23}$ einschließen, sind im Gegensinne an die anderen Polgeraden anzutragen. Im vorliegenden Fall sind die Winkel einander gleich und mit β bezeichnet. Ihre freien Schenkel schneiden sich in A_{123}. Die Pole P_{13} und P_{23} stützen sich mit gleichen Winkeln β auf die Strecke $P_{12}A_{123}$, demzufolge muß A_{123} auf dem Umkreis des Poldreiecks liegen. Die Symmetriepunkte zu A_{123} bezüglich der drei Polgeraden sind die drei homologen Punkte A_1, A_2, A_3 und liegen auf einer Geraden senkrecht zur Richtung, in der A_0 unendlich fern liegt. Diese Gesetzmäßigkeit läßt sich in dem Satz zusammenfassen:

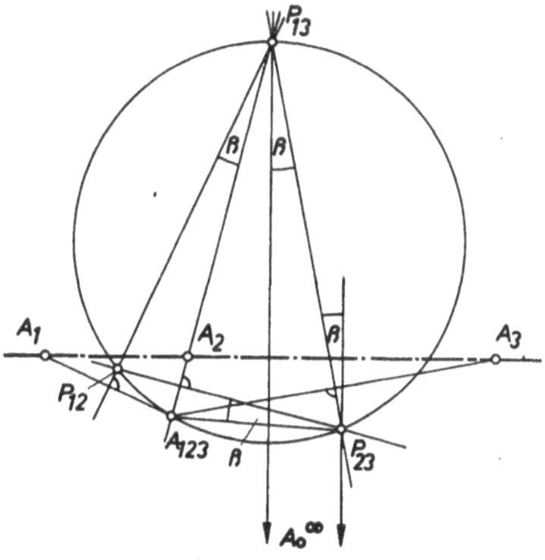

Bild 149. Bei unendlich fernem Mittelpunkt A_0 liegt der Grundpunkt A_{123} auf dem Umkreis des Poldreiecks

Liegen drei homologe Punkte auf einer Geraden, dann liegt ihr zugehöriger Mittelpunkt unendlich fern und der zugehörige Grundpunkt liegt auf dem Umkreis des Poldreiecks.

Auf dem Umkreis eines Poldreiecks $P_{12}P_{13}P_{23}$ werden die Grundpunkte A_{123} und B_{123} gewählt (Bild 150), die zugehörigen Mittelpunkte A_0 und B_0 liegen unendlich fern. A_1 und B_1 liegen symmetrisch zu A_{123} bzw. B_{123} bezüglich der Polgeraden $P_{12}P_{13}$ und der geometrische Ort für A_1 und B_1 ist ein Kreis, der symmetrisch zum Umkreis des Poldreiecks bezüglich der Polgeraden $P_{12}P_{13}$ gelegen ist. Auf diesem Kreis liegen daher alle Punkte der Lage 1, deren Grundpunkte auf dem Umkreis des Poldreiecks liegen. Ebenso liegen alle Punkte der Lage 2, deren Grundpunkte auf dem Umkreis des Poldreiecks liegen, auf einem Symmetriekreis zum Umkreis des Poldreiecks bezüglich der Polgeraden $P_{12}P_{23}$ und alle Punkte der Lage 3, deren Grundpunkte auf dem Umkreis des Poldreiecks liegen, auf einem Symmetriekreis zum Umkreis des Poldreiecks bezüglich der Polgeraden $P_{13}P_{23}$.

Die drei Symmetriekreise haben einen gemeinsamen Schnittpunkt H und durch diesen gehen die Geraden, auf denen die homologen Punkte A_1, A_2, A_3 bzw. B_1, B_2, B_3 liegen.

Wird in P_{12} ein Grundpunkt F_{123} angenommen, dann fallen in ihm die Punkte F_1 und F_2 zusammen und F_3 fällt in den Punkt P_{12}^3 und liegt symmetrisch zu P_{12} bezüglich der Polgeraden $P_{13}P_{23}$. Das gleiche gilt für G_1, G_2, G_3 bzw. K_1, K_2, K_3, die auf $P_{23}P_{23}^1$ bzw. $P_{13}P_{13}^2$ liegen. Die Geraden $P_{12}P_{12}^3$, $P_{23}P_{23}^1$ und $P_{13}P_{13}^2$ enthalten je drei homologe Punkte und sind die Höhen des Poldreiecks, die sich

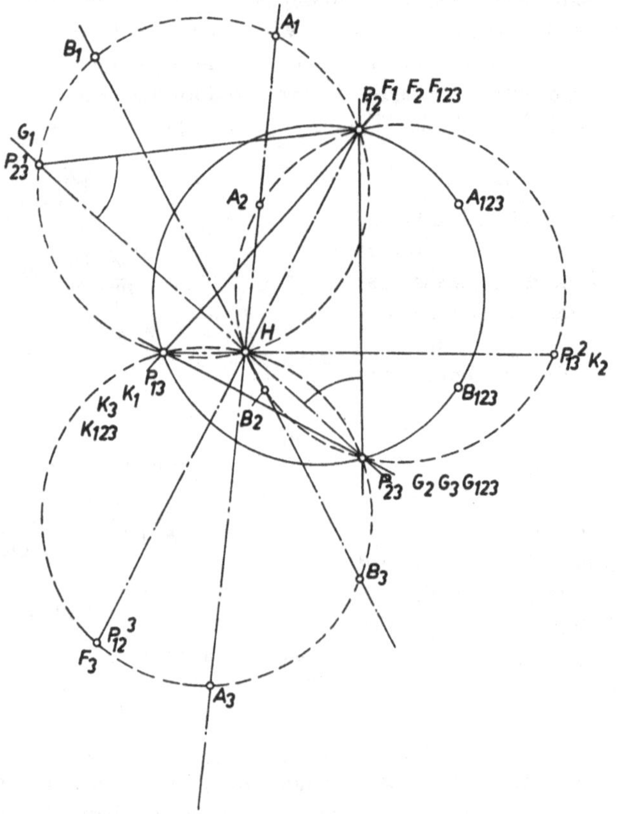

Bild 150. Alle Geraden, die drei homologe Punkte enthalten, gehen durch den Höhenschnittpunkt H des Poldreiecks

ebenso wie die drei Symmetriekreise in H schneiden. Der Höhenschnittpunkt H ist daher Büschelpunkt für sämtliche Geraden, die drei homologe Punkte enthalten. Daß der Höhenschnittpunkt H mit dem Schnittpunkt der drei Symmetriekreise zusammenfällt folgt daraus, daß sich die gleichen Winkel $P_{12}P_{23}H$ und $P_{12}P_{23}^1H$ auf die gleiche Sehne in gleichgroßen Kreisen stützen.

4.121 Schubkurbel

Sollen drei Lagen $A_1B_1 \ldots A_3B_3$ einer bewegten Ebene durch ein Schubkurbelgetriebe verwirklicht werden, dann ist zu beachten, daß die Schubrichtung durch den Höhenschnittpunkt H des Poldreiecks hindurchgehen muß; die Richtung selbst ist beliebig (Bild 151). Wird der Punkt A als Kurbelgelenkpunkt benutzt, dann ist der Kurbeldrehpunkt A_0 als Mittelpunkt eines Kreises durch $A_1 \dots A_3$ bekannt oder wird mit Hilfe des Grundpunktes A_{123} gefunden. Bei vorgeschriebener Exzentrizität e kann die Schubrichtung durch H gezeichnet werden. Der Gleitsteingelenkpunkt werde mit D bezeichnet und die Richtung, in der D_0 unendlich fern liegt, ist senkrecht zur Schubrichtung.

Der Winkel, der von der Poldreieckseite $P_{12}P_{13}$ und der Verbindungsgeraden $P_{12}D_0$ gebildet wird, ist im Gegensinne an $P_{12}P_{23}$ anzutragen, und der freie Schenkel bestimmt auf dem Umkreis des Poldreiecks den Grundpunkt D_{123}. Die

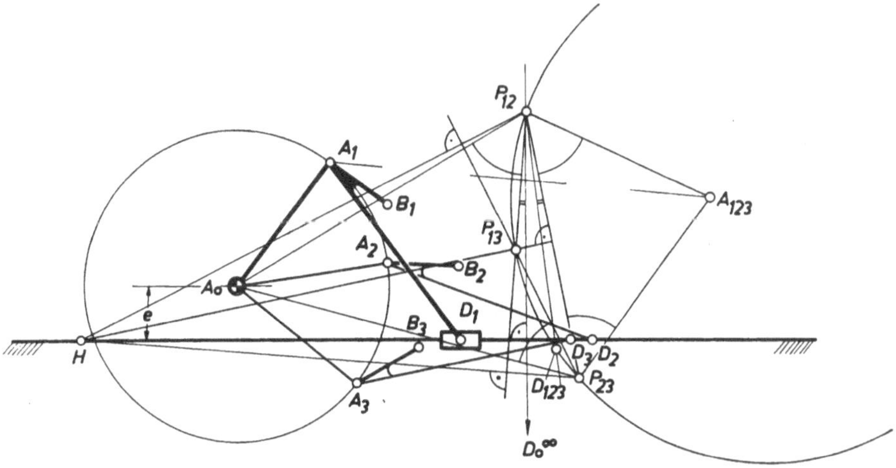

Bild 151. Drei Lagen einer Ebene werden durch ein Schubkurbelgetriebe verwirklicht

Symmetriepunkte zu D_{123} bezüglich der Poldreieckseiten sind die Gleitsteingelenkpunkte $D_1 \dots D_3$. Damit sind die Abmessungen eines Schubkurbelgetriebes, welches die Lagen $A_1B_1 \dots A_3B_3$ verwirklicht, festgelegt.

4.122 *Kurbelschleife*

Durch Festhalten der Koppelebene (Schubstangenebene) eines Schubkurbelgetriebes und Bewegen des festen Gliedes entsteht ein Kurbelschleifgetriebe. Der Gleitstein wird um einen festen Punkt S_0 drehbar angeordnet, und in ihm gleitet die Kurbelschleife (Kulisse). Die Kurbelschleife verwirklicht die umgekehrte Bewegung der Schubkurbel. S_0 entspricht dem auf dem Umkreis des Poldreiecks gelegenen Grundpunkt D_{123} des Schubkurbelgetriebes und kann bei der Konstruktion einer Kurbelschleife, wenn drei Lagen einer bewegten Ebene gegeben sind, auf dem Umkreis des Poldreiecks $P_{12}P_{13}P_{23}$ willkürlich gewählt werden (Bild 152). Der Grundpunkt S_{123} liegt dann im Unendlichen und seine Richtung ist bestimmt, indem der Winkel zwischen der Verbindungsgeraden S_0 nach einem der Pole und der Poldreieckseite im Gegensinne an die andere Poldreieckseite angetragen wird. Die Richtungen, in denen die Punkte $S_1 \ldots S_3$ liegen, lassen sich auf Grund ihrer Symmetrie zum Grundpunkt S_{123} bezüglich der drei Polgeraden angeben. Die Stellung der Kurbelschleife beispielsweise in der Lage 1 ist senkrecht zur Richtung, in der der Punkt S_1 im Unendlichen liegt. Sie ist auch bestimmt durch die Verbindungsgerade S_0H_1, wobei H_1 der Höhenschnittpunkt des Poldreiecks $P_{12}P_{13}P_{23}^1$ ist, denn für die umgekehrte Bewegung (Schubkurbel) wird die Kurbelschleife der Lage 1 zum festen Glied und die Koppel A_0S_0 bewegt den Gleitstein auf der Geraden durch H_1. In der Lage 2 ist die Stellung

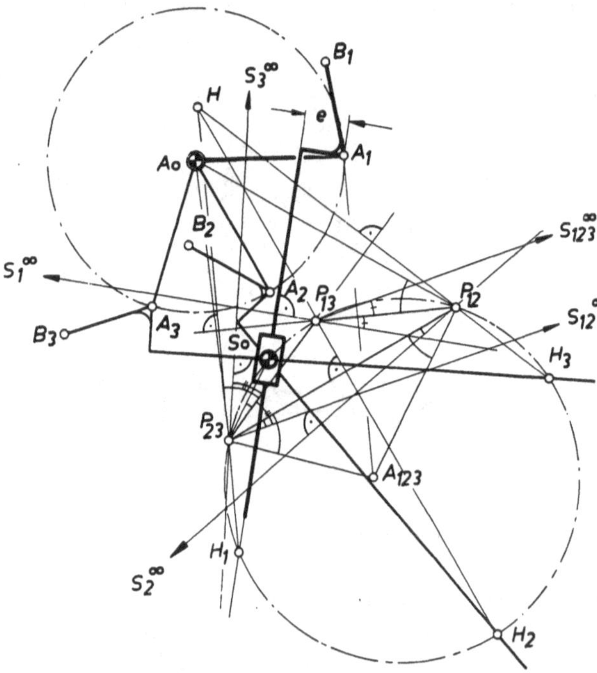

Bild 152. Drei Lagen einer Ebene werden durch ein Kurbelschleifgetriebe verwirklicht

der Kurbelschleife durch die Gerade S_0H_2 festgelegt, und H_2 ist der Höhenschnittpunkt des Poldreiecks $P_{12}P_{13}^2P_{23}$, und in der Lage 3 wird S_0 mit H_3 verbunden, wobei H_3 der Höhenschnittpunkt des Poldreiecks $P_{12}^3P_{13}P_{23}$ ist. Die Punkte $H_1 \ldots H_3$ liegen auf dem Umkreis des Poldreiecks $P_{12}P_{13}P_{23}$ und sind die Symmetriepunkte zum Höhenschnittpunkt H bezüglich der Poldreieckseiten; sie können daher sehr bequem ermittelt werden.

Der feste Drehpunkt A_0 der Antriebskurbel ist der Mittelpunkt des Kreises durch $A_1 \ldots A_3$. Dabei wird der Kurbelgelenkpunkt beispielsweise in der Lage 1 in den Punkt A_1 gelegt. A_0A_1 ist die Länge der Antriebskurbel. Der senkrechte

Abstand des Punktes A_1 von der Richtung der Kurbelschleife in der Lage 1 ist die Exzentrizität e der Kurbelschleife. Der feste Drehpunkt A_0 kann auch vom Gelenkpunkt A_1 her über den Grundpunkt A_{123} ermittelt werden.

4.123 Schubschleife

Wird der Gelenkpunkt A nicht auf einem Kreis um A_0 sondern auf einer Geraden geführt, dann entsteht die Winkel- oder Schubschleife. Die drei homo-

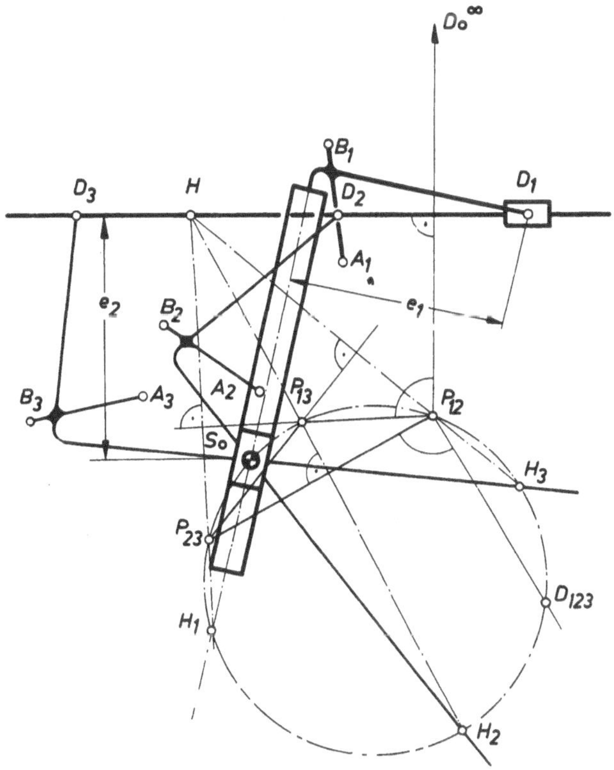

Bild 153. Drei Lagen einer Ebene werden durch ein Schubschleifengetriebe verwirklicht

logen Gelenkpunkte der bewegten Ebene, in diesem Fall der Schubschleife, seien mit $D_1 \ldots D_3$ bezeichnet und liegen auf einer Geraden durch den Höhenschnittpunkt H des Poldreiecks $P_{12}P_{13}P_{23}$ (Bild 153). Die Richtung, in der die Gerade durch H hindurchgeht, kann gewählt werden und damit ist bestimmt, in welcher Richtung D_0 unendlich fern liegt. Wird D_0 mit P_{12} verbunden und der Winkel, den diese Verbindungsgerade mit der Poldreieckseite $P_{12}P_{13}$ einschließt, an die Poldreieckseite $P_{12}P_{23}$ im Gegensinne angetragen, dann schneidet sein freier Schenkel den Umkreis des Poldreiecks im Grundpunkt D_{123}, zu dem symmetrisch bezüglich der Poldreieckseiten die Gelenkpunkte $D_1 \ldots D_3$ gelegen sind. Die Schubschleife bewegt die Ebene AB in der gleichen Weise durch die Lagen $A_1B_1 \ldots A_3B_3$ hindurch wie die Kurbelschleife des Bildes 152.

4.13 Vier Lagen und die Mittelpunktkurve

Werden vier Lagen $A_1B_1 \ldots A_4B_4$ einer Ebene, d. h. eines beweglichen Getriebegliedes, vorgeschrieben, so ergeben sich als Schnittpunkte der Mittellote zu A_1A_2 und B_1B_2, bzw. A_1A_3 und B_1B_3, bzw. A_1A_4 und B_1B_4, bzw. A_2A_3 und B_2B_3, bzw. A_2A_4 und B_2B_4, bzw. A_3A_4 und B_3B_4 sechs Pole

$$P_{12}\, P_{13}\, P_{14}\, P_{23}\, P_{24}\, P_{34}$$

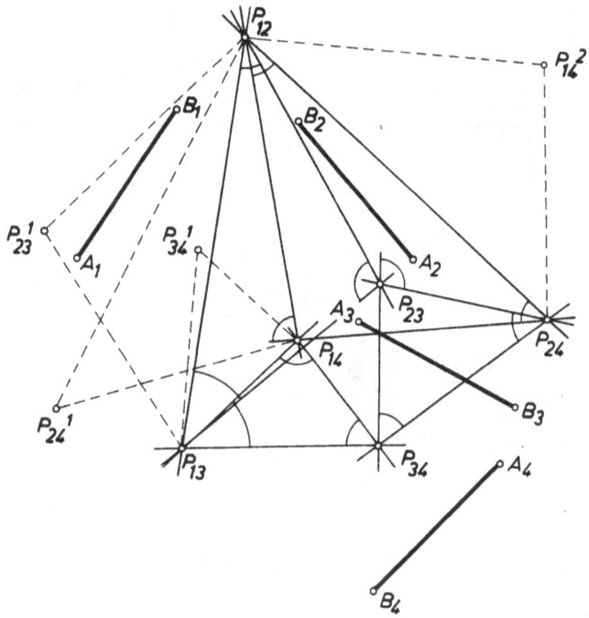

Bild 154. Vier Lagen einer bewegten Ebene und die sechs Pole

mit den vier Poldreiecken

$$P_{12}P_{13}P_{23}\,,$$
$$P_{12}P_{14}P_{24}\,,$$
$$P_{13}P_{14}P_{34}\,,$$
$$P_{23}P_{24}P_{34}$$

(Bild 154). Zwei der Pole, deren Marken keine gleichen Ziffern enthalten, heißen Gegenpole, z. B. $P_{13}\, P_{24}$.

An jedem der sechs Pole treten zwei gleiche Poldreieckswinkel auf, die zu zwei verschiedenen Poldreiecken gehören. Beispielsweise sind am Pol P_{12} zwei gleiche Winkel α_{12} vorhanden, die zu den Poldreiecken $P_{12}P_{13}P_{23}$ und $P_{12}P_{14}P_{24}$ gehören. Liegen vier homologe Punkte $A_1 \ldots A_4$ auf einem Kreis um A_0, dann können die Richtungen in denen die sechs Pole liegen, angegeben werden (Bild 155). Der Pol P_{12} liegt auf der Winkelhalbierenden des Winkels $A_1A_0A_2$, der Pol P_{23} liegt auf der Winkelhalbierenden des Winkels $A_2A_0A_3$ usw. Es ist daher

$$2\,\delta_{12} + 2\,\delta_{23} + 2\,\delta_{34} + 2\,\delta_{41} = 360^\circ\,,$$

$$\delta_{12} + \delta_{23} + \delta_{34} + \delta_{41} = 180^\circ\,,$$

$$\delta_{12} + \delta_{23} = 180^\circ - (\delta_{34} + \delta_{41})\,,$$

d. h. der Winkel β_{13} zwischen den Winkelhalbierenden nach den Polen P_{12} und P_{23} muß gleich dem Winkel β_{13} zwischen den Winkelhalbierenden nach den

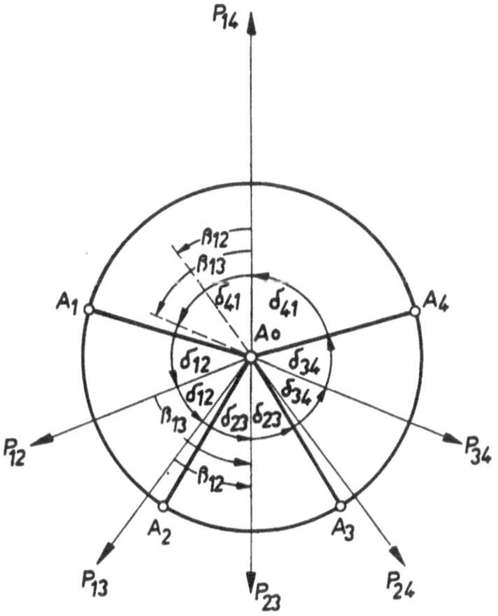

Bild 155. Winkel um den Mittelpunkt A_0, die sich die Pole stützen

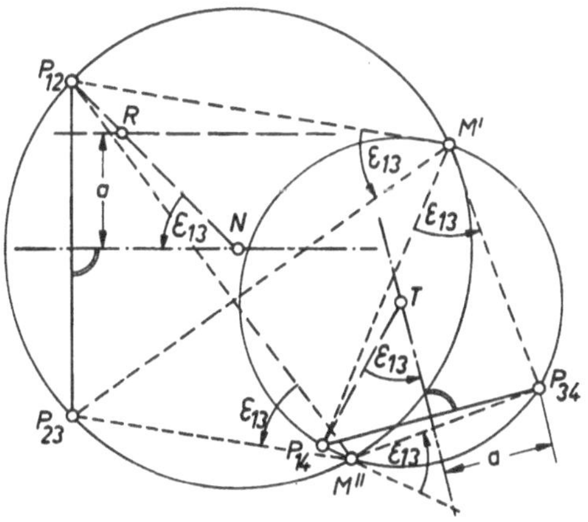

Bild 156. Konstruktion der Mittelpunktkurve mit Hilfe zweier Kreisbüschel

Polen P_{14} und P_{34} sein (Winkel im Gegensinne des Uhrzeigers messen!). Das gleiche gilt für den Winkel β_{12} zwischen den Polen P_{13} und P_{23} und β_{12} zwischen den Polen P_{14} und P_{24}.

Vom Punkt A_0 aus gesehen, erscheinen daher je zwei Pole, die keine Gegenpole sind, unter dem gleichen Winkel. Die vier Pole, auf die sich die beiden gleichen Winkel stützen, müssen zwei Paar Gegenpolen angehören.

Diese Bedingung ist notwendig und hinreichend bei der Ermittlung des geometrischen Ortes der Punkte, die Mittelpunkte von Kreisen durch vier homologe Lagen eines Punktes sind. Der geometrische Ort wird Mittelpunktkurve genannt und ist eine zirkulare Kurve dritter Ordnung, die sich mit Hilfe zweier Kreisbüschel aufzeichnen läßt.

Die beiden Gegenpolpaare $P_{12}P_{34}$, $P_{23}P_{14}$ seien gegeben (Bild 156). Auf dem Mittellot zu $P_{12}P_{23}$ wird um den beliebigen Punkt N der Kreis durch P_{12} und

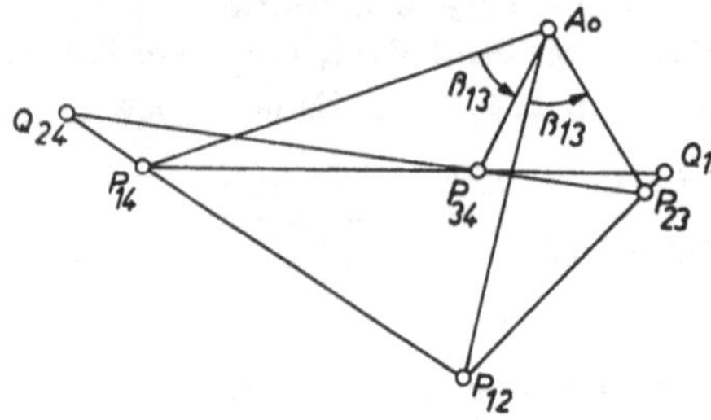

Bild 157. Zu zwei Paar Gegenpolen gehörende Punkte Q

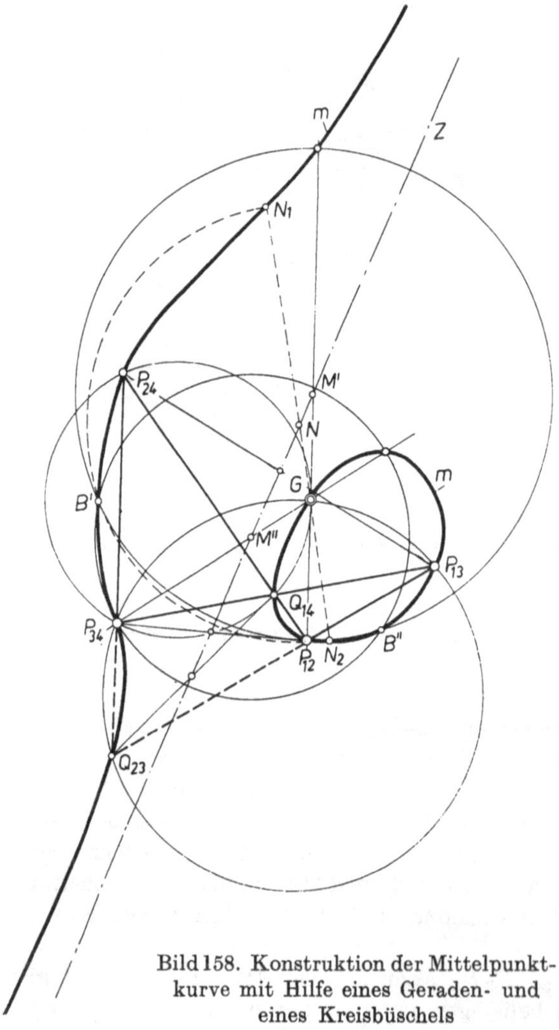

Bild 158. Konstruktion der Mittelpunktkurve mit Hilfe eines Geraden- und eines Kreisbüschels

P_{23} gezeichnet und der halbe Mittelpunktwinkel ε_{13} an das Mittellot zu $P_{14}P_{34}$ so angetragen, daß sein freier Schenkel durch P_{14} geht (im Abstand a, das ist die halbe Entfernung der Pole $P_{14}P_{34}$, wird zum Mittellot zu $P_{12}P_{23}$ die Parallele gezeichnet und auf NP_{12} der Punkt R bestimmt. Der Kreis um P_{14} mit Halbmesser NR schneidet das Mittellot zu $P_{14}P_{34}$ in T).

Der Scheitel T ist Mittelpunkt eines Kreises durch P_{14} und P_{34}, der den Kreis um N in M' und M'' schneidet. Von M' und M'' aus gesehen erscheinen die Polpaare $P_{12}P_{23}$ und $P_{14}P_{34}$ unter dem gleichen Winkel ε_{13}; M' und M'' sind Punkte der Mittelpunktkurve, die sich punktweise ermitteln läßt, wenn auf dem Mittellot zu $P_{12}P_{23}$ weitere Punkte $N'N''$ ... willkürlich angenommen werden.

Durch die beiden Gegenpolpaare $P_{12}P_{34}$, $P_{23}P_{14}$ ist ein Vierseit bestimmt, zu dem noch die Ecken Q_{13} und Q_{24} gehören. Von Q_{13} und auch von Q_{24} erscheinen die Polpaare $P_{12}P_{23}$ und $P_{14}P_{34}$ unter dem gleichen Winkel, so daß auch Q_{13} und Q_{24} Punkte der Mittelpunktkurve sein müssen (Bild 157).

Die Mittelpunktkurve kann auch mit Hilfe eines Geraden- und eines Kreisbüschels aufgezeichnet werden (Bild 158). Die beiden Gegenpolpaare $P_{12}P_{34}$, $P_{13}P_{24}$ bilden mit den Ecken Q_{14}, Q_{23} das vollständige Vierseit (Q_{14} ist der Schnittpunkt der Seiten $P_{12}P_{24}$ und $P_{13}P_{34}$; Q_{23}

ist der Schnittpunkt der Seiten $P_{12}P_{13}$ und $P_{24}P_{34}$). Die Umkreise der vier Dreiecke, welche das Vierseit bilden, schneiden sich im Hauptbrennpunkt G, dem Büschelpunkt für das Geradenbüschel. Ausreichend ist das Zeichnen zweier Umkreise, beispielsweise der beiden Dreiecke $P_{13}P_{34}Q_{23}$ und $P_{24}P_{34}Q_{14}$. Die Verbindungslinie der Halbierungspunkte der Diagonalen $P_{12}P_{34}$ und $P_{13}P_{24}$ des Vierseits bestimmt die Mittellinie z, die auch durch den Halbierungspunkt der dritten Diagonale $Q_{14}Q_{23}$ hindurchgeht. Werden zwei Pole, etwa P_{12} und P_{34} mit G verbunden, dann schneiden die Verbindungsgeraden die Mittellinie z in M' bzw. M''. Der Kreis um M' durch P_{12} schneidet den Kreis um M'' durch P_{34} in den Büschelpunkten B' und B''. Punkte der Mittelpunktkurve m sind auch die Schnittpunkte der Kreise um M' und M'' mit den Geraden $P_{12}M'$ bzw. $P_{34}M''$.

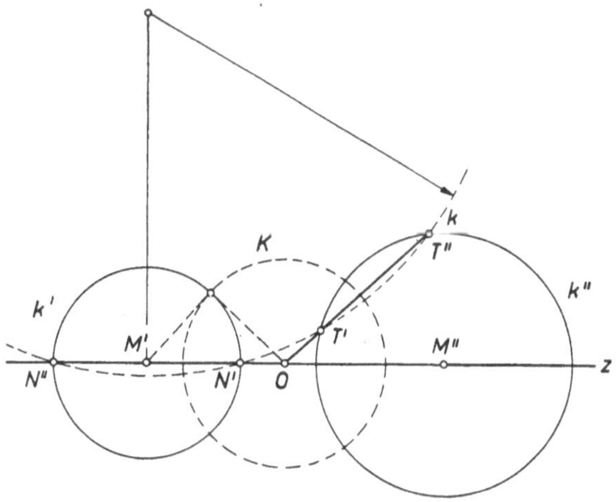

Bild 159. Bestimmung des Orthogonalkreises K

Weitere Kurvenpunkte werden gefunden, indem durch G beliebige Geraden gelegt und um die Schnittpunkte mit der Mittellinie z Kreise durch die Büschelpunkte $B'B''$ gezeichnet werden. Auf jedem Strahl durch G werden durch den jeweiligen Kreis zwei Kurvenpunkte der Mittelpunktkurve m bestimmt.

Schneiden sich die um M' und M'' gezeichneten Kreise nicht (Büschelpunkte sind imaginär), dann ist der Orthogonalkreis K zu zeichnen, der die beiden Kreise rechtwinklig schneidet und dessen Ermittlung aus Bild 159 hervorgeht. Ein beliebiger Kreis, der durch die Schnittpunkte $N'N''$ des Kreises k' um M' mit der Mittellinie z hindurchgeht, schneidet den Kreis k'' um M'' in den Punkten T', T''. Die Verbindungsgerade $T'T''$ bestimmt auf der Mittellinie z den Mittelpunkt 0 des Orthogonalkreises K. Die Tangenten von 0 an die beiden Kreise k' und k'' sind gleichlang und gleich dem Radius des Orthogonalkreises K. Auf jedem beliebigen Strahl durch G (Bild 160) werden zwei Kurvenpunkte der Mittelpunktkurve m in der Weise bestimmt, daß beispielsweise von seinem Schnittpunkt N mit z an den Kreis K die Tangente gelegt und ihre Länge auf dem Strahl von N aus nach beiden Seiten abgetragen wird (Punkte N_1 und N_2).

Bei reellen Büschelpunkten ergeben sich zweiteilige (Bild 158), bei imaginären Büschelpunkten einteilige (Bild 160) und wenn die beiden reellen Büschelpunkte in einem Punkte zusammenfallen, doppelpunktige Mittelpunktkurven (Bild 161).

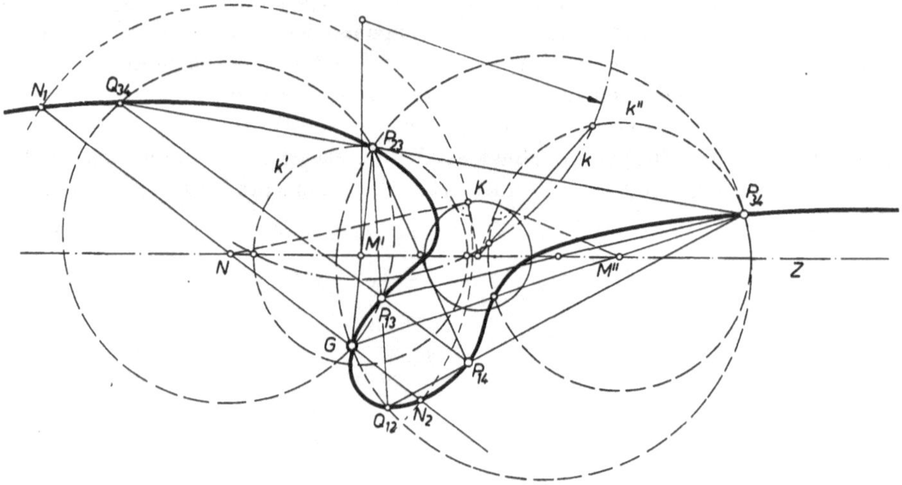

Bild 160. Konstruktion der einteiligen Mittelpunktkurve

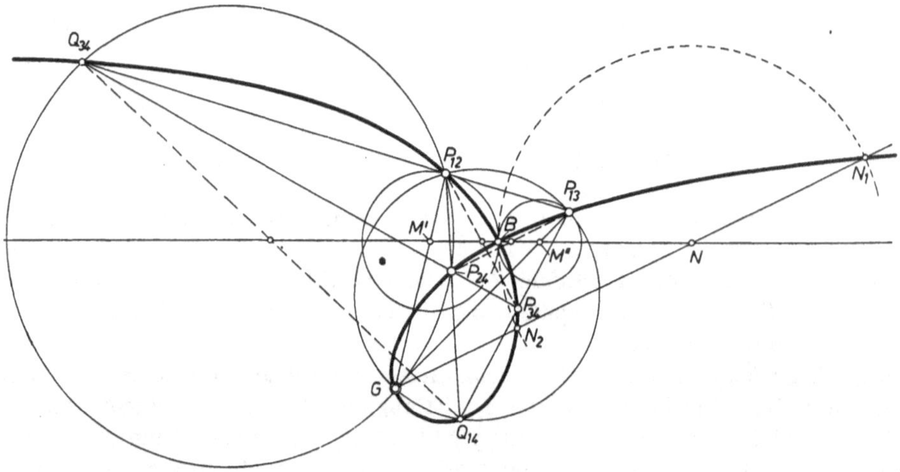

Bild 161. Konstruktion der doppelpunktigen Mittelpunktkurve

Die Genauigkeit des Kurvenverlaufes kann durch das Zeichnen der Tangenten in den einzelnen Kurvenpunkten erhöht werden. Im Falle der zweiteiligen Mittelpunktkurve können die Tangenten für ein jeweiliges Punktpaar nach Bild 162 gezeichnet werden. Die die beiden Kurvenpunkte P' und P'' enthaltende Gerade g durch G schneidet die Mittellinie z in M. Die Senkrechte in

M auf z schneidet sich mit der Senkrechten in G auf g im Punkte Q. Q ist der Mittelpunkt eines Kreises, der die Gerade MB' (oder MB'') berührt und auf der Geraden GQ die Punkte L' und L'' bestimmt. $L'P'$ und $L''P''$ sind die Normalen in den Kurvenpunkten P' und P'', zu denen die Tangenten senkrecht verlaufen.

Für die einteilige Mittelpunktkurve erfolgt das Zeichnen der Tangenten nach Bild 163. Q wird wie vorher bestimmt. Das Lot von Q auf die Tangente von M an den Orthogonalkreis schneidet z in N. Der Kreis um Q mit QN schneidet die Gerade GQ in den Punkten L' und L''. $L'P'$ und $L''P''$ sind die Normalen in den Kurvenpunkten P' und P'', zu denen die Tangenten senkrecht verlaufen.

Das Zeichnen der Tangenten der doppelpunktigen Mittelpunktkurve ist dem Bild 164 zu entnehmen. Q wird wiederum wie vorher bestimmt und um Q mit

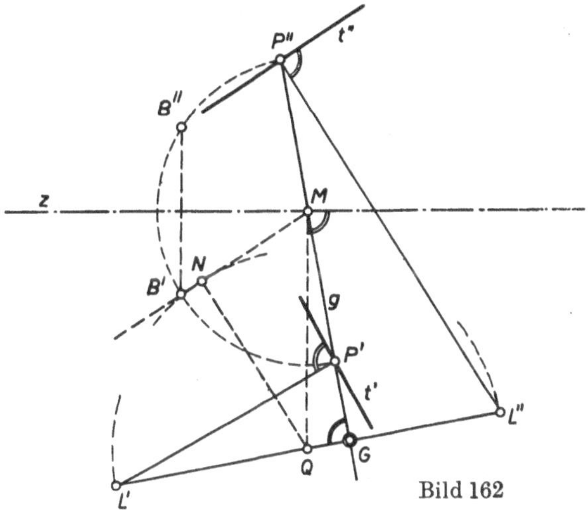

Bild 162

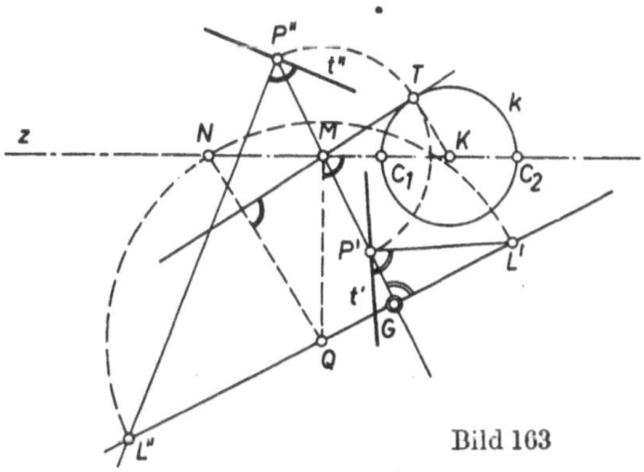

Bild 163

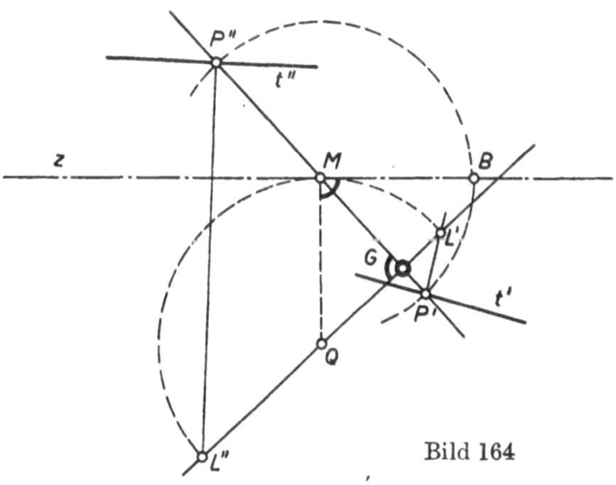

Bild 164

Bild 162. Konstruktion der Tangente an die zweiteilige Mittelpunktkurve

Bild 163. Konstruktion der Tangente an die einteilige Mittelpunktkurve

Bild 164. Konstruktion der Tangente an die doppelpunktige Mittelpunktkurve

Halbmesser QM der Kreis geschlagen, der die Gerade GQ in L' und L'' schneidet. $L'P'$ und $L''P''$ sind die Normalen in den Kurvenpunkten P' und P''; die Tangenten verlaufen dazu senkrecht.

4.131 Die Punkte Q

Die beiden Poldreiecke $P_{12}P_{13}P_{23}$ und $P_{12}P_{14}P_{24}$ seien gegeben (Bild 165), P_{12} ist der beiden Poldreiecken gemeinsame Pol. Wird in P_{12} der Punkt A_1 angenommen, dann fallen die Grundpunkte A_{123} und A_{124} mit P_{12} zusammen und vom Grundpunkt A_{123} her ist die gegenüberliegende Polgerade $P_{13}P_{23}$ der geometrische Ort für A_0, dem Mittelpunkt eines Kreises durch die drei homologen Punkte A_1, A_2, A_3. Vom Grundpunkt A_{124} her ist die Polgerade $P_{14}P_{24}$ der geometrische Ort für A_0 als Mittelpunkt eines Kreises durch A_1, A_2, A_4. Der Schnittpunkt beider Polgeraden ist der Punkt A_0 und A_0A_1 ist der Halbmesser des Kreises um A_0 durch die vier homologen Lagen $A_1 \ldots A_4$ des Punktes A. A_0 als Schnittpunkt der Polgeraden $P_{13}P_{23}$ und $P_{14}P_{24}$ ist gleichzeitig der Punkt Q_{12}. Zu Q_{12} als Punkt der Mittelpunktkurve gehört daher $Q_{12}P_{12}$ als Halbmesser des Kreises durch vier homologe Lagen eines Punktes.

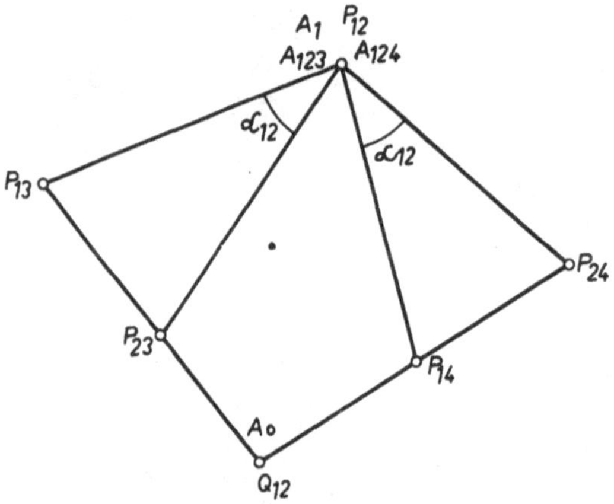

Bild 165. Zu P_{12} gehört der Krümmungsmittelpunkt in Q_{12}

Jedes von zwei Paar Gegenpolen gebildete Vierseit wird durch zwei Punkte Q zum vollständigen Vierseit ergänzt:

$$\left.\begin{matrix} P_{12}\,P_{24} \\ P_{13}\,P_{34} \end{matrix}\right\rangle Q_{14},\ \downarrow Q_{23} \qquad \left.\begin{matrix} P_{12}\,P_{23} \\ P_{14}\,P_{34} \end{matrix}\right\rangle Q_{13},\ \downarrow Q_{24} \qquad \left.\begin{matrix} P_{13}\,P_{23} \\ P_{14}\,P_{24} \end{matrix}\right\rangle Q_{12},\ \downarrow Q_{34}$$

Wird in den Pol P_{12} der beiden Poldreiecke der Mittelpunkt A_0 gelegt (Bild 166), dann sind die gegenüberliegenden Polgeraden $P_{13}P_{23}$ und $P_{14}P_{24}$ geometrischer Ort für A_{123} bzw. A_{124}. In bezug auf das Poldreieck $P_{12}P_{13}P_{23}$ liegt A_1 auf einer Symmetriegeraden zu $P_{13}P_{23}$ zur Polgeraden $P_{13}P_{12}$. Auf dieser Geraden liegt auch der Pol P_{23}^1 als Symmetriepol zu P_{23} bezüglich der Polgeraden $P_{13}P_{12}$ (bei der die Eins gemeinsam ist). In bezug auf das Poldreieck $P_{12}P_{14}P_{24}$ liegt A_1 auf einer Symmetriegeraden zu $P_{14}P_{24}$ zur Polgeraden $P_{14}P_{12}$. Auf dieser Geraden liegt auch der Pol P_{24}^1 als Symmetriepol zu P_{24} bezüglich der Polgeraden $P_{14}P_{12}$. Die Geraden $P_{13}P_{23}^1$ und $P_{14}P_{24}^1$ schneiden sich in A_1 und dieser Schnittpunkt ist der Punkt Q_{12}^1. Die Strecke $P_{12}Q_{12}^1$, die identisch ist mit A_0A_1, ist der Halbmesser eines Kreises um A_0 durch die homologen Punkte $A_1 \ldots A_4$.

Jedes Vierseit, welches von zwei Paar Gegenpolen gebildet wird, die der Ebene E_1 angehören, enthält auch zwei Q-Pole der Lage „eins“:

$P_{12}\,P^1_{24} \searrow$	$P_{12}\,P^1_{23} \searrow$	$P_{13}\,P^1_{23} \searrow$
$\quad\quad Q^1_{14}$	$\quad\quad Q^1_{13}$	$\quad\quad Q^1_{12}$
$P_{13}\,P^1_{34} \nearrow$	$P_{14}\,P^1_{34} \nearrow$	$P_{14}\,P^1_{24} \nearrow$
$\searrow\!\swarrow$	$\searrow\!\swarrow$	$\searrow\!\swarrow$
Q^1_{23}	Q^1_{24}	Q^1_{34}

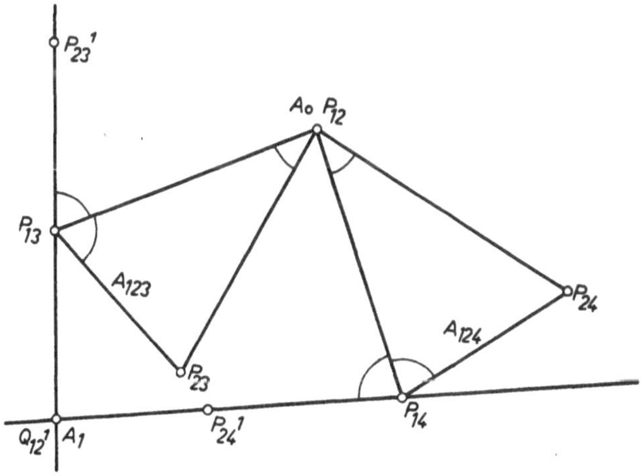

Bild 166. Zum Krümmungsmittelpunkt in P_{12} gehört der Kreispunkt in Q^1_{12}

4.132 Die Kreispunktkurve

Alle Punkte mit dem Index 1, die also zur Lage E_1 der bewegten Ebene E gehören, und mit ihren homologen Lagen in den Ebenenlagen E_2, E_3 und E_4 auf einem Kreise liegen, erfüllen einen geometrischen Ort, der Kreispunktkurve k_1 genannt wird. Sie ist bestimmt durch die Pole, die der Lage E_1 angehören: P_{12}, P_{13}, P_{14}, P^1_{23}, P^1_{24}, P^1_{34}. Sie kann mit Hilfe von zwei Paar Gegenpolen, die mit den zugehörigen Punkten Q ein Vierseit bilden, aufgezeichnet werden: z. B. $P_{12}P^1_{34}$; $P_{13}P^1_{24}$; $Q^1_{14}Q^1_{23}$. Auf der Mittelpunktkurve m liegen alle Punkte A_0 und auf der Kreispunktkurve k_1 liegen alle zugehörigen Punkte A_1.

m	$P_{12}\,P_{13}\,P_{14}\,P_{23}\,P_{24}\,P_{34}$	$Q_{12}\,Q_{13}\,Q_{14}\,Q_{23}\,Q_{24}\,Q_{34}$	A_0
k_1	$Q^1_{12}\,Q^1_{13}\,Q^1_{14}\,Q^1_{23}\,Q^1_{24}\,Q^1_{34}$	$P_{12}\,P_{13}\,P_{14}\,P^1_{23}\,P^1_{24}\,P^1_{34}$	A_1

Je sechs Pole P und Q stehen beim Aufzeichnen der Mittelpunktkurve m und der Kreispunktkurve k_1 zur Verfügung; dabei gibt die Entfernung der Pole P und Q die Größe des jeweiligen Halbmessers an, der zu den Punkten der Mittelpunktkurve gehört, das ist die Entfernung A_0A_1. Im Bild 167 ist die Mittelpunktkurve m und die Kreispunktkurve k_1 (für die Lage 1) gezeichnet. Die Länge der Halbmesser ist der Entfernung der jeweils verbundenen Pole P und Q zu entnehmen.

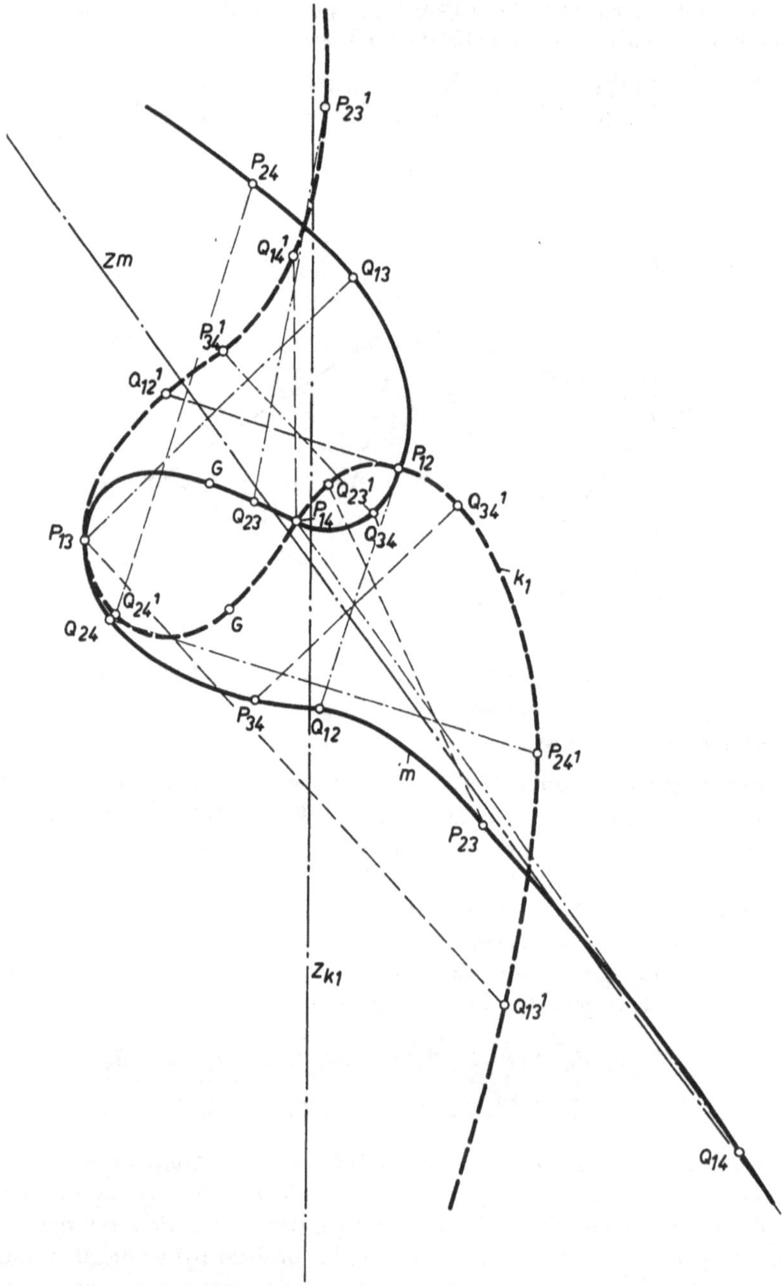

Bild 167. Zu den Polen gehörende Krümmungshalbmesser

Um beim Aufzeichnen der Mittelpunktkurve oder der Kreispunktkurve die Genauigkeit der Lage des Hauptbrennpunktes G und der Büschelpunkte B' und B'' überprüfen zu können, sollen die Gleichungen der Koordinaten dieser Punkte angegeben werden (Bilder 168 und 169).

$$x_0 = \frac{m_2 x_{23} - m_1 x_{12}}{k_1 - k_2},$$

$$y_0 = \frac{k_1 + k_2}{2} + \frac{m_2^2 - m_1^2 + x_{12}^2 - x_{23}^2}{2(k_1 - k_2)},$$

$$x_1 = \pm \sqrt{\frac{(m_1 m_2 + x_{12} x_{23})(m_2 x_{12} - m_1 x_{23})}{m_2 x_{23} - m_1 x_{12}} - \frac{(k_1 - k_2)^2 m_1 m_2 x_{12} x_{23}}{(m_2 x_{23} - m_1 x_{12})^2}},$$

$$y_1 = \frac{k_1 m_2 x_{23} - k_2 m_1 x_{12}}{m_2 x_{23} - m_1 x_{12}}.$$

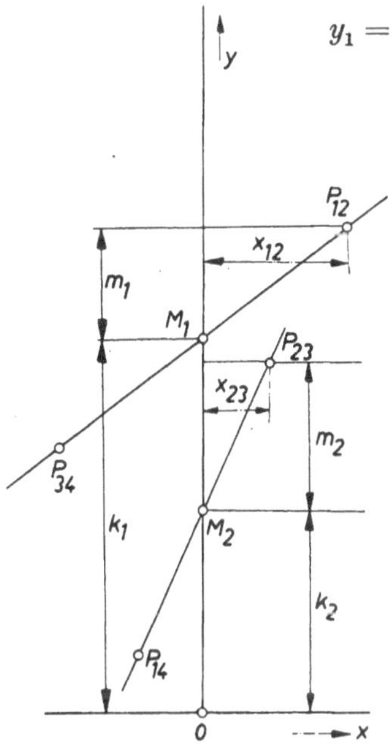

Bild 168. Koordinatensystem für zwei Paar Gegenpole

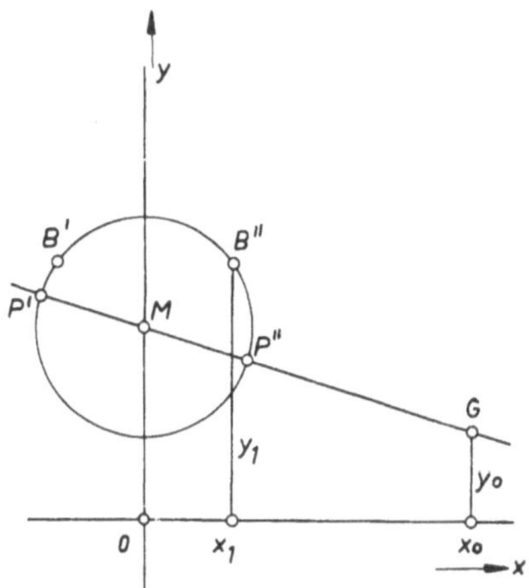

Bild 169. Koordinaten des Hauptbrennpunktes und der Büschelpunkte

Die Konstruktion der Schubkurbel, Kurbelschleife und Schubschleife bei vier vorgegebenen Lagen einer bewegten Ebene

4.133 Schubkurbel

Werden vier Lagen $A_1B_1 \ldots A_4B_4$ einer bewegten Ebene durch ein Schubkurbelgetriebe verwirklicht, dann muß die Schubrichtung durch die vier Höhenschnittpunkte H_{123}, H_{124}, H_{134}, H_{234} der vier Poldreiecke hindurchgehen und ist durch zwei Höhenschnittpunkte bestimmt (Bild 170). Die vier Höhenschnittpunkte liegen auf einer Geraden und dies ist die einzig mögliche Schubrichtung und die einzige Gerade, die vier homologe Punkte, im vorliegenden Fall die Gelenkpunkte $D_1 \ldots D_4$ des Gleitsteins, enthält. Senkrecht zu dieser Geraden liegt der unendlich ferne Mittelpunkt D_0. Die Gelenkpunkte $D_1 \ldots D_4$ lassen sich mit Hilfe der Poldreiecke ermitteln. Wird beispielsweise der Pol P_{14} mit dem unendlich fernen Mittelpunkt D_0 verbunden, dann steht diese Verbindungsgerade

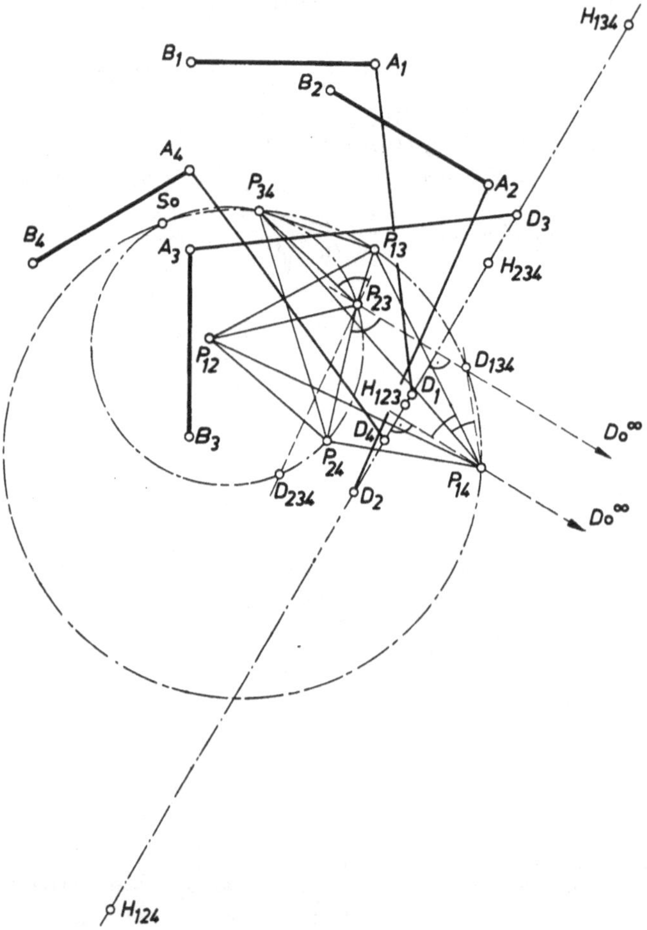

Bild 170. Vier Lagen einer Ebene und die auf einer Geraden liegenden Höhenschnittpunkte der vier Poldreiecke

senkrecht auf der durch die vier Höhenschnittpunkte gehenden Geraden. Der Winkel, den die Gerade $P_{14}D_0^\infty$ mit der Polgeraden $P_{14}P_{13}$ einschließt, wird an die Polgerade $P_{14}P_{34}$ im Gegensinne angetragen, und der freie Schenkel schneidet den Umkreis des Poldreiecks $P_{13}P_{14}P_{34}$ im Grundpunkt D_{134}. Der Symmetriepunkt zu D_{134} bezüglich der Polgeraden $P_{13}P_{14}$ ist D_1, der Symmetriepunkt zu D_{134} bezüglich der Polgeraden $P_{13}P_{34}$ ist D_3, und der Symmetriepunkt zu D_{134} bezüglich der Polgeraden $P_{14}P_{34}$ ist D_4. Um D_2 zu bestimmen, wird D_0^∞ beispielsweise mit P_{23} verbunden (also einem Pol, bei dem die Ziffer „2“ auftritt), und der Winkel, den diese Gerade mit $P_{23}P_{24}$ einschließt, an $P_{23}P_{34}$ angetragen. Sein freier Schenkel schneidet den Umkreis des Poldreiecks $P_{23}P_{24}P_{34}$ in D_{234}. Der Symmetriepunkt zu D_{234} bezüglich der Polgeraden $P_{23}P_{24}$ ist D_2 (denn die Ziffer „2“ ist beiden Polen gemeinsam). Die Strecken $A_1D_1 \ldots A_4D_4$ und ebenso die Strecken $B_1D_1 \ldots B_4D_4$ sind gleichlang. Da vier homologe Punkte $A_1 \ldots A_4$ und ebenso

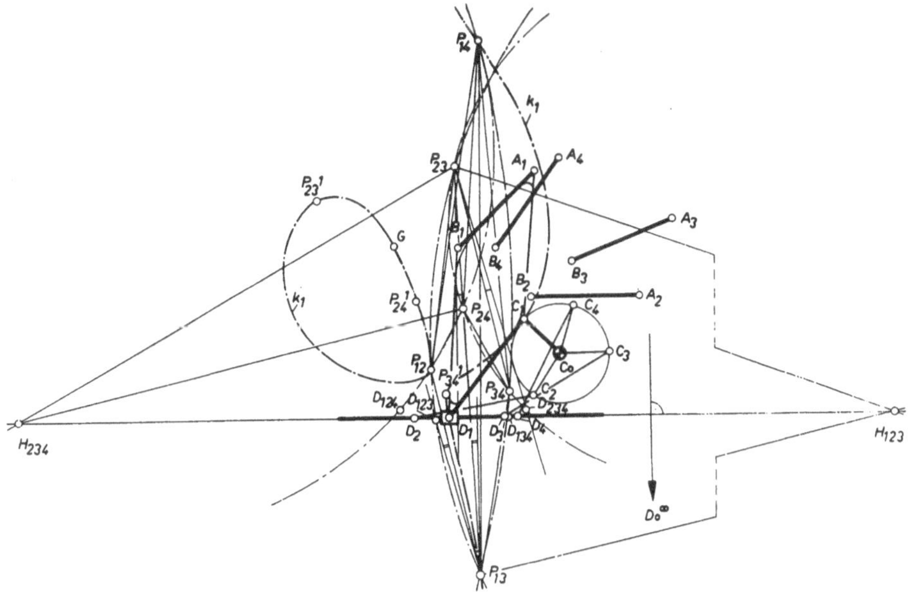

Bild 171. Vier Lagen einer Ebene werden durch ein Schubkurbelgetriebe verwirklicht

$B_1 \ldots B_4$ im allgemeinen nicht auf einem Kreis liegen, kann in der Lage 1 weder A_1 noch B_1 als Kurbelgelenkpunkt für die Schubkurbel verwendet werden. Für einen Kurbelgelenkpunkt C_1 kann aber der geometrische Ort angegeben werden, und das ist die Kreispunktkurve k_1 für die Lage 1. Sie ist bestimmt durch zwei paar Gegenpole, etwa $P_{12}P_{34}^1$, $P_{13}P_{24}^1$. Ist auf k_1 ein brauchbarer Kurbelgelenkpunkt C_1 gewählt worden, dann ist der zugehörige Kurbeldrehpunkt C_0 mit Hilfe eines Poldreiecks, etwa $P_{12}P_{13}P_{23}$, über den Grundpunkt C_{123} bestimmbar. Die Kreispunktkurve k_1 (Bild 171) muß auch durch den Gelenkpunkt D_1 hindurchgehen, denn er ist ein Punkt, der mit seinen homologen Lagen auf einem Kreis von unendlich großem Halbmesser liegt.

4.134 Kurbelschleife

Sollen vier Lagen einer bewegten Ebene durch ein Kurbelschleifgetriebe verwirklicht werden, dann ist der feste Drehpunkt S_0 des Gleisteines als Schnittpunkt der Umkreise der vier Poldreiecke eindeutig bestimmt. Das Zeichnen zweier Umkreise, etwa der Dreiecke $P_{12}P_{13}P_{23}$ und $P_{13}P_{14}P_{34}$ ist ausreichend (Bild 172).

Die Getriebeabmessungen lassen sich beispielsweise in den Lagen 1 ... 3 derart ermitteln, daß zunächst die Richtung des unendlich fernen Grundpunktes S_{123} mit Hilfe der Winkelbeziehung am Poldreieck $P_{12}P_{13}P_{23}$ bestimmt wird. Wie bei drei Lagen erwähnt, lassen sich die Richtungen, in denen $S_1 \ldots S_3$ liegen, und senkrecht dazu die Stellungen der Kurbelschleife in den Lagen 1 ... 3 angeben. Die Stellung in der Lage 4 wird in analoger Weise aus dem Poldreieck $P_{13}P_{14}P_{34}$ gefunden, indem zunächst auf Grund der Winkelbeziehungen am Poldreieck die

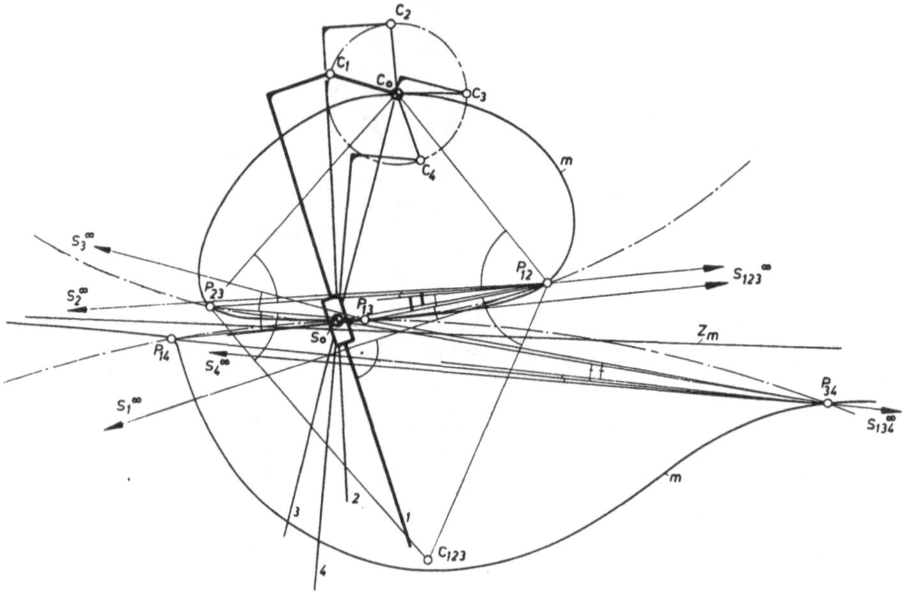

Bild 172. Vier Lagen einer Ebene werden durch ein Kurbelschleifgetriebe verwirklicht

Richtung angegeben wird, in der der unendlich ferne Grundpunkt S_{134} liegt. Zu dieser Richtung symmetrisch zur Polgeraden $P_{14}P_{34}$ verläuft die Gerade S_4 und dazu senkrecht die Kulisse in der Stellung 4. Die Stellung der Kulisse in den Lagen 1 ... 4 kann aber auch mit Hilfe der Höhenschnittpunkte $H_1 \ldots H_4$ der Poldreiecke $P_{12}P_{13}P_{23}^1$, $P_{12}P_{13}^2P_{23}$, $P_{12}^3P_{13}P_{23}$, $P_{12}^4P_{14}P_{24}$ bestimmt werden, wobei $H_1 \ldots H_4$ symmetrisch zu H_{123} bzw. H_{124} bezüglich der betreffenden Poldreieckseiten gelegen sind (s. Konstruktion der Kurbelschleife bei drei Lagen).

Der feste Drehpunkt C_0 der Antriebskurbel ist auf der durch zwei Paar Gegenpole, etwa $P_{12}P_{34}$, $P_{13}P_{24}$, bestimmten Mittelpunktkurve m wählbar, und damit ist der zugehörige Koppelgelenkpunkt C_1 unter Zuhilfenahme des Poldreiecks festgelegt.

Andererseits kann auch die Kreispunktkurve k_1 der Lage 1, etwa mit Hilfe der Pole $P_{12}P_{34}^1$, $P_{13}P_{24}^1$ gezeichnet und der Koppelgelenkpunkt C_1 darauf gewählt werden. Der zugehörige feste Drehpunkt C_0 der Antriebskurbel ist dann bestimmt, wenn die Gesetzmäßigkeiten zwischen C_0 und dem Grundpunkt C_{123} in bezug auf das Poldreieck beachtet werden.

4.135 Schubschleife

Die Verbindung eines Schubkurbelgetriebes mit einem Kurbelschleifgetriebe führt, wie bereits bei drei Lagen einer bewegten Ebene erwähnt, zur Winkelschleife oder Schubschleife. Bei vier Lagen sind vier Stellungen eines Gleitsteines

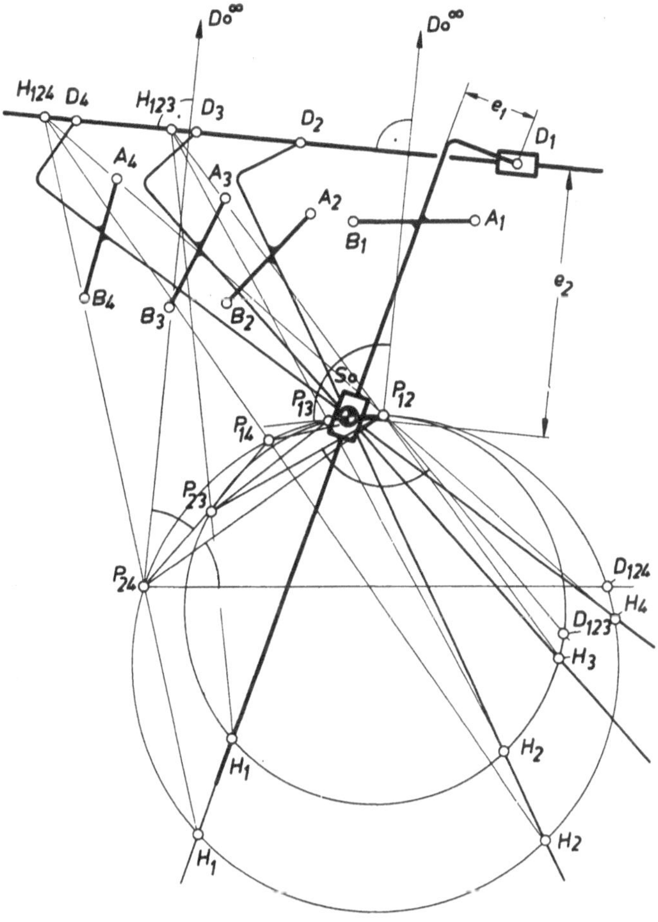

Bild 173. Vier Lagen einer Ebene werden durch ein Schubschleifengetriebe verwirklicht

auf einer bestimmten Geraden vier Stellungen einer Kulisse um einen bestimmten Drehpunkt S_0 eindeutig zugeordnet, so daß es nur eine ganz bestimmte Schubschleife geben kann (Bild 173). Die vier Lagen $A_1B_1 \ldots A_4B_4$ bestimmen sechs Pole.

Zwei der daraus sich ergebenden vier Poldreiecke sind gezeichnet: $P_{12}P_{13}P_{23}$ und $P_{12}P_{14}P_{24}$. Die Umkreise dieser beiden Poldreiecke schneiden sich in S_0, dem Drehpunkt des Kulissensteines, und die beiden Höhenschnittpunkte H_{123} und H_{124} bestimmen die Richtung der Geraden, auf der die vier Gleitsteingelenkpunkte $D_1 \cdots D_4$ liegen. Senkrecht zur Verbindungsgeraden $H_{123}H_{124}$ unendlich fern liegt D_0. Der Winkel, den $D_0^\infty P_{12}$ mit der Poldreieckseite $P_{12}P_{13}$ einschließt, ist im Gegensinne an $P_{12}P_{23}$ anzutragen, dann schneidet der freie Schenkel den Umkreis des Poldreiecks $P_{12}P_{13}P_{23}$ in D_{123}. Analog wird auf dem Umkreis des Poldreiecks $P_{12}P_{14}P_{24}$ der Grundpunkt D_{124} gefunden. Zu diesen Grundpunkten bezüglich der entsprechenden Polgeraden symmetrisch gelegen sind die Gelenkpunkte $D_1 \cdots D_4$.

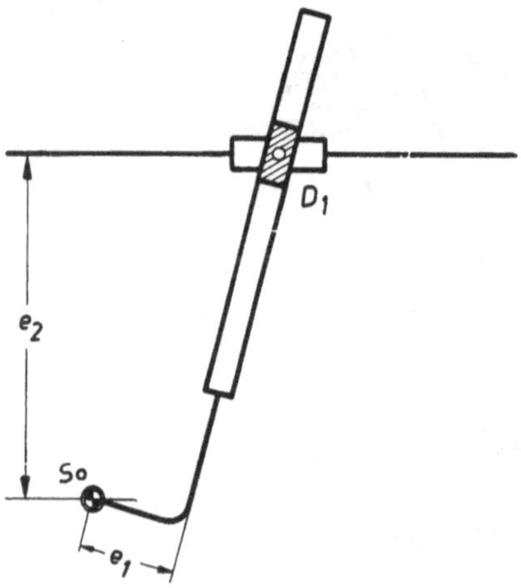

Bild 174. Gliedwechsel der Schubschleife des Bildes 173

Bild 175. Konstruktive Ausführung des Schubschleifengetriebes

Die Stellung der Kulisse in den Lagen 1…4 wird am einfachsten mit Hilfe der Höhenschnittpunkte $H_1 \ldots H_4$, der Poldreiecke $P_{12}P_{13}P_{23}^1$, $P_{12}P_{13}^2P_{23}$, $P_{12}^3P_{13}P_{23}$ und $P_{12}^4P_{14}P_{24}$ bestimmt. $H_1 \ldots H_3$ liegen auf dem Umkreis des Poldreiecks der Lagen $1 \ldots 3$; H_4 liegt auf dem Umkreis des Poldreiecks der Lagen 1, 2, 4.

$H_1 \ldots H_3$ sind die Symmetriepunkte zu H_{123} bezüglich der Seiten des Poldreiecks $P_{12}P_{13}P_{23}$ und H_1, H_2, H_4 sind die Symmetriepunkte zu H_{124} bezüglich der Seiten des Poldreiecks $P_{12}P_{14}P_{24}$, so daß es entsprechend der vier Poldreiecke je 3 Punkte $H_1 \ldots H_4$ geben muß, die jeweils auf einer Geraden durch S_0 liegen und damit die Lagen $1 \ldots 4$ der Kulisse bestimmen. Im Bild 173 sind die Punkte H_1 und H_2 je zweimal und H_3 und H_4 je einmal vorhanden. Der um S_0 drehbar angeordnete Gleitstein kann durch Gliedwechsel nach dem Gelenkpunkt D_1 verlegt werden, so daß die Kulisse um S_0 schwingen kann (Bild 174); die konstruktive Ausführungsform zeigt Bild 175. Die bewegte Ebene, deren vier vorgegebene Lagen durch die Schubschleife verwirklicht werden, ist hier die Ebene des schraffierten Gleitsteins in der Kulisse.

Die bei vier Lagen einer bewegten Ebene eindeutig bestimmte Schubschleife wird im allgemeinen eine doppelt geschränkte sein, mit den beiden Exzentrizitäten e_1 und e_2 (Bild 173).

Wird verlangt, daß eine der beiden Exzentrizitäten oder beide Null werden, dann dürfen nur drei Lagen einer bewegten Ebene vorgeschrieben sein. Auf dem

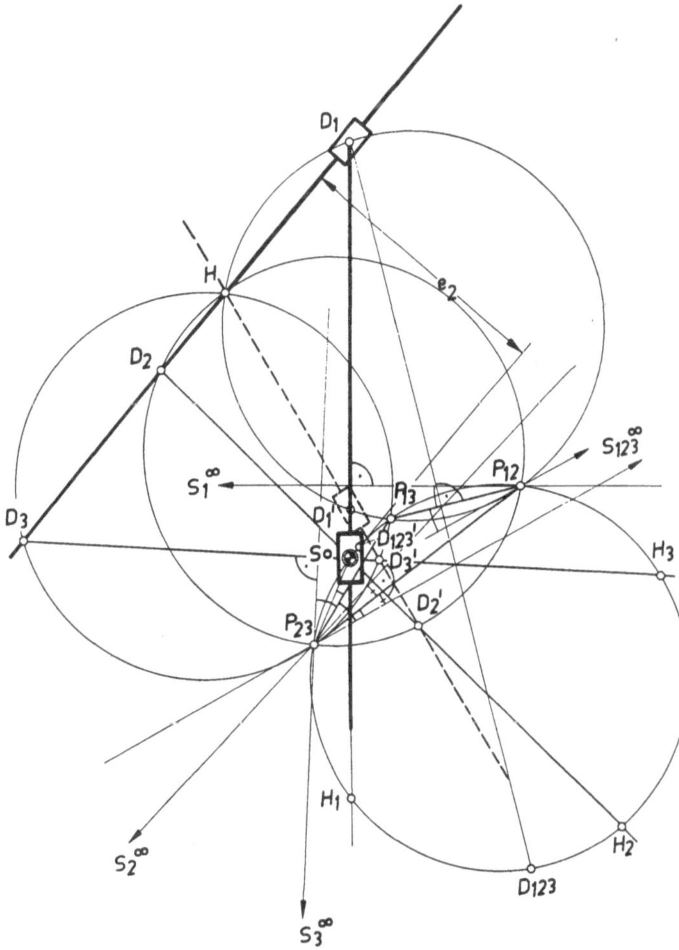

Bild 176. Einfach geschränkte Schubschleifen für drei Lagen einer Ebene

Umkreis des Poldreiecks wird der Drehpunkt S_0 des Gleitsteines willkürlich gewählt. Symmetrisch zum Höhenschnittpunkt H bezüglich der Poldreieckseiten sind auf dem Umkreis die Punkte $H_1 \ldots H_3$ gelegen, deren Verbindungsgeraden mit S_0 die Lagen $1 \ldots 3$ der Kulisse bestimmen (Bild 176). Soll die Exzentrizität e_1 gleich Null werden, dann müssen auf den Verbindungsgeraden der Punkte $H_1 \ldots H_3$ mit dem Drehpunkt S_0 die Gelenkpunkte $D_1 \ldots D_3$ des Gleitsteines liegen. Der geometrische Ort beispielsweise des Gelenkpunktes D_1 ist der Symmetriekreis zum Umkreis des Poldreiecks bezüglich der Polgeraden $P_{12}P_{13}$. Auf diesem Kreis ist D_1 als Schnittpunkt der Geraden H_1S_0 bestimmt. Der zweite Schnittpunkt D_1' bestimmt die Abmessungen einer zweiten Schubschleife. Die Schubrichtungen

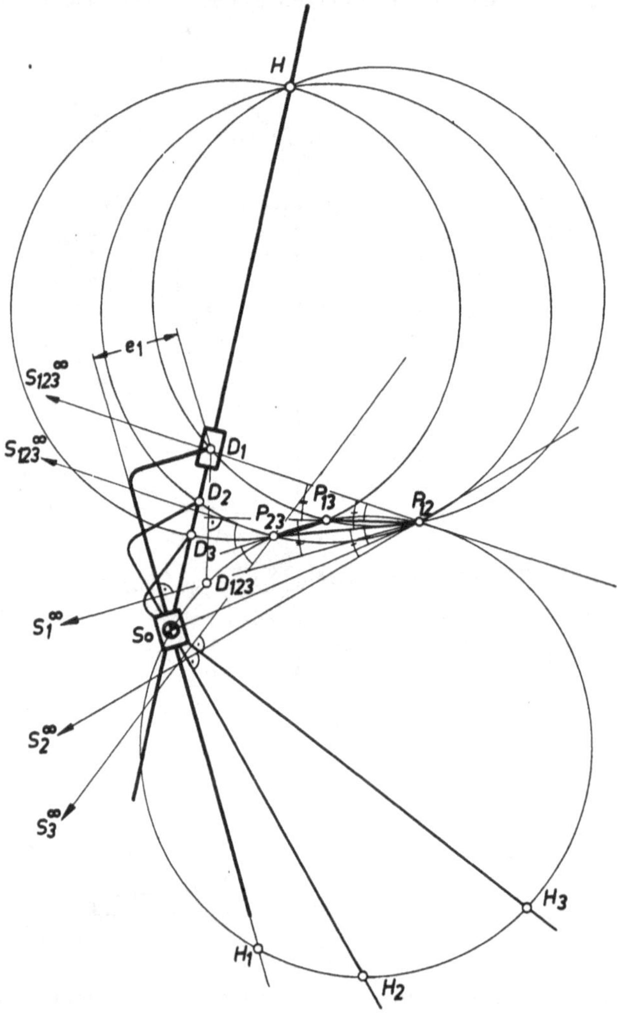

Bild 177. Einfach geschränkte Schubschleife, wenn S_0 gewählt wird

sind durch die Geraden D_1H und $D_1'H$ festgelegt. Analog werden D_2 und D_3 bzw. D_2' und D_3' gefunden.

Wird von einer willkürlich gewählten Schubrichtung des Gleitsteines, die durch den Höhenschnittpunkt H hindurchgehen muß, ausgegangen, dann sind die Gelenkpunkte $D_1 \ldots D_3$ auf den Symmetriekreisen zum Umkreis des Poldreiecks gegenüber den Poldreieckseiten als Schnittpunkte der Schubrichtung mit diesen drei Kreisen bestimmt. Jeder Kreis wird im allgemeinen zweimal geschnitten, ein Schnittpunkt fällt in den Höhenschnittpunkt H. Werden $D_1 \ldots D_3$ jeweils mit den Symmetriepunkten $H_1 \ldots H_3$ des Höhenschnittpunktes H bezüglich der Poldreieckseiten verbunden, so sind das die drei Lagen der Schubschleife, die sich in einem

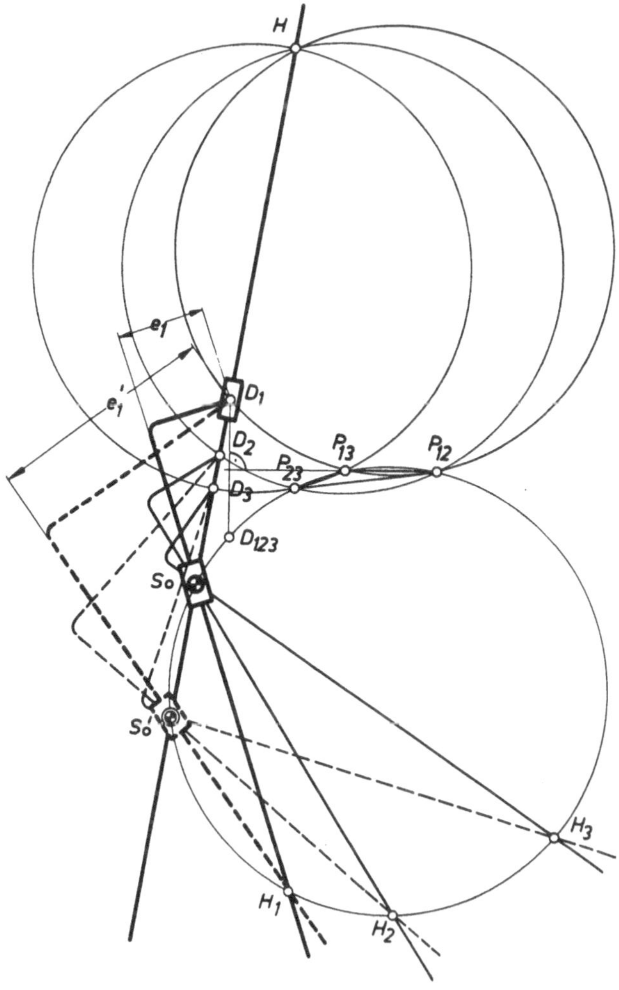

Bild 178. Einfach geschränkte Schubschleife, wenn die Schubrichtung gewählt wird

Punkt S_0, dem Drehpunkt des Gleitsteines, schneiden, der auf dem Umkreis des Poldreiecks liegen muß und damit bestimmt ist.

Wird gefordert, daß die Exzentrizität e_2 gleich Null wird, dann muß die Schubrichtung des Gleitsteines durch S_0 hindurchgehen (Bild 177). Da bei drei Lagen einer bewegten Ebene das Poldreieck und sein Höhenschnittpunkt bekannt sind, kann S_0 auf dem Umkreis des Poldreiecks willkürlich gewählt werden. Die Schubrichtung fällt dann in die Verbindungsgerade S_0H. Letztere schneidet die Symmetriekreise zum Umkreis des Poldreiecks bezüglich der Dreieckseiten in den Gleitsteingelenkpunkten $D_1 \ldots D_3$. Symmetrisch zum Höhenschnittpunkt H bezüglich der Poldreieckseiten liegen die Punkte $H_1 \cdots H_3$ auf dem Umkreis des Poldreiecks. Ihre Verbindungsgeraden mit S_0 geben die drei Lagen der Schubschleife an, die damit ihren Abmessungen nach festliegt.

Soll eine bestimmte Schubrichtung eingehalten werden, dann muß diese Richtung durch den Höhenschnittpunkt H gezeichnet und mit dem Umkreis des Poldreiecks zum Schnitt gebracht werden. Es werden sich im allgemeinen zwei Schnittpunkte S_0 und S_0' ergeben, so daß zwei einfach geschränkte Schubschleifen mit den Exzentrizitäten e_1 und e_1' die drei vorgelegten Lagen der bewegten Ebene verwirklichen (Bild 178). Im Falle daß e_1 und e_2 gleich null werden, ergibt sich kein praktisch brauchbares Schubschleifengetriebe, mit dem sich die durch das Poldreieck $P_{12}P_{13}P_{23}$ gekennzeichneten Lagen verwirklichen lassen (Bild 179)[23].

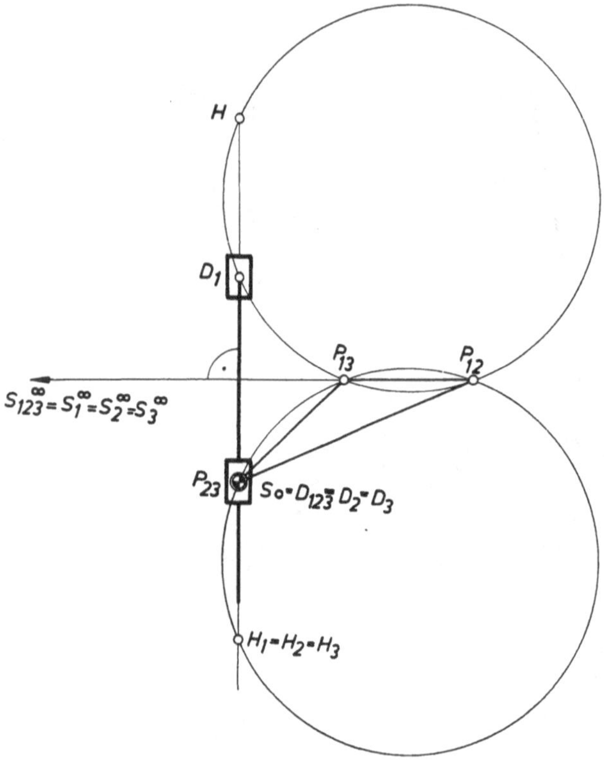

Bild 179. Schubschleife für $e_1 = e_2 = 0$ (praktisch unbrauchbar)

4.14 Fünf Lagen und die Burmesterschen Punkte

Werden fünf Lagen $A_1B_1 \ldots A_5B_5$ einer bewegten Ebene vorgeschrieben, dann lassen sich 10 Pole als Schnittpunkte von Mittelloten bestimmen

$$P_{12}P_{13}P_{14}P_{15}$$
$$P_{23}P_{24}P_{25}$$
$$P_{34}P_{35}$$
$$P_{45}\,.$$

Für die Lagen 1, 2, 3, 4 kann die Mittelpunktkurve m_{1234} und für die Lagen 1, 2, 3, 5 die Mittelpunktkurve m_{1235} gezeichnet werden (Bild 180). Die Schnittpunkte beider Kurven sind Mittelpunkte von Kreisen durch fünf homologe Lagen eines Punktes [43]. Da beide Kurven von dritter Ordnung sind, können sie 9 Schnittpunkte haben. Zwei Schnittpunkte fallen mit den unendlich fernen zyklischen Punkten und drei mit den Polen $P_{12}P_{13}P_{23}$, die beiden Mittelpunktkurven angehören, zusammen, so daß vier Schnittpunkte übrigbleiben. Von den vier Schnittpunkten können vier reell, zwei reell und zwei imaginär oder vier imaginär sein. Ergeben sich wie im Bild 180 vier reelle Schnittpunkte A_0, B_0, C_0, D_0, die BURMESTERsche Punkte genannt werden, so sind sechs Gelenkvierecke mit den festen

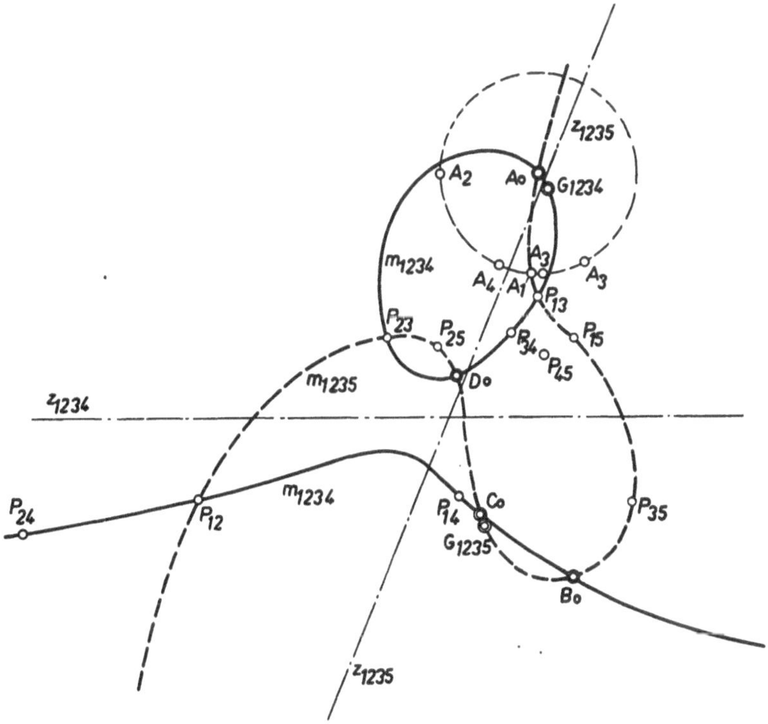

Bild 180. Schnittpunkte zweier Mittelpunktkurven (BURMESTERsche Punkte)

Drehpunkten A_0, B_0; A_0, C_0; A_0, D_0; B_0, C_0; B_0, D_0; C_0, D_0 möglich, die die Ebene in die fünf vorgeschriebenen Lagen bringen. Von den sechs Getrieben ist dasjenige auszuwählen, welches hinsichtlich der Bewegungsübertragung die günstigsten Eigenschaften aufweist.

4.2 Unendlich benachbarte Lagen

Zwei Punkte einer Koppelebene und die Krümmungsmittelpunkte ihrer Bahnkurven bestimmen nach dem Verfahren von BOBILLIER die Richtung der Polbahntangente. Sind andererseits der Pol, die Richtung der Polbahntangente sowie ein Punktpaar (Koppelpunkt und sein Krümmungsmittelpunkt, etwa A und A_0)

bekannt, so kann zu jedem beliebigen anderen Punkt der Koppelebene der zugehörige Krümmungsmittelpunkt oder zu einem vorgeschriebenen Krümmungsmittelpunkt der zugehörige Koppelpunkt ermittelt werden.

Während jeder Punkt der Koppelebene eine Bahn durchläuft, die im allgemeinen in jedem Augenblick einen dreipunktig berührenden Krümmungskreis aufweist, gibt es in der Koppelebene Punkte, deren Bahnkurven an der jeweils betrachteten Stelle einen vierpunktig berührenden Krümmungskreis besitzen. Der geometrische Ort aller dieser Punkte ist die *Kreisungspunktkurve*, und die zugehörigen Mittelpunkte liegen auf der *Angelpunktkurve*. Beide Kurven sind

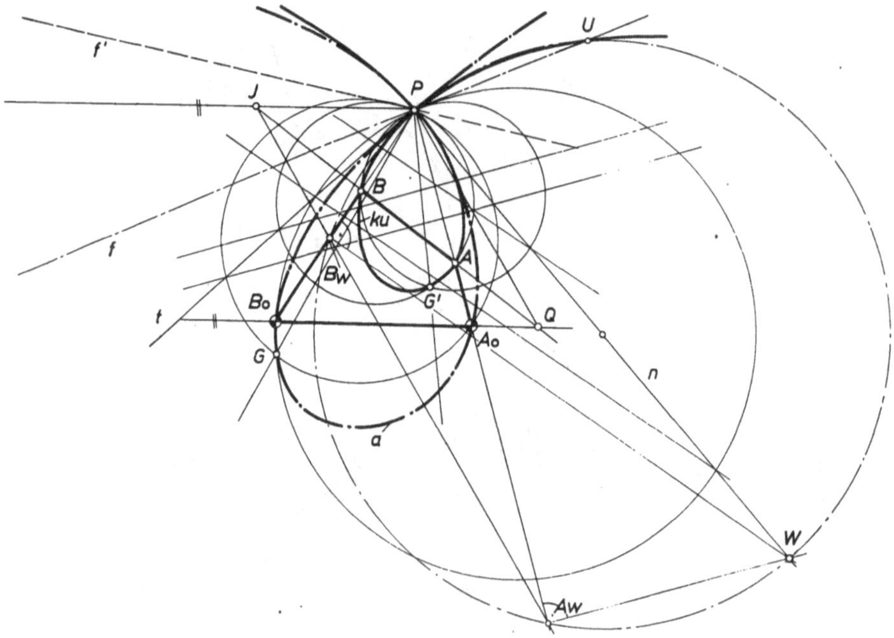

Bild 181. Angelpunktkurve a und Kreisungspunktkurve k_u

zirkulare Kurven dritter Ordnung, haben den Momentanpol P zum Doppelpunkt und in ihm die Polbahntangente t und die Polbahnnormale n als Tangenten. Der vierpunktig berührende Krümmungskreis bedeutet für die bewegte Ebene die Aufeinanderfolge von vier unendlich benachbarten Lagen.

Für ein vorhandenes Gelenkviereck A_0ABB_0 lassen sich die Angelpunktkurve a und die Kreisungspunktkurve k_u in der Weise aufzeichnen, daß zunächst der Pol P und der Punkt Q bestimmt werden (Bild 181). Für die Angelpunktkurve a wird der Hauptbrennpunkt G als Schnittpunkt zweier Kreise, deren Durchmesser von den Mittelloten zu PA_0 und PB_0 und der Polbahntangente t und Polbahnnormale n bestimmt werden, gefunden. Symmetrisch zur Geraden GP bezüglich der Polbahntangente t ist die Fokalachse f der Angelpunktkurve gelegen. Letztere läßt sich mit Hilfe eines Geradenbüschels, dessen Büschelpunkt G ist, und eines

Kreisbüschels, dessen Büschelpunkt P ist, zeichnen. Jede beliebige Gerade durch G bestimmt auf f den Mittelpunkt eines Kreises durch P, der die Geraden in zwei Kurvenpunkten schneidet. Analog wird der Hauptbrennpunkt G' der Kreisungspunktkurve als Schnittpunkt zweier Kreise gefunden, deren Durchmesser von den Abschnitten der Mittellote zu PA und PB zwischen t und n bestimmt werden. Hier ist die symmetrisch zu $G'P$ bezüglich t gelegene Fokalachse f' die Mittellinie der Kreisungspunktkurve k_u, die mit Hilfe eines Geraden- und Kreisbüschels gezeichnet werden kann. Jede Gerade durch den Büschelpunkt G' bestimmt auf f' den Mittelpunkt eines durch den Pol gehenden Kreises, der die Gerade in zwei Kurvenpunkten schneidet [161].

Die Kreisungspunktkurve schneidet den Wendekreis im Undulationspunkt U, dem BALLschen Punkt (Bild 181). Da er auf dem Wendekreis liegt, muß er sich als Systempunkt auf einer Geraden bewegen; er ist ein Punkt der Kreisungspunktkurve und seine Bahn stimmt mit dem Krümmungskreis in vier unendlich benachbarten Punkten überein. Bei der Entartung des Krümmungskreises zur Geraden hat die Bahn des Punktes U eine vierpunktig berührende Tangente [70].

4.3 Relativlagen

Verschiedene Lagen zweier Ebenen P und Q seien einander zugeordnet, daß die Lage Q_1 der Lage P_1, die Lage Q_2 der Lage P_2, die Lage Q_3 der Lage P_3 entspricht usw. Die Ebenen P und Q sind durch ein Verbindungsglied derart gelenkig miteinander zu verbinden, daß die zugeordneten Lagen eingehalten werden.

Beim Zeichnen der Relativlagen der Ebene P gegen die Lage Q_1 wird beispielsweise die Lage P_2 mit Q_2 starr verbunden und Q_2 nach Q_1 bewegt, dann gelangt P_2 in die Lage P_2^1 (Bild 182). Wird P_3 mit Q_3 starr verbunden und Q_3 nach Q_1 bewegt, dann gelangt P_3 in die Lage P_3^1 usw. Es sind möglich die

$$\text{Relativlagen } P_1, P_2, P_3, \ldots \text{ gegen } Q_1: P_1^1, P_2^1, P_3^1, \ldots$$
$$\text{Relativlagen } Q_1, Q_2, Q_3, \ldots \text{ gegen } P_1: Q_1^1, Q_2^1, Q_3^1, \ldots$$
$$P_1^1 \equiv P_1 \qquad Q_1^1 \equiv Q_1 .$$

Die Relativpole der Lagen P gegen Q_1 werden mit R_{12}, R_{13}, R_{23}, ... und diejenigen der Lagen Q gegen P_1 mit (R_{12}), (R_{13}), (R_{23}), ... bezeichnet. Sie werden in folgender Weise gefunden Bild 182):

R_{12} ist Schnittpunkt der Mittellote zu $A_1A_2^1$, $B_1B_2^1$,
(R_{12}) ist Schnittpunkt der Mittellote zu $C_1C_2^1$, $D_1D_2^1$,
$R_{12} \equiv (R_{12})$,

R_{13} ist Schnittpunkt der Mittellote zu $A_1A_3^1$, $B_1B_3^1$,
(R_{13}) ist Schnittpunkt der Mittellote zu C_1,C_3^1, $D_1D_3^1$,
$R_{13} \equiv (R_{13})$,

R_{23} ist Schnittpunkt der Mittellote zu $A_2^1A_3^1$, $B_2^1B_3^1$,
(R_{23}) ist Schnittpunkt der Mittellote zu $C_2^1C_3^1$, $D_2^1D_3^1$,
R_{23} und (R_{23}) sind nicht identisch.

Die Winkel im Relativpoldreieck werden mit γ_{12}, γ_{13}, ... bezeichnet und sind halb so groß wie die Drehwinkel der Ebene bei der Drehung in ihre Relativlagen. Wird die Ebene P_1 in die Lage P_2^1 bewegt (Bild 182), so kann das als Drehung um den Relativpol R_{12} aufgefaßt werden. Der Drehwinkel wird im Gegensinne

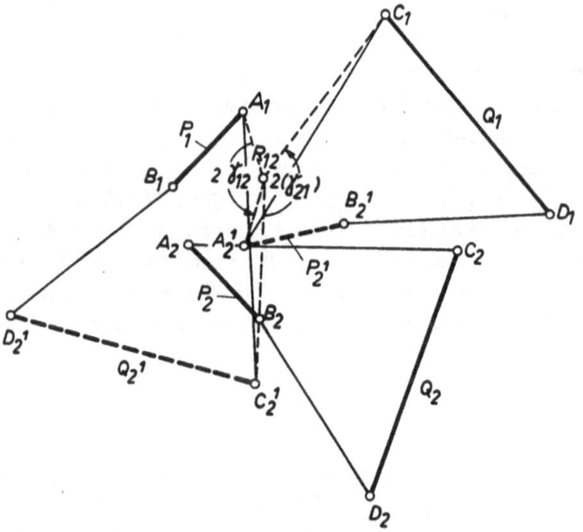

Bild 182. Relativlagen zweier Ebenen P und Q

des Uhrzeigers gemessen und hat die Größe $2\,\gamma_{12}$. Wird die Ebene Q_1 in die Lage Q_2^1 bewegt, dann kann das eine Drehung um den gleichen Pol R_{12} sein (da $R_{12} \equiv (R_{12})$), aber die Drehung erfolgt in entgegengesetzter Richtung und der Drehwinkel hat die Größe $2(\gamma_{21})$. Es ist daher

$$\gamma_{12} = (\gamma_{21})\,,$$

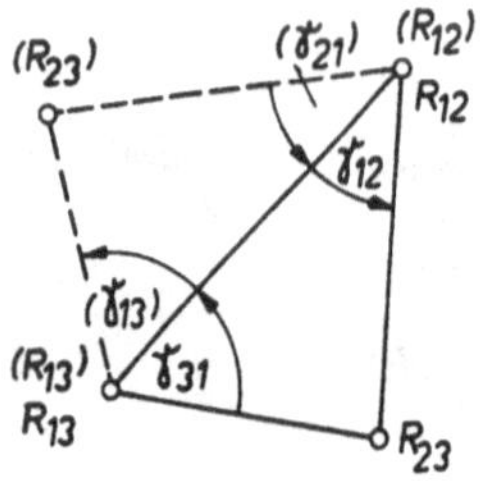

Bild 183. Relativpoldreiecke

d. h. die Drehung der Ebene Q_1 in die Relativlage Q_2^1 erfolgt um den Relativpol R_{12} in umgekehrter Richtung wie die Drehung der Ebene P_1 in die Relativlage P_2^1.

Beim Aufzeichnen der Relativpoldreiecke muß der Richtungssinn der Dreieckswinkel beachtet werden. Die beiden Relativpoldreiecke der Lagen P gegen Q_1 und Q gegen P_1 sind kongruent, haben die Seite $R_{12}R_{13}$ gemeinsam und die Relativpole R_{23} und (R_{23}) liegen zu ihr symmetrisch (Bild 183).

Bei vier Relativlagen treten die Pole R_{14}, R_{24}, R_{34} hinzu:

R_{14} ist Schnittpunkt der Mittellote zu $A_1A_4^1$, $B_1B_4^1$,
(R_{14}) ist Schnittpunkt der Mittellote zu $C_1C_4^1$, $D_1D_4^1$,
$R_{14} \equiv (R_{14})$,

R_{24} ist Schnittpunkt der Mittellote zu $A_2^1A_4^1$, $B_2^1B_4^1$,
(R_{24}) ist Schnittpunkt der Mittellote zu $C_2^1C_4^1$, $D_2^1D_4^1$,
R_{24} und (R_{24}) liegen symmetrisch zur Polgeraden $R_{12}R_{14}$,

R_{34} ist Schnittpunkt der Mittellote zu $A_3^1A_4^1$, $B_3^1B_4^1$,
(R_{34}) ist Schnittpunkt der Mittellote zu $C_3^1C_4^1$, $D_3^1D_4^1$,
R_{34} und (R_{34}) liegen symmetrisch zur Polgeraden $R_{13}R_{14}$.

Die Winkel der Poldreiecke der Lagen P werden mit α, die der Lagen Q mit β bezeichnet, dann gilt

$$\gamma_{12} = |\alpha_{12} - \beta_{12}|; \quad \gamma_{13} = |\alpha_{13} - \beta_{13}|; \quad \gamma_{23} = |\alpha_{23} - \beta_{23}|,$$

d. h. die Dreieckswinkel der Relativpoldreiecke sind gleich der Differenz der Winkel der Poldreiecke (absolut genommen).

$$\gamma_{12} = (\gamma_{21}); \quad \gamma_{13} = (\gamma_{31}); \quad \gamma_{23} = (\gamma_{32}).$$

4.31 Relativpole bei der Kurbelschwinge

Bewegen sich die Ebenen P und Q um je einen festen Drehpunkt (Sonderfall des Gelenkvierecks) dann können die Relativpole mit Hilfe der Winkel ermittelt werden, die die Lagen P bzw. Q miteinander einschließen (Bild 184).

Der Relativpol R_{12} ist der Schnittpunkt der Mittellote zu $B_1B_2^1$ und $D_1D_2^1$. Diese Mittellote sind die Winkelhalbierenden der Winkel φ_{12} und ψ_{12}, die an der Verbindungsgeraden der beiden festen Drehpunkte P_0 und Q_0, in P_0 bzw. Q_0 in dem Sinne anzutragen sind, in dem sich die Lage 2 in die Bezugslage 1 bewegt. R_{12} ist daher der Schnittpunkt der freien Schenkel der Winkel $\varphi_{12}/2$ und $\psi_{12}/2$, die in P_0 bzw. Q_0 an P_0Q_0 sinngemäß anzutragen sind. Analog wird R_{13} als Schnittpunkt der freien Schenkel der Winkel $\varphi_{13}/2$ und $\psi_{13}/2$ gefunden, die in P_0 bzw. Q_0 an P_0Q_0 sinngemäß anzutragen sind.

Der Relativpol R_{23} liegt auf dem Mittellot zu $B_2^1B_3^1$, d. h. auf der Winkelhalbierenden des Winkels $\psi_{13} - \psi_{12}$. Es muß daher in Q_0 an Q_0P_0 der Winkel $\psi_{12} + (\psi_{13} - \psi_{12})/2 = (\psi_{12} + \psi_{13})/2$ in Richtung auf die Bezugslage 1 angetragen werden.

Der Relativpol (R_{23}) liegt auf dem Mittellot zu $D_2^1D_3^1$, d. h. auf der Winkelhalbierenden des Winkels $\varphi_{13} - \varphi_{12}$. Es muß daher in P_0 an P_0Q_0 der Winkel $\varphi_{12} + (\varphi_{13} - \varphi_{12})/2 = (\varphi_{12} + \varphi_{13})/2$ in Richtung auf die Bezugslage 1 angetragen werden.

Da R_{23} und (R_{23}) symmetrisch zur Polgeraden $R_{12}R_{13}$ gelegen sind, muß der Winkel ν, den der freie Schenkel des Winkels $(\psi_{12} + \psi_{13})/2$ mit der Polgeraden $R_{12}R_{13}$ bildet, symmetrisch an die andere Seite dieser Polgeraden angetragen werden. Auf dem freien Schenkel des Winkels $(\varphi_{12} + \varphi_{13})/2$ ist dann der Pol (R_{23}) bestimmt und symmetrisch dazu auf dem Schenkel des Winkels $(\psi_{12} + \psi_{13})/2$ der Pol R_{23} (Bild 184).

Im Sonderfall des Gelenkvierecks wird bei je vier vorgegebenen Lagen P und Q die Ermittlung der Relativpole in der Weise vorgenommen, daß an der Verbindungsgeraden der beiden festen Drehpunkte P_0 und Q_0 die folgenden Winkel in der Richtung auf die Bezugslage 1 angetragen werden:

$$R_{12}\text{: in } P_0 \quad \varphi_{12}/2\text{; in } Q_0 \quad \psi_{12}/2\,,$$
$$R_{13}\text{: in } P_0 \quad \varphi_{13}/2\text{; in } Q_0 \quad \psi_{13}/2\,,$$
$$R_{14}\text{: in } P_0 \quad \varphi_{14}/2\text{; in } Q_0 \quad \psi_{14}/2\,,$$

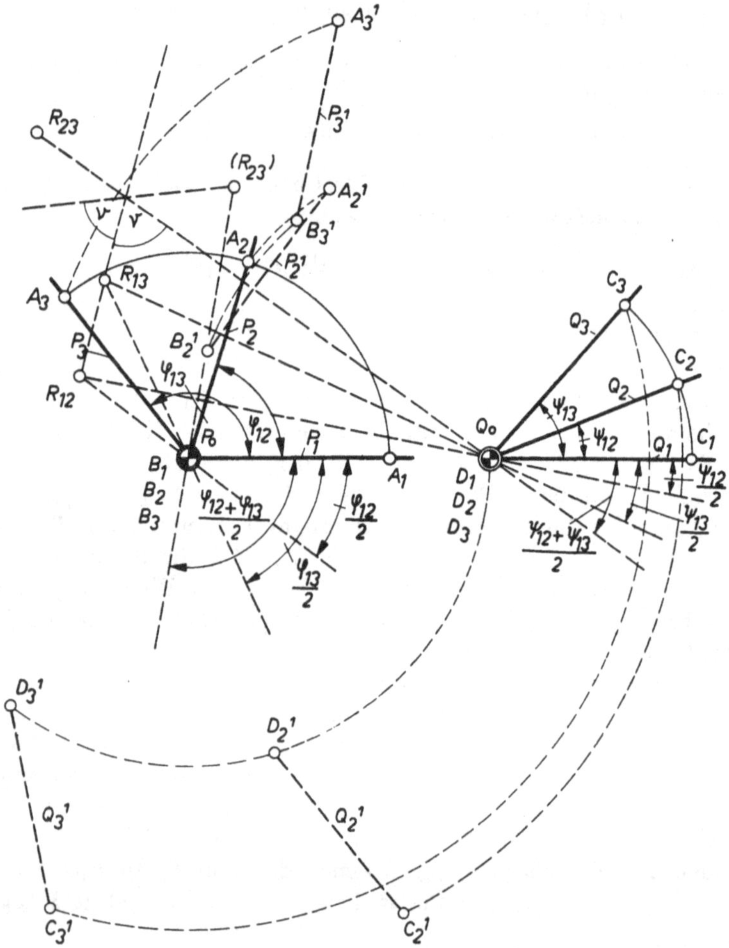

Bild 184. Relativlagen, wenn Ebenen P und Q je um einen festen Punkt drehbar

$$(R_{23})\text{: in } P_0 \quad (\varphi_{12}+\varphi_{13})/2\text{;} \quad R_{23}\text{: in } Q_0 \quad (\psi_{12}+\psi_{13})/2\,,$$
$$(R_{24})\text{: in } P_0 \quad (\varphi_{12}+\varphi_{14})/2\text{;} \quad R_{24}\text{: in } Q_0 \quad (\psi_{12}+\psi_{14})/2\,,$$
$$(R_{34})\text{: in } P_0 \quad (\varphi_{13}+\varphi_{14})/2\text{;} \quad R_{34}\text{: in } Q_0 \quad (\psi_{13}+\psi_{14})/2\,.$$

Die Gelenkpunkte der Koppel in den Ebenen P und Q sollen mit E bzw. F bezeichnet werden. Bei je vier Lagen von P und Q kann einer der beiden auf einer Kurve gewählt werden, der andere Gelenkpunkt ist dann eindeutig bestimmt. Soll beispielsweise der Gelenkpunkt F_1 in der Lage Q_1 gewählt werden, dann muß bei der Betrachtung der Relativlagen P gegen Q_1 der Gelenkpunkt F_1 Mittelpunkt eines Kreises sein, auf dem die Gelenkpunkte $E_1 \cdots E_4$ der Ebene P liegen. Es sind daher die Relativpole ohne Klammern zu bestimmen (etwa $R_{12}R_{34}$; $R_{13}R_{24}$), die Mittelpunktkurve m ist zu zeichnen und darauf F_1 zu wählen. Der zugehörige Gelenkpunkt E_1 wird dann mit Hilfe eines Poldreiecks ermittelt.

Werden die Relativlagen Q gegen P_1 betrachtet, so ist der Koppelgelenkpunkt E_1 Mittelpunkt eines Kreises, auf dem die Gelenkpunkte $F_1 \ldots F_4$ liegen. Die Mittelpunktkurve, die durch zwei Paar Gegenpole, etwa $R_{12}(R_{34})$; $R_{13}(R_{24})$, bestimmt ist, ist dann der geometrische Ort für den Gelenkpunkt E_1. Der geometrische Ort für den Gelenkpunkt F_1 wäre die Kreispunktkurve k_1 (für die Lage 1). Sie

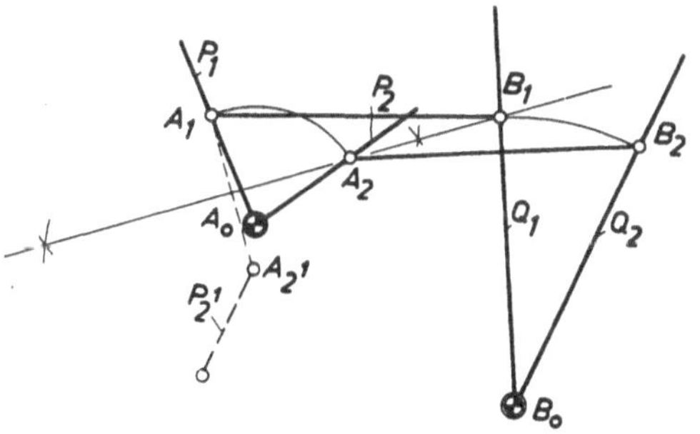

Bild 185. Je zwei Lagen P und Q sowie Gelenkpunkt A_1 vorgeschrieben

könnte mit Hilfe der Pole $R_{12}(R_{34})^1$; $R_{13}(R_{24})^1$ aufgezeichnet werden. Da aber $(R_{34})^1$ symmetrisch zu (R_{34}) bezüglich der Polgeraden $R_{12}R_{14}$, und (R_{34}) symmetrisch zu R_{34} bezüglich der gleichen Polgeraden gelegen ist, sind R_{34} und $(R_{34})^1$ identisch. Folglich ist auch die Kreispunktkurve k_1, die mit Hilfe der Pole $R_{12}(R_{34})^1$; $R_{13}(R_{24})^1$ aufgezeichnet wird, identisch mit der Mittelpunktkurve m, der die Pole $R_{12}R_{34}$; $R_{13}R_{24}$ zugrunde liegen.

Bei Zuordnung je zweier Lagen P und Q, die sich um die festen Drehpunkte A_0 bzw. B_0 bewegen, ist zu den Gelenkpunkten A_1 und A_2 der Lagen P_1 und P_2 der zugehörige Gelenkpunkt B_1 in der Lage Q_1 auf dem Mittellot zu $A_1A_2^1$ gelegen (Bild 185). A_2^1 ist dadurch bestimmt, daß P_2 mit Q_2 starr verbunden und Q_2 nach Q_1 gedreht wird, dann gelangt P_2 in die Lage P_2^1 und damit A_2 in die Lage A_2^1.

Den Lagen P_1 und P_2 der Koppelebene einer Kurbelschwinge sollen die Lagen Q_1 und Q_2 einer um den festen Punkt F_0 drehbaren Ebene Q entsprechen (Bild 186). Die Gelenkpunkte F_1 und F_2 in den Lagen Q_1 und Q_2 seien vorhanden. Wird P_2 mit Q_2 starr verbunden und P_2 nach P_1 bewegt, dann gelangt der Gelenkpunkt F_2 der Ebene Q_2 in die Lage F_2^1 und das Mittellot zu $F_1F_2^1$ ist der geometrische Ort für den Gelenkpunkt E_1 in der Koppelebene P_1. E_1 kann auf diesem Mittellot willkürlich gewählt werden.

Werden die Ebenen P und Q als Koppelebenen von Gelenkvierecken bewegt und den Lagen $P_1 \cdots P_3$ die Lagen $Q_1 \cdots Q_3$ zugeordnet, dann kann einer der Gelenkpunkte, beispielsweise F_1 in der Lage Q_1, willkürlich angenommen werden

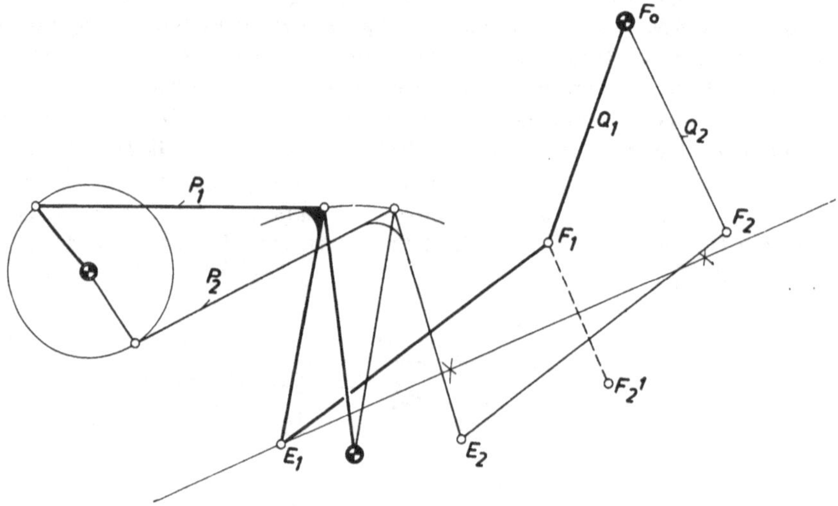

Bild 186. Je zwei Lagen P und Q sowie Gelenkpunkt F_1 vorgeschrieben

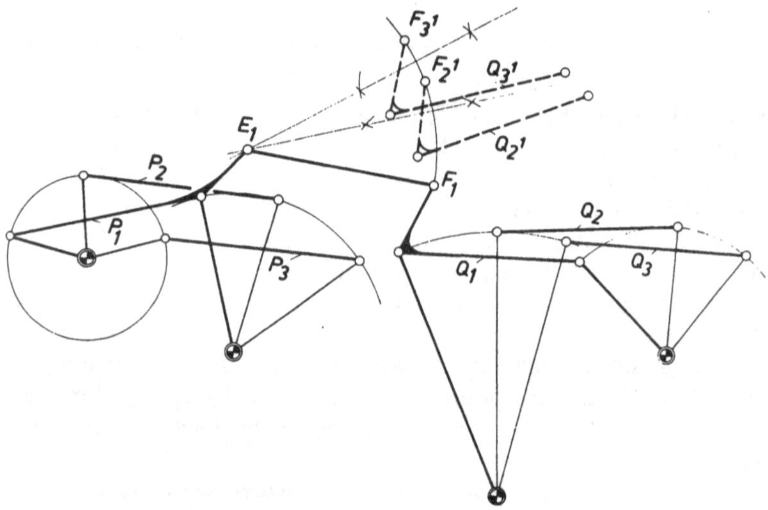

Bild 187. Je drei Lagen P und Q sowie Gelenkpunkt F_1 vorgeschrieben

(Bild 187). Der zugehörige Gelenkpunkt E_1 in der Lage P_1 ist dann als Mittelpunkt eines Kreises durch F_1, F_2^1, F_3^1 bestimmt. Die Relativlagen F_2^1 und F_3^1 werden gefunden, indem P_2 mit Q_2 und P_3 mit Q_3 starr verbunden und P_2 mit P_1 bzw. P_3 mit P_1 zur Deckung gebracht werden.

4.32 Relativpole beim Schubkurbelgetriebe

Werden drei Lagen der Antriebskurbelebene P drei Lagen der Gleitsteinebene Q zugeordnet, so sind die Drehwinkel φ_{12} und φ_{13} zwischen den Ebenen P_1 und P_2 bzw. P_1 und P_3 sowie die Entfernungen b_{12} und b_{13} der Ebenen Q_1 und Q_2 bzw. Q_1 und Q_3 bekannt (Bild 188). Der Kurbeldrehpunkt sei P_0, Q_0 liegt im Unendlichen. Die Relativlage P_2^1 ist gegenüber P_2 um die Strecke b_{12} in Richtung Q_2 nach Q_1 parallel verschoben. Der Relativpol R_{12} ist daher der Schnittpunkt einer Parallelen zu $P_0Q_0^\infty$ im Abstand $b_{12}/2$ (Mittellot zu $A_1A_2^1$!) mit dem freien Schenkel des Winkels $\varphi_{12}/2$, der in P_0 an $P_0Q_0^\infty$ in Richtung auf die Bezugslage 1 anzutragen ist. Analog wird der Pol R_{13} gefunden. Für R_{23} ist ein geometrischer Ort die

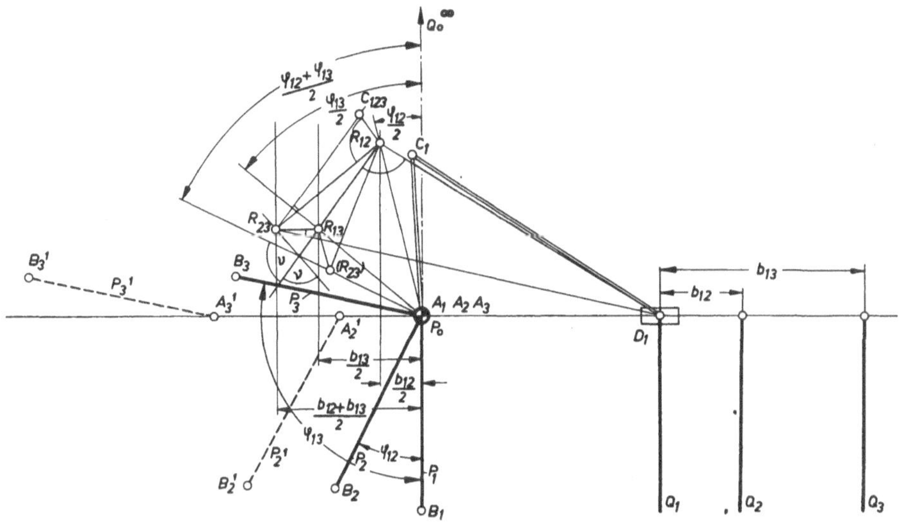

Bild 188. Je drei Lagen P und Q sowie Gelenkpunkt D_1 vorgeschrieben, Kurbelgelenkpunkt C_1 des Schubkurbelgetriebes gesucht

Parallele zu $P_0Q_0^\infty$ im Abstand $(b_{12} + b_{13})/2$ und für (R_{23}) der freie Schenkel des in P_0 an $P_0Q_0^\infty$ angetragenen Winkels $(\varphi_{12} + \varphi_{13})/2$, der die Polgerade $R_{12}R_{13}$ unter dem Winkel ν schneidet. Die Symmetrielinie hierzu bestimmt auf der oben angegebenen Parallelen im Abstand $(b_{12} + b_{13})/2$ den Pol R_{23} und dazu symmetrisch bezüglich der Polgeraden $R_{12}R_{13}$ liegt der Pol (R_{23}). Wird der Gleitsteingelenkpunkt D_1 in der Ebene Q_1 angenommen, dann ist der Kurbelgelenkpunkt C_1 mit Hilfe des Poldreiecks $R_{12}R_{13}R_{23}$ unter Verwendung des Grundpunktes C_{123}, bestimmbar [43].

4.4 Sonderlagen

Die durch vier Lagen einer Ebene bestimmten Pole können Sonderstellungen einnehmen, so daß die Mittelpunkt- und die Kreispunktkurve entarten. Sind zwei Paar Gegenpole so gelegen, daß ihre Verbindungslinien die parallelen Seiten eines gleichschenkligen Trapezes bilden (Bild 189), dann tritt ein Zerfallen der Mittelpunktkurve in Kreis und Gerade ein. Der Kreis ist der Umkreis des Trapezes und die Gerade fällt mit seiner Symmetrielinie zusammen. Der gleiche Zerfall tritt ein, wenn zwei Gegenpole symmetrisch zu der durch ein zweites Gegenpolpaar gehenden Geraden liegen. Das erste Gegenpolpaar bildet mit den zugehörigen Q-Polen ein gleichschenkliges Trapez und damit ist wiederum der

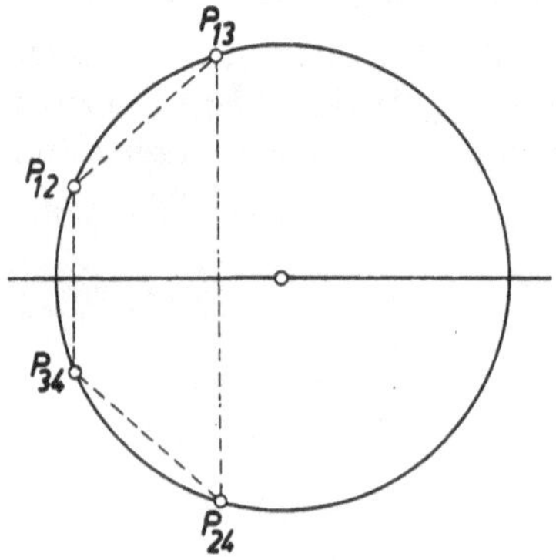

Bild 189. Zwei Paar Gegenpole bilden die parallelen Seiten eines gleichschenkligen Trapezes, Zerfall der Mittelpunktkurve in Kreis und Gerade

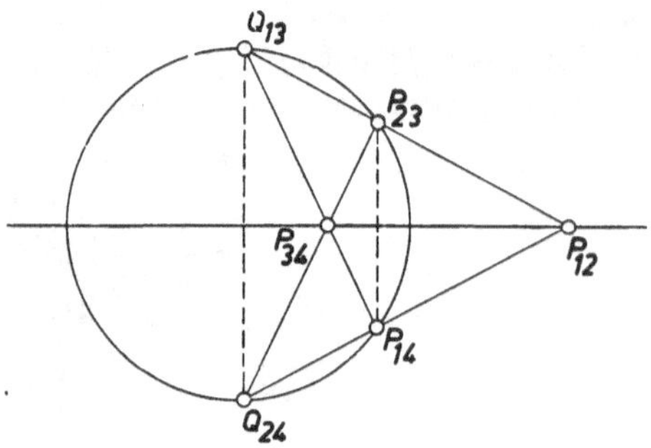

Bild 190. Zwei Gegenpole liegen symmetrisch zur Verbindungsgeraden eines Gegenpolpaares, Zerfall der Mittelpunktkurve in Kreis und Gerade

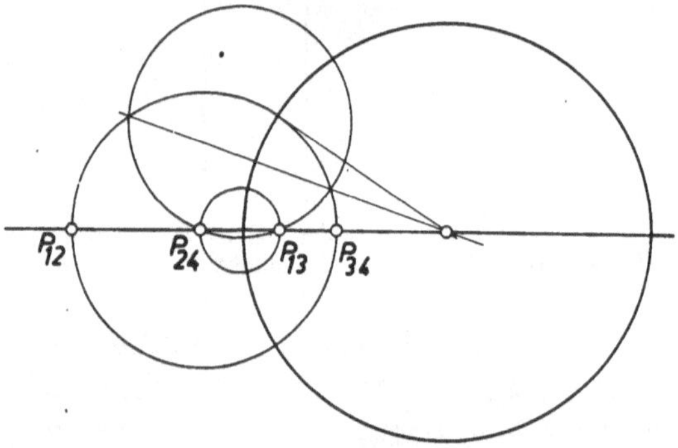

Bild 191. Schnittpunkte in denen der Kreis die Gerade trifft, liegen harmonisch zu zwei Gegenpolpaaren

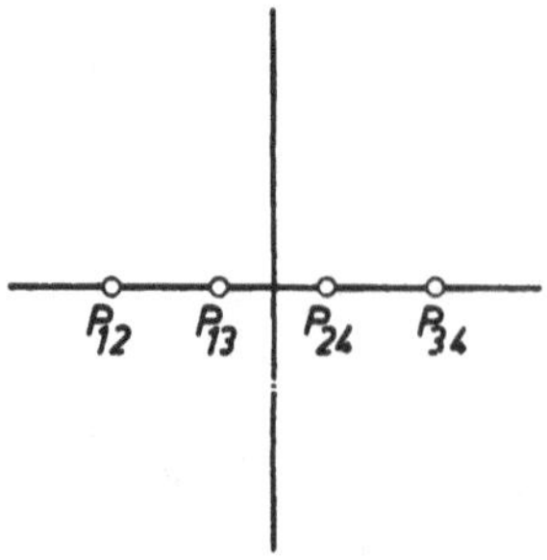

Bild 192. Zwei Paar Gegenpole auf einer Geraden liegen symmetrisch zu einer Senkrechten dazu

Kreis als Umkreis des Trapezes und die Gerade als seine Symmetrielinie bestimmt (Bild 190). Liegen zwei Paar Gegenpole auf einer Geraden, dann sind die Schnittpunkte, in denen der Kreis die Gerade trifft, harmonisch zu den Punktpaaren $P_{12}P_{34}$, $P_{13}P_{24}$ (Bild 191). Im Sonderfall, daß zwei Paar Gegenpole auf einer Geraden liegen und ihre Verbindungslinien einen gemeinsamen Halbierungspunkt haben, entartet der Kreis in eine Gerade, die zur ersteren senkrecht steht (Bild 192), und dazu gehört noch die unendlich ferne Gerade. Das gleiche tritt ein, wenn zwei Paar Gegenpole die gegenüberliegenden Ecken eines Rhombus bilden (Bild 193). Die beiden aufeinander senkrechten Geraden sind die Diagonalen des Rhombus. Schließlich sei noch der Fall erwähnt, daß die Verbindungslinien je zweier Gegenpole die Diagonalen eines Parallelogramms bilden. Diese Sonderlagen bedingen den Zerfall in eine gleichseitige Hyperbel und die unendlich ferne Gerade (Bild 194).

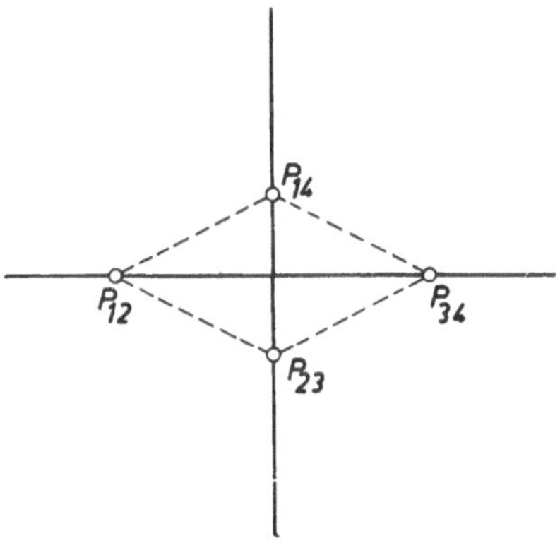

Bild 193. Zwei Paar Gegenpole bilden die gegenüberliegenden Ecken eines Rhombus

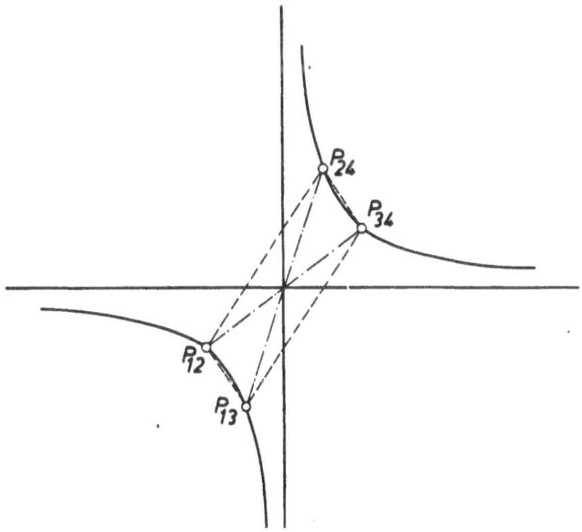

Bild 194. Zwei Paar Gegenpole bilden die gegenüberliegenden Ecken eines Parallelogramms

4.41 Totlagen

In einem Kurbelschwingengetriebe sei die Kurbelebene mit P und die Schwingenebene mit Q bezeichnet. In einer Totlage entsprechen zwei unendlich benachbarten Lagen von P zwei zusammenfallende Lagen von Q (Bild 195), das bedeutet, einem unendlich kleinen Kurbeldrehwinkel $d\varphi$ entspricht ein Schwingendrehwinkel Null:

$$\varphi_{12} = d\varphi; \quad \psi_{12} = 0 .$$

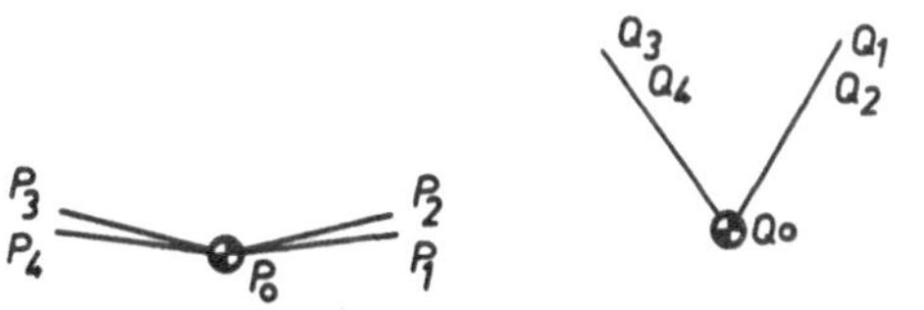

Bild 195. Zwei unendlich benachbarten Lagen der Kurbel P entsprechen zwei identische Lagen der Schwinge Q (Totlagen)

Der Totlagenwinkel der Kurbel sei φ_0, der der Schwinge sei ψ_0, der feste Drehpunkt der Kurbelebene P_0, der der Schwingenebene Q_0. Bei der Ermittlung der Relativpole werden an P_0Q_0 in P_0 bzw. Q_0 folgende Winkel angetragen (Bild 196):

$$R_{12}\text{: in } P_0 \quad d\varphi/2 \quad \text{in } Q_0 \quad 0 \text{ (fällt in } P_0\text{)};$$
$$R_{13}\text{: in } P_0 \quad \varphi_0/2 \quad \text{in } Q_0 \quad \psi_0/2.$$

Mit R_{13} zusammen fallen die Pole $R_{14}R_{23}R_{24}(R_{23})(R_{24})R_{23}^1R_{24}^1$,

$$R_{34}\text{: in } Q_0 \quad (\psi_{13} + \psi_{14})/2 = \psi_0\,,$$
$$(R_{34})\text{: in } P_0 \quad (\varphi_{13} + \varphi_{14})/2 = \varphi_0;$$

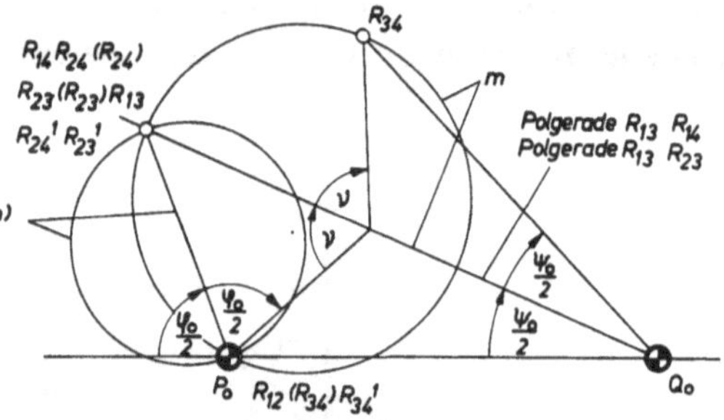

Bild 196. Relativpole im Falle der Totlagen des Gelenkvierecks

sein freier Schenkel schneidet die Polgerade $R_{13}R_{14}$ unter dem Winkel ν, sein Symmetriewinkel zu $R_{13}R_{14}$ schneidet den freien Schenkel des Winkels ψ_0 in R_{34}; symmetrisch dazu bezüglich $R_{13}R_{14}$ liegt (R_{34}) und dieser Pol fällt mit R_{12} zusammen. In R_{12} liegt auch der Pol R_{34}^1.

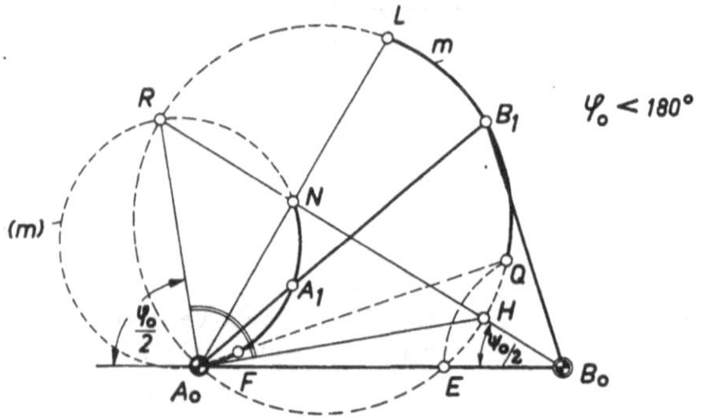

Bild 197. Totlagenkonstruktion für $\varphi_0 < 180°$

Geometrischer Ort für den Schwingengelenkpunkt B_1 (in der Ebene Q_1) ist die Mittelpunktkurve m, die durch die Pole $R_{12}R_{13}R_{14}R_{23}R_{24}R_{34}$ hindurchgeht; sie zerfällt in den Kreis durch $R_{12}R_{34}R_{13}$ und die Gerade durch Q_0R_{13} als Durchmesser des Kreises. Geometrischer Ort für den Kurbelgelenkpunkt A_1 (in der Ebene P_1) ist die Mittelpunktkurve (m), die durch die Pole $R_{12}R_{13}R_{14}$ $(R_{23})(R_{24})(R_{34})$ hindurchgeht; sie zerfällt in einen Kreis mit dem Durchmesser $R_{12}R_{13}$ und die mit diesem Durchmesser zusammenfallende Gerade. Der geometrische Ort für A_1 kann auch als Kreispunktkurve k_1, zu der die Pole $R_{12}R_{13}R_{14}R_{23}^1$ $R_{24}^1R_{34}^1$ gehören, aufgefaßt werden; k_1 fällt mit der Mittelpunktkurve (m) zusammen.

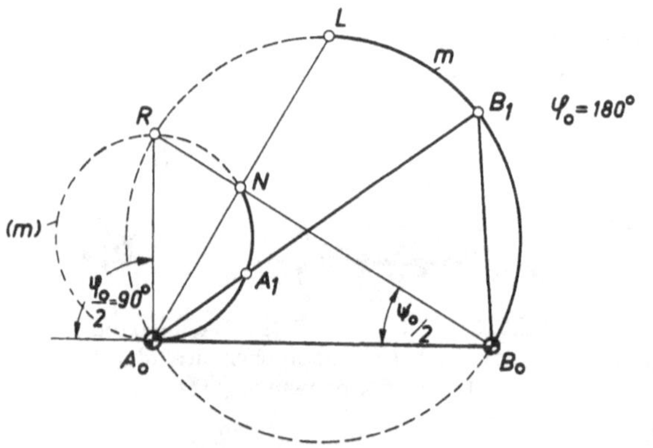

Bild 198. Totlagenkonstruktion für $\varphi_0 = 180°$

Die Ermittlung der Abmessungen einer Kurbelschwinge, deren Entfernung der beiden festen Drehpunkte und die Totlagenwinkel gegeben sind, beschränkt sich auf das Zeichnen zweier Kreise und Geraden und ist von H. Alt angegeben worden [45]. In den Bildern 197 bis 199 ist die Totlagenkonstruktion für $\varphi_0 < 180°$,

$\varphi_0 = 180°$ und $\varphi_0 > 180°$ durchgeführt. Eine beliebige Gerade durch A_0 bestimmt auf (m) den Punkt A_1 und auf m den Punkt B_1. Nicht alle Punkte der Kreise sind brauchbar, sondern nur die Kreisbogen NF bzw. LQ. In den Punkten N, F, L und Q ist der Übertragungswinkel Null; es dürfen daher diese Punkte und die Punkte in ihrer unmittelbaren Nachbarschaft nicht benutzt werden. Wenn die Gerade durch A_0 in einem brauchbaren Bereich gezeichnet wird, bestimmt sie zwei zueinander gehörige Gelenkpunkte A_1 und B_1 und damit die Abmessungen der Kurbel (A_0A_1), Koppel (A_1B_1) und Schwinge (B_0B_1). Es gibt viele Geraden, die durch A_0 innerhalb des brauchbaren Bereichs gezeichnet werden

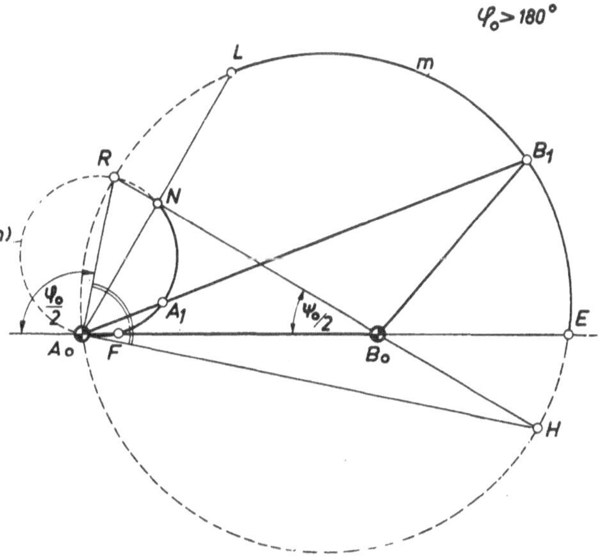

Bild 199. Totlagenkonstruktion für $\varphi_0 > 180°$

können und demzufolge viele Kurbelschwingen, die die Forderung bestimmter Totlagenwinkel erfüllen. Sie unterscheiden sich in den Abmessungen der Kurbel, Koppel und Schwinge und in dem bei der Bewegung auftretenden kleinsten Übertragungswinkel μ_{min}. Die zusätzliche Forderung, von vielen Kurbelschwingen diejenige zu ermitteln, deren kleinster Übertragungswinkel am größten ist, läßt sich in der Weise erfüllen, daß auf der Kurbel-Koppel-Geraden vom Schwingengelenkpunkt aus in einem zu wählenden Maßstab der jeweilige Kleinstwert des Übertragungswinkels aufgetragen wird. Die dadurch bestimmte Kurve c läßt den Größtwert des kleinsten Übertragungswinkels erkennen (Bild 200) und legt die Abmessungen derjenigen Kurbelschwinge fest, die die vorgeschriebenen Totlagenwinkel verwirklicht und hinsichtlich der Güte der Bewegungsübertragung das am besten arbeitende Getriebe darstellt.

Die Zusatzforderung kann auch in der Weise gestellt werden, daß einem Drehwinkel φ_1 der Kurbel ein Drehwinkel ψ_1 der Schwinge entspricht (beide Winkel werden hier von der äußeren Totlage aus gemessen, Bild 201). Fünf Lagen der Kurbelebene sind fünf Lagen der Schwingebene zugeordnet, so daß die Konstruktion auf die Ermittlung der BURMESTERschen Punkte hinausläuft. Die an A_0B_0 in A_0 bzw. B_0 angetragenen Winkel $\varphi_0/2$ bzw. $\psi_0/2$ bestimmen den Pol R (Bild 202) und die Senkrechte in A_0 auf A_0R den Punkt H auf der Geraden RB_0. Die Kreise mit RH und RA_0 als Durchmesser sind die Mittelpunktkurven m_{1234} bzw. (m_{1234}). Hinzu kommen noch die Durchmesser dieser Kreise; ihre Punkte sind jedoch praktisch nicht brauchbar. Der Pol R_{15} ist der Schnittpunkt der freien Schenkel der Winkel $\varphi_1/2$ und $\psi_1/2$, die an A_0B_0 in A_0 bzw. B_0 anzutragen sind. Mit dem Pol R_{15} fällt der Pol R_{25} zusammen. Im Pol R liegt der Pol R_{13} und ihm unendlich benachbart auf der Polgeraden $R_{13}R_{23}$, die mit RB_0 zusammenfällt, der Pol R_{23}. Vom Pol R_{13} aus gesehen, erscheinen die Pole R_{12}, R_{23} unter dem Winkel δ_{13}. Unter diesem gleichen Winkel müssen auch die Gegenpole R_{15}, R_{35} erscheinen, so daß ein geometrischer Ort

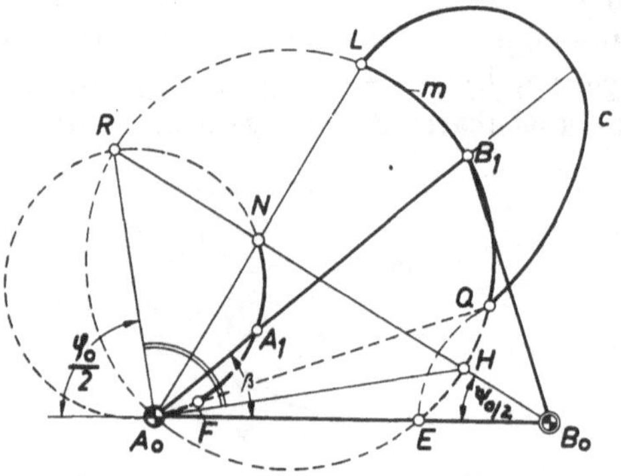

Bild 200. Totlagenkonstruktion für günstigsten Übertragungswinkel

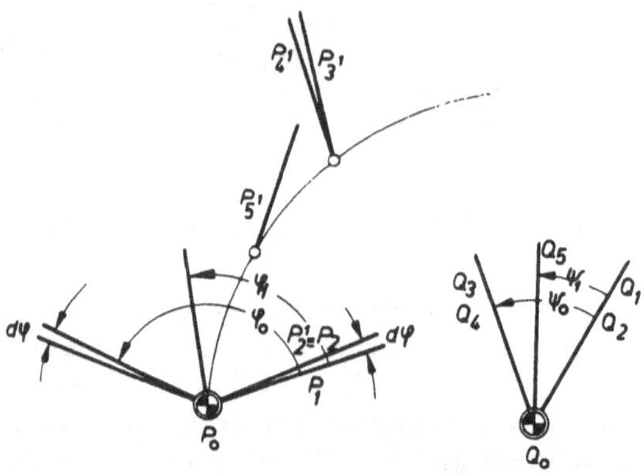

Bild 201. Vorgeschriebene Totlagen und je eine fünfte Lage von Kurbel und Schwinge

für R_{35} der freie Schenkel des Winkels δ_{13}, an RR_{15} in R angetragen, sein muß. Der zweite geometrische Ort für R_{35} ist der freie Schenkel des Winkels $(\psi_0 + \psi_1)/2$, an A_0B_0 in B_0 angetragen [162].

Von den Punkten des Kreises m_{1234} aus gesehen, erscheinen die Pole R, R_{12} unter dem Winkel $90 - \delta_{13}$. Von einem der BURMESTERschen Punkte aus gesehen, müssen die Pole R_{25}, R_{35} (da sie Gegenpole zu R, R_{12} sind) unter dem gleichen

Winkel erscheinen. Der Mittelpunkt des entsprechenden Kreises k muß daher der Schnittpunkt des Mittellotes zu $R_{25}R_{35}$ mit dem freien Schenkel des Winkels δ_{13} sein, der in R_{35} an $R_{35}R_{25}$ anzutragen ist. Die Schnittpunkte B_1 und B_1' der beiden Kreise sind zwei BURMESTERsche Punkte, von denen B_1 praktisch brauchbar ist. Die fünf einander zugeordneten Stellungen von Kurbel und Schwinge

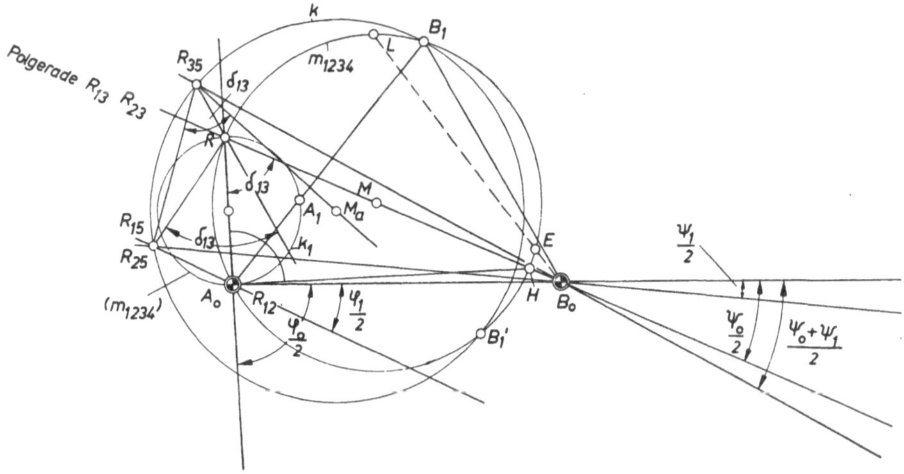

Bild 202. Totlagenkonstruktion mit Hilfe der BURMESTERschen Punkte

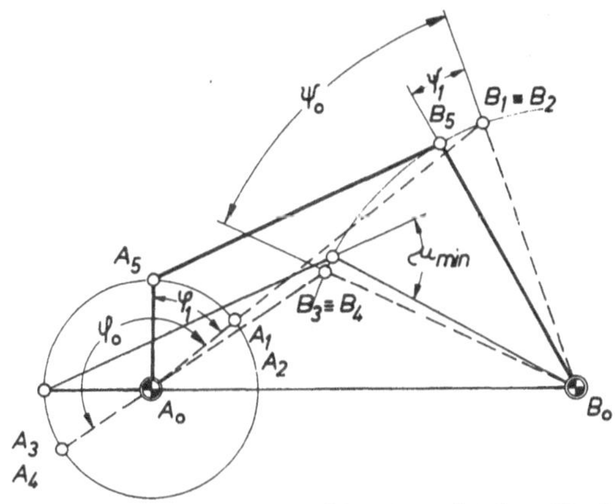

Bild 203. Abmessungen der nach Bild 202 ermittelten Kurbelschwinge

sind im Bild 203 eingezeichnet; der Übertragungswinkel $\mu_{\min}$ ist zu 52° ermittelt worden [96, 152, 162].

In den Totlagen der Schubkurbel entsprechen zwei unendlich benachbarten Lagen der Kurbel zwei identische Lagen des Gleitsteines. Werden die beiden Totlagen B_1, B_2 und B_3, B_4 des Gleitsteines und der Totlagenwinkel φ_0 der Antriebskurbel vorgeschrieben, so ist der geometrische Ort für A_0 der Peripheriekreis des Winkels $\alpha = 180° - \varphi_0$ über den Gleitsteinhub als Sehne (Bild 204). Wird einer fünften Stellung der Kurbel eine fünfte Stellung des Gleitsteines zugeordnet, so kann die Aufgabe mit Hilfe der kurbelparallelen Ebene gelöst werden.

Im Bild 205 sind zwei Stellungen der Antriebskurbel und zwei zugehörige Stellungen des Gleitsteines eines Schubkurbelgetriebes gezeichnet. Die Lage der kurbelparallelen Ebene wird dem Parallelogramm $A_0A_1B_1A_1'$ bzw. $A_0A_2B_2A_2'$ entnommen. Für die beiden Lagen $A_1'B_1$ und $A_2'B_2$ ist (P_{12}) der Pol; er ist bestimmt als Schnittpunkt des Mittellotes zu B_1B_2 mit dem freien Schenkel des Winkels $90° - \varphi_{12}/2$ in B_1 an B_1B_2 angetragen [96, 162].

Von den sechs Polen der kurbelparallelen Ebene fallen (P_{12}) und (P_{34}) mit den Totlagen des Gleitsteines zusammen. Das Mittellot dazu schneidet den Peripheriekreis m (Bild 206) in den Polen $(P_{13})(P_{24})(P_{14})(P_{23})$. Der Pol (P_{15}) ist der Schnittpunkt des Mittellotes zu B_1B_5 mit dem freien Schenkel des Winkels $90 - \varphi_1/2$, in B_1 an B_1B_5 angetragen. Der Pol (P_{35}) ist der Schnittpunkt des Mittellotes zu B_3B_5 mit dem freien Schenkel des Winkels $90° - (180° - \alpha - \varphi_1)/2 = (\alpha + \varphi_1)/2$ in B_5 an B_5B_3 angetragen.

Von m aus gesehen erscheinen $(P_{12})(P_{23})$ unter dem Winkel $\alpha/2$. Unter dem gleichen Winkel müssen auch die Pole $(P_{15})(P_{35})$ erscheinen. Das Mittellot zu $(P_{15})(P_{35})$ ist daher zum Schnitt zu bringen mit dem freien Schenkel des Winkels $90 - \alpha/2 = \varphi_0/2$, in (P_{15}) an $(P_{15})(P_{35})$ angetragen. Der Schnittpunkt M' ist Mittelpunkt eines Kreises, dessen Peripheriewinkel über der Sehne $(P_{15})(P_{35})$ die Größe $\alpha/2$ hat und dessen Schnittpunkte A_0 und A_0' mit dem Kreis m zwei Burmestersche Punkte sind. Praktisch brauchbar ist der Punkt A_0. Der zugehörige Punkt A_1 ist der Schnittpunkt der Verbindungsgeraden A_0B_1 mit dem Kreis k_1, dessen Durchmesser in die Gerade $P_{12}P_{13}$ fällt. Der Kreis k_1 gehört zu der zu einem Kreis und einer Geraden entarteten Kreispunktkurve.

4.42 Lenkergeradführungen

Die in der Hütte im Abschnitt Maschinenteile enthaltenen Lenkergeradführungen sind dreipunktig, d. h. es stimmen drei Punkte der Bahn eines Koppelpunktes mit der vorgelegten Geraden überein [15].

Bei dem Lemniskatenlenker (Bild 207) liegt der geradezuführende Punkt B außerhalb der beiden auf Kreisen bewegten Punkte A und C auf der Koppelgeraden. Vorgeschrieben sei die Länge s der Geradführung, der Drehpunkt A_0, die Länge A_0A, die Länge der Koppel AC und der Abstand des Punktes B von A auf der Koppelgeraden. Gesucht ist die Länge CC_0 des Gegenlenkers und dessen Festpunkt C_0. Die in der Hütte angegebene Konstruktion beruht darauf, die Koppel in einer ihrer äußeren und in ihrer Mittellage so zu zeichnen, daß in diesen Stellungen B auf der vorgeschriebenen Geraden $x - x$ liegt, wobei diese Gerade die Pfeilhöhen e und e_1 halbiert. C_0 ist dann der Schnittpunkt des Mittellotes zu CC_1 mit der durch C_1 gehenden Senkrechten, wenn C die äußere und C_1 die Mittellage darstellen. Diese Konstruktion zwingt den Punkt B in den beiden äußeren

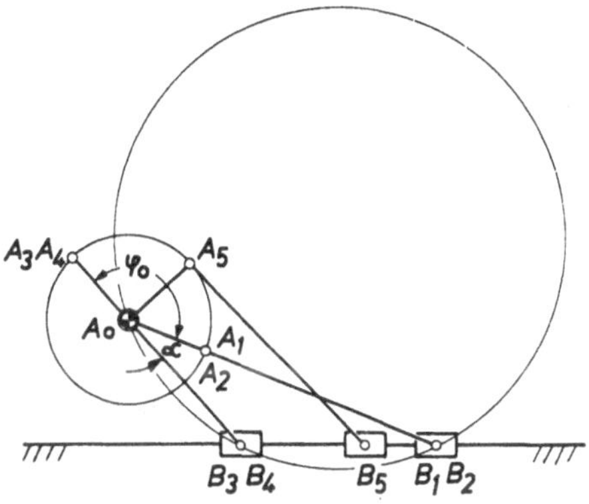

Bild 204. Totlagen der Schubkurbel

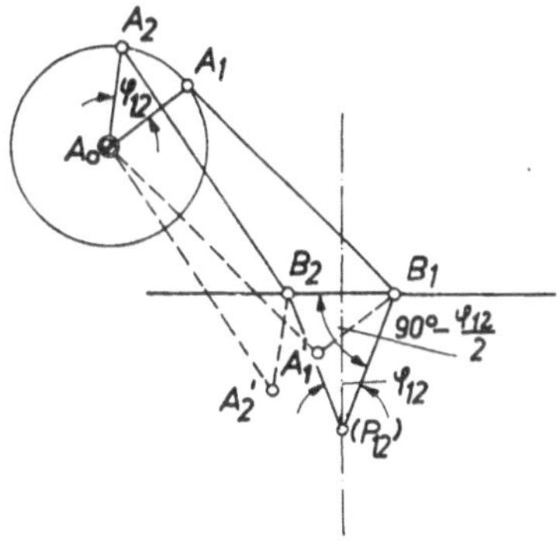

Bild 205. Kurbelparallele Ebenen der Schubkurbel

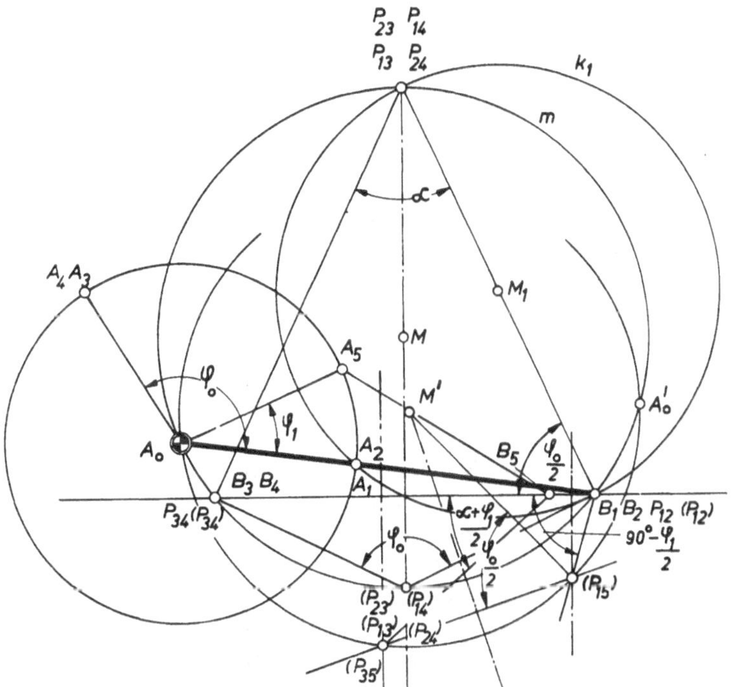

Bild 206. Totlagenkonstruktion der Schubkurbel mit Hilfe der Burmesterschen Punkte bei Benutzung kurbelparalleler Ebenen

und in der Mittellage, also in drei Punkten, auf der Geraden zu bleiben, dazwischen weicht er von ihr ab.

Werden an Stelle der Mittellage zwei symmetrische Lagen des Punktes B in etwa 1/6 des Hubes s von der Mittellage entfernt vorgeschrieben und hierfür der Punkt C_0 bestimmt (Bild 208), dann muß B an vier Stellen auf der Geraden verbleiben. Bei der Aufzeichnung der beiden Koppellagen ist zu beachten, daß die Laufrichtung $x - x$ des geradezuführenden Punktes B die sich aus A und A_1 ergebende Höhe e' halbiert. Das Mittellot zu CC_1 schneidet die im Abstand $s/2$ von C gezeichnete Senkrechte in C_0 [130].

Einen angenäherten Ellipsenlenker zeigt Bild 209. Wird nach den Angaben der Hütte die Länge der Koppel AB sowie der außerhalb AB auf der Koppelgeraden liegende Punkt C vorgelegt, so ergibt sich der Drehpunkt C_0 als Schnittpunkt des Mittellotes zu CC_1 mit der Symmetrielinie, wobei C eine der beiden äußeren Lagen und C_1 die Mittelstellung sein soll. Um die Güte der Geradführung zu steigern, werden eine äußere und eine Zwischenlage des Punktes B in der Entfernung $s/2$ bzw. $s/4$ von der Mitte vorgeschrieben und zu CC_1 das Mittellot gezeichnet, welches auf der Symmetrielinie den Drehpunkt C_0 bestimmt (Bild 210). Der Punkt B wird dann gezwungen, außer in den beiden Endlagen auch in den beiden von der Mitte je $s/4$ entfernten Lagen auf der Geraden zu verbleiben.

Wird bei einem Ellipsenlenker außer der Länge der Koppel AB der Drehpunkt D, sowie der Weg s des geradezuführenden Punktes B vorgeschrieben, dann muß der Koppelpunkt C ermittelt werden. In der Hütte ist das Verfahren für die dreipunktige Geradführung angegeben (Bild 211). Zu der Strecke DD_1 (D_1 ist um die Strecke B_1D von B entfernt) wird das Mittellot gezeichnet, das die Koppel AB im gesuchten Koppelgelenkpunkt C schneidet. Soll auch hier eine vierpunktige Geradführung erzielt werden, dann wird der Punkt C wie folgt gefunden: Die Koppel AB wird in zwei verschiedenen Lagen gezeichnet (Bild 212) und zwar so, daß die beiden Lagen B und B_1 des geradezuführenden Punktes B von der Mittellage $s/6$ bzw. $s/2$ entfernt sind. Die beiden Koppellagen sind mit AB und A_1B_1 bezeichnet. Zu AA_1 und BB_1 werden die Mittellote gezeichnet und in P zum Schnitt gebracht. Auf der Symmetrielinie wird der Drehpunkt D willkürlich gewählt und mit P verbunden. An PD in P ist der Winkel zwischen dem Mittellot zu BB_1 und der Verbindungsgeraden PB anzutragen, dann schneidet der freie Schenkel dieses Winkels die Koppel AB im Koppelpunkt C. P ist einer der sechs Pole, die bei vier Lagen der Koppelebene AB gefunden werden und der Winkel DPC ist ein Poldreieckswinkel. DC ist der Radius der in D drehbar gelagerten Kurbel. Der Punkt A kann durch einen Lenker von großer Länge geführt werden, wobei die Bewegung des Punktes A zwischen A und A_1 mit hinreichender Genauigkeit als geradlinig angesehen werden kann.

Bei Lenkergeradführungen, die eine sechspunktige Geradführung des Punktes K bewirken, durchläuft der Punkt K der Koppelgeraden eine Bahnstelle mit sechspunktig berührender Tangente. Eingehende Untersuchungen dieser Art sind von R. Müller durchgeführt worden [153]. Aus den dort aufgestellten Beziehungen läßt sich folgende Konstruktion ableiten (Bild 213): Auf der Geraden,

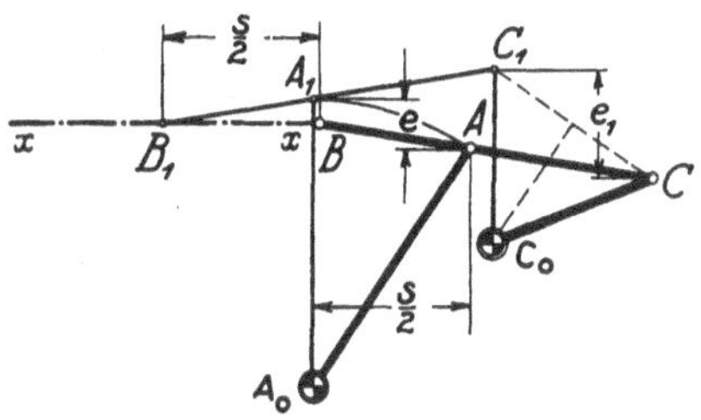

Bild 207. Lemniskatenlenkerkonstruktion der Hütte

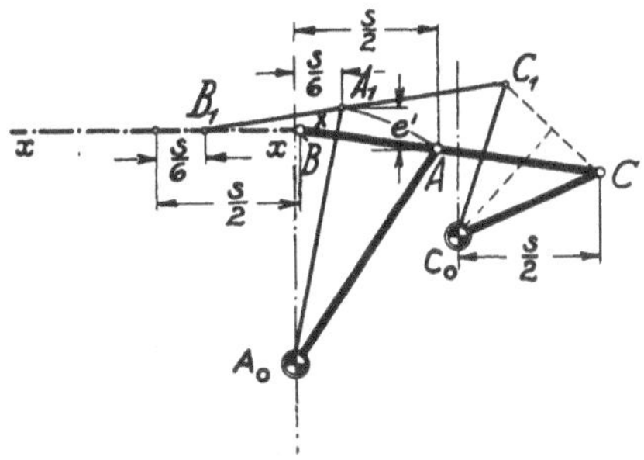

Bild 208. Lemniskatenlenkerkonstruktion für vierpunktige Geradführung

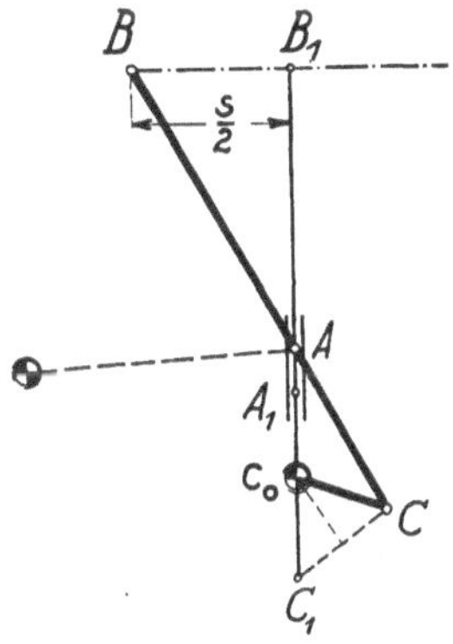

Bild 209. Ellipsenlenkerkonstruktion der Hütte

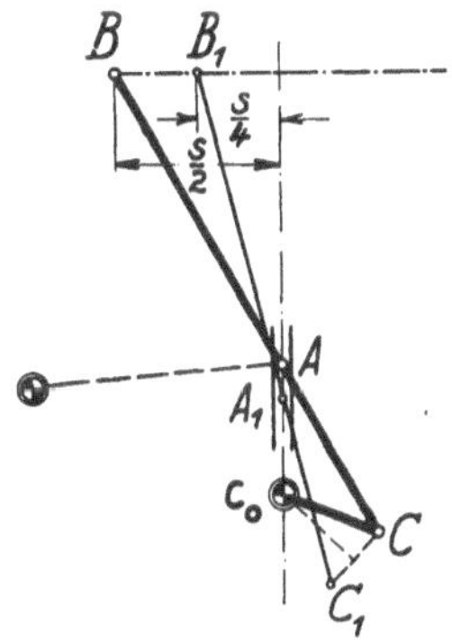

Bild 210. Ellipsenlenkerkonstruktion für vierpunktige Geradführung

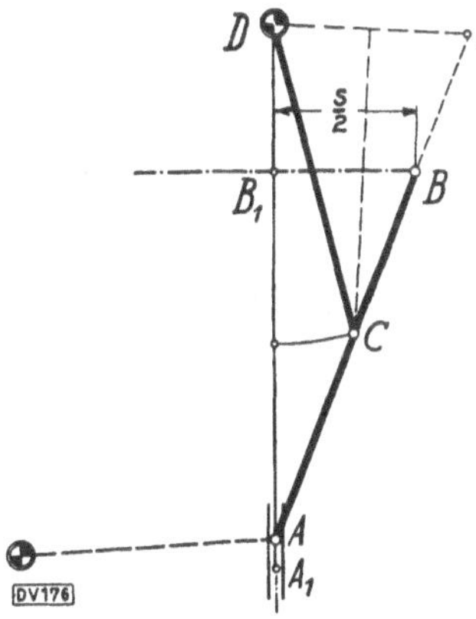

Bild 211. Lenkergeradführung nach Hütte (Festpunkt D vorgeschrieben)

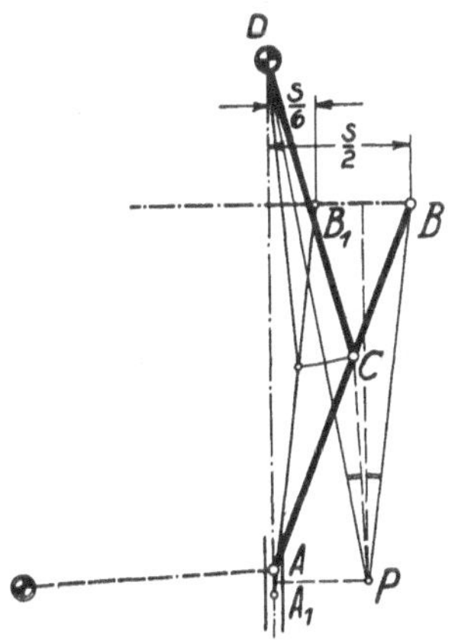

Bild 212. Vierpunktige Lenkergeradführung (Festpunkt D vorgeschrieben)

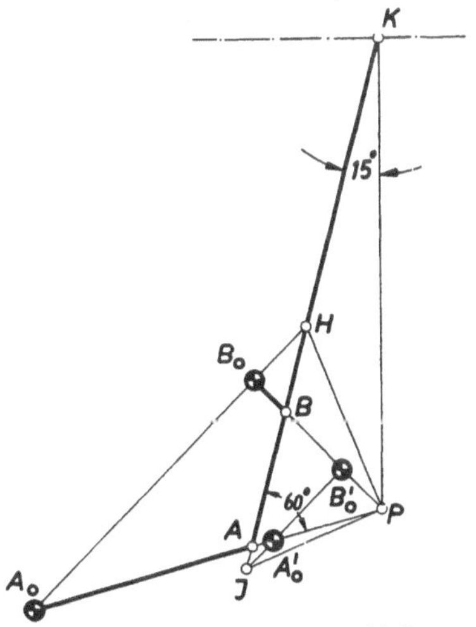

Bild 213. Genaue Lenkergeradführung nach R. MÜLLER

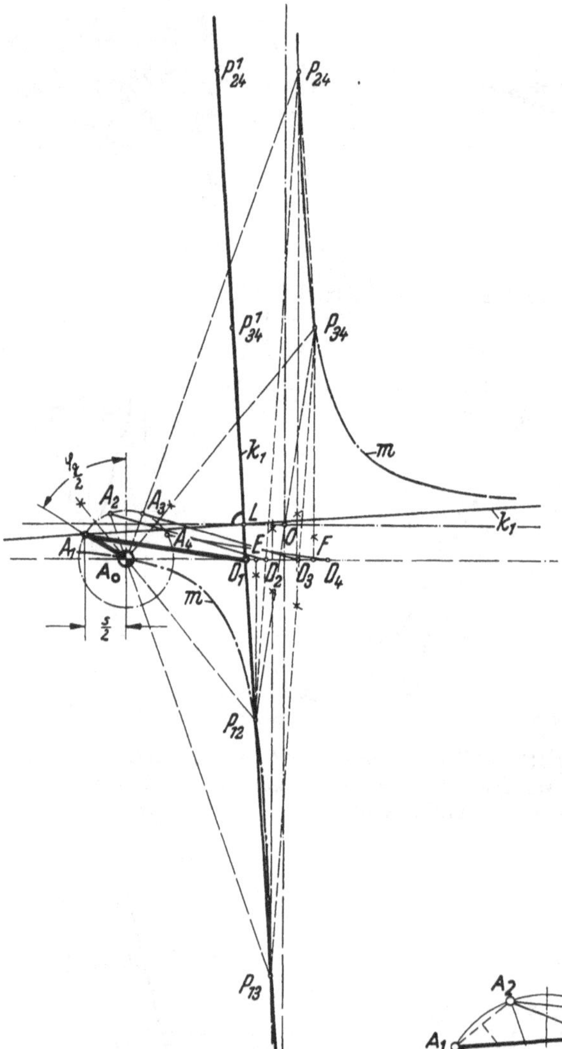

Bild 214. Mittelpunktkurve m und Kreispunktkurve k_1 für vier vorgeschriebene Lagen der Koppel einer zentrischen Schubkurbel

die der Koppelpunkt K durchlaufen soll, wird K etwa in der Mittellage gewählt und die Senkrechte zur Geradführung gezeichnet. Die Koppel AK schließt mit dieser Senkrechten einen Winkel von 15° ein. Im Punkt A an AK wird ein Winkel von 60° angetragen, der die Senkrechte zur Geradführung im Punkte P schneidet. Auf der Koppel AK ist die Strecke AB gleich AP zu machen. Die Halbierungslinie des Winkels BPK schneidet AK in H. Von H ist auf PB das Lot zu fällen, dann sind auf PB und PA die Punkte B_0 und A_0 bestimmt. Die Aufgabe hat zwei Lösungen, indem die Senkrechte zur Winkelhalbierenden PH die Koppel AB im Punkt J schneidet. Das Lot von J auf PB schneidet PB in B_0' und PA in A_0'. Die beiden

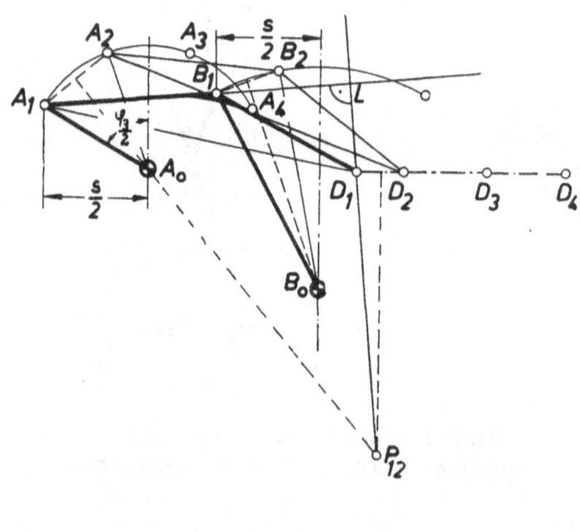

Bild 215. Lenkergeradführung mit geradegeführtem Punkt D außerhalb der Koppelgeraden (Schubkurbelkonstruktion)

Gelenkvierecke A_0ABB_0 und $A_0'ABB_0'$ führen den Punkt K auf einer Bahn mit sechspunktig berührender Tangente und liefern so eine Geradführung von großer Genauigkeit.

Für die Konstruktion einer Lenkergeradführung kann ein Schubkurbelgetriebe herangezogen werden. In Bild 214 ist A_0 der Drehpunkt der Antriebskurbel einer zentrischen Schubkurbel. Die Schubrichtung werde waagerecht angenommen und der Winkel φ_g, über den sich die Geradführung erstrecken soll, vorgeschrieben. Der Winkel $\varphi_g/2$ wird an die Senkrechte in A_0 zur Geradführung nach beiden Seiten angetragen. Die Parallelen zu dieser Senkrechten im Abstand der halben Länge der Geradführung bestimmen die Kurbelgelenkpunkte A_1 und A_4. Die Lagen A_2 und A_3 werden so ermittelt, daß alle Kurbelgelenkpunkte gleichweit voneinander entfernt sind. Die Länge s der Geradführung entspricht der Entfernung der Koppelpunkte D_1 und D_4, wobei A_4D_4 gleich A_1D_1 sein muß. A_1 und D_1 sind die beiden Gelenkpunkte der Koppel einer zentrischen Schubkurbel; das Konstruktionsverfahren ist aber auch für die exzentrische Schubkurbel anwendbar. Von den vier Lagen der Koppelebene $A_1D_1 \dots A_4D_4$ sind je zwei Lagen einander parallel, so daß von den sechs Polen zwei im Unendlichen liegen (P_{14}, P_{23}). Die beiden anderen Gegenpolpaare bilden ein Parallelogramm. Die Mittelpunktkurve m zerfällt in eine gleichseitige Hyperbel und die unendlich ferne Gerade.

Die Kreispunktkurve k_1 zerfällt in zwei aufeinander senkrecht stehende Gerade mit den Polen P_{12}, P_{13}, P_{24}^1, P_{34}^1 und die unendlich ferne Gerade. Durch P_{12} und D_1 ist die eine und durch A_1 ist die dazu senkrechte Gerade bestimmt (Schnittpunkt L). Auf A_1L kann ein Gelenkpunkt B_1 willkürlich gewählt werden (Bild 215), seine homologen Lagen $B_1 \dots B_4$ liegen auf einem Kreis. Der Mittelpunkt B_0 dieses Kreises ist der Schnittpunkt einer Senkrechten zur Geradführungsrichtung im Abstand $s/2$ von B_1 und dem Mittellot zu B_1B_2, wobei B_2 aus den kongruenten Dreiecken $A_1B_1D_1$ und $A_2B_2D_2$ bestimmt ist. Es ist damit ein Gelenkviereck A_0ABB_0 gefunden, dessen Koppelpunkt D gezwungen wird, in seinen Lagen $D_1 \dots D_4$ auf der vorgelegten Geraden zu verbleiben.

Der Wendekreis ist der geometrische Ort für alle Punkte einer bewegten Ebene, die eine geradlinige Bahn durchlaufen; er kann zur Bestimmung der Abmessungen von Lenkergeradführungen herangezogen werden, wie am Beispiel eines Wippkranmechanismus gezeigt werden soll. Die beiden festen Drehpunkte A_0 und B_0 der vorderen und hinteren Gelenkstütze, die geradlinige Bahn der Schnabelrolle und ihre Mittelstellung D seien vorgelegt (Bild 216). Das Lot in D auf der Geradführung und die gewählte Richtung der vorderen Gelenkstütze schneiden sich im Pol P. PD sei der Durchmesser des Wendekreises w. Mit Hilfe der EULER-SAVARYschen Gleichung läßt sich folgende Konstruktion angeben:

Die Parallele durch D zu A_0P schneidet den Wendekreis in X, die Verbindungsgerade XA_0 den Wendekreisdurchmesser in Y. Das Lot von Y auf die vordere Gelenkstütze bestimmt den Gelenkpunkt A. Analog wird der Gelenkpunkt B ermittelt. Die Schnittpunkte der Gelenkstützen mit dem Wendekreis sind A_w

bzw. B_w. Es ist

$$\left(\frac{1}{a} - \frac{1}{r}\right)\cos\alpha = \frac{1}{w},$$

$$\frac{w\cos\alpha}{a} = \frac{r}{r-a},$$

$$\frac{PA_w}{PA} = \frac{PD}{PY} = \frac{XA_0}{YA_0} = \frac{PA_0}{AA_0}; \quad \frac{PB_w}{PB} = \frac{PD}{PY'} = \frac{X'B_0}{Y'B_0} = \frac{PB_0}{BB_0}.$$

Eine Wippkrankonstruktion läßt sich unmittelbar aus dem Bild 215 ableiten. Die Länge s der Geradführung, die Lage des festen Drehpunktes A_0 der vorderen Gelenkstütze und ihre Länge seien vorgeschrieben (Bild 217). Der Kreis um A_0 mit dieser Länge schneidet sich mit der Parallelen zur Senkrechten durch A_0 im Abstand $s/2$ im Gelenkpunkt A_1, sein Symmetriepunkt zu dieser Senkrechten ist der Gelenkpunkt A_4. Dazwischen in gleichem Abstand voneinander liegen A_2 und A_3. Werden die Strecken A_2D_2 und A_3D_3 gleich $A_1D_1 = A_4D_4$ gemacht, dann sind vier Lagen der Koppelebene AD, von denen je zwei einander parallel sind, vorgelegt. Die Mittellote zu A_1A_2 und D_1D_2 schneiden sich in P_{12}. Der Pol P_{12} wird mit D_1 verbunden und auf die Verbindungsgerade von A_1 das Lot gefällt

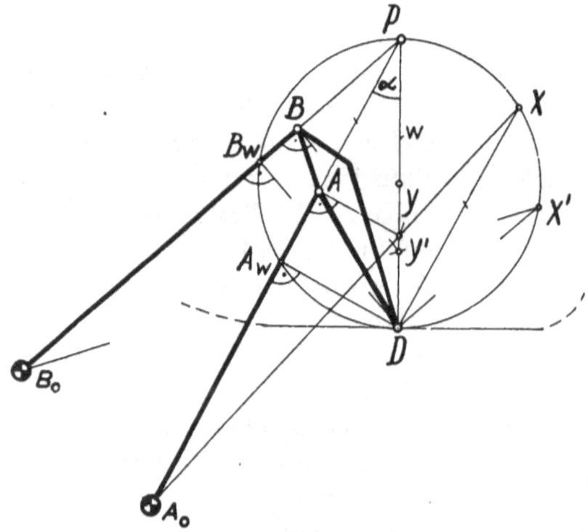

Bild 216. Ermittlung eines Wippkranmechanismus mit Hilfe des Wendekreises

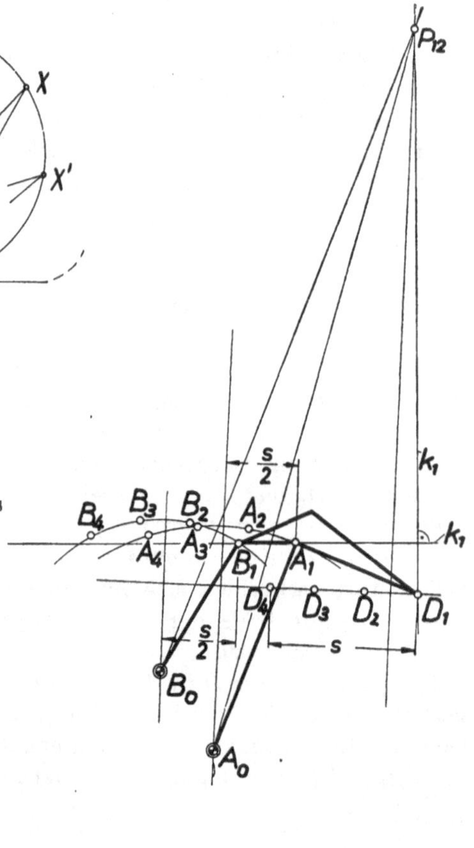

Bild 217. Ermittlung eines Wippkranmechanismus bei vier vorgeschriebenen Lagen des Auslegers

(Kreispunktkurve k_1). Auf dieser kann der Gelenkpunkt B_1 der hinteren Gelenkstütze willkürlich gewählt werden. Ihr fester Drehpunkt B_0 ist der Schnittpunkt der Senkrechten im Abstand $s/2$ von B_1 mit dem Mittellot B_1B_2, wobei B_2 aus der Kongruenz der Dreiecke $A_1D_1B_1$ und $A_2D_2B_2$ bestimmt ist.

Um einer gesteigerten Anforderung hinsichtlich der Genauigkeit der Geradführung gerecht zu werden, soll der BALLsche Punkt in den Mittelpunkt der Schnabelrolle gelegt werden. Der BALLsche Punkt ist der Schnittpunkt der

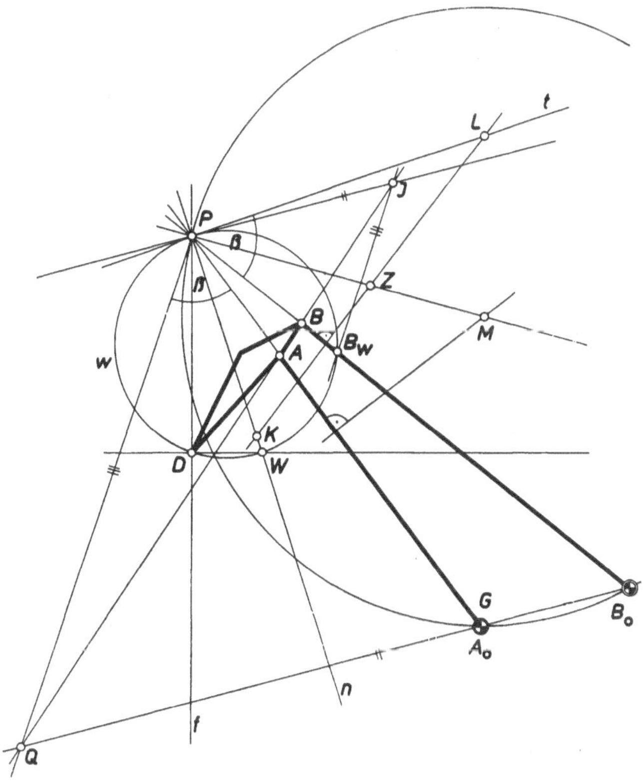

Bild 218. Ermittlung der Wippkranabmessungen mit Hilfe des BALLschen Punktes

Kreisungspunktkurve mit dem Wendekreis (Bild 181). Infolgedessen muß diese Geradführung eine vierpunktig berührende Tangente besitzen. In Bild 218 ist D der Mittelpunkt der Schnabelrolle und A_0 der feste Drehpunkt der vorderen Gelenkstütze. Die Schnabelrolle befindet sich bezüglich der Geradführung in der mittleren Stellung. Der Momentanpol P ist bestimmt als Schnittpunkt der Senkrechten durch D und der Richtung der vorderen Gelenkstütze. Die Richtung der hinteren Gelenkstütze geht durch P und kann gewählt werden; konstruktive Richtlinien hierfür liegen im Kranbau vor. Der BALLsche Punkt werde in D gelegt, und in ihm kommen der Wendekreis und die Kreisungspunktkurve zum

Schnitt [161]. Gleichzeitig schneiden sich in diesem Punkt Wendekreis und Fokalachse f der Angelpunktkurve. Wird der Hauptbrennpunkt G der Angelpunktkurve in A_0 gelegt, dann ist die Polbahnnormale n die Halbierende des Winkels DPA_0. Sie schneidet sich mit der Waagerechten durch D im Wendepol W, und PW ist der Durchmesser des Wendekreises. Senkrecht zu n durch P verläuft die Polbahntangente t. Eine beliebige Senkrechte zur hinteren Gelenkstütze schneidet n und t in K bzw. L, der Mittelpunkt der Strecke KL sei Z. Das Mittellot zu PA_0 schneidet die Gerade PZ in M, dem Mittelpunkt eines Kreises durch P und $A_0 \equiv G$, der die Richtung der hinteren Gelenkstütze im gesuchten Drehpunkt B_0 schneidet. Der Punkt Q der Kollineationsachse PQ ist der Schnittpunkt der Geraden A_0B_0 mit dem an PA_0 in P angetragenen Winkel β, der ebenso groß ist wie der Winkel zwischen der Polbahntangenten und der hinteren Gelenkstütze. Der Wendekreis schneidet die hintere Gelenkstütze in B_w. Eine Parallele zu PQ durch B_w schneidet die Parallele zu QA_0 durch P in J. Die beiden Gelenkpunkte A und B der vorderen und hinteren Gelenkstütze liegen auf der Geraden QJ und sind damit bestimmt. Die Ausmaße des Wippkranauslegers sind durch die Koppel AB und den Koppelpunkt D (Mittelpunkt der Schnabelrolle) festgelegt. D beschreibt eine Koppelkurve mit vierpunktig berührender Tangente und wird mit großer Genauigkeit auf einer Geraden geführt.

Die Änderungen der Größenverhältnisse des Auslegers zu den Gelenkstützen soll unter folgenden Voraussetzungen geschehen: Die Lage der Punkte D, P und J bleibt erhalten und damit darf auch die Richtung der beiden Gelenkstützen nicht geändert werden. Unter Beachtung der zentrischen Streckung sind die Verbindungsgeraden der Schnittpunkte der Gelenkstützen mit den durch P gehenden Kreisen, deren Mittelpunkte auf einer durch P gehenden Geraden liegen, parallel. Es können daher beliebige Parallelen zu A_0B_0 gezeichnet werden, die die Punkte $A_0'B_0'Q'$, $A_0''B_0''Q''$, ... bestimmen (Bild 219) und die zugehörigen Gelenkpunkte $A'B'$, $A''B''$, ... liegen auf den Geraden $Q'J$, $Q''J$, ...

Wird vom Kranbau zusätzlich die Forderung gestellt, daß der Mittelpunkt der Schnabelrolle auf der Koppelgeraden AB liegt, dann wird die Gerade durch J und D gezeichnet und auf ihr liegen die Punkte Q^+, A^+, B^+. Die Parallele zu A_0B_0 durch Q^+ bestimmt die festen Drehpunkte A_0^+, B_0^+ der vorderen bzw. hinteren Gelenkstütze.

Die Anwendung der Konstruktionstafel für ein gewünschtes Größenverhältnis der Gelenkstützen zum Ausleger zeigt Bild 220. Der Mittelpunkt D der Schnabelrolle, die Richtung der Gelenkstützen und der Momentanpol P liegen fest. Nach Bild 218 werden die Kollineationsachse, die Gerade g und der Punkt J für einen beliebigen Hauptbrennpunkt G auf der Richtung der vorderen Gelenkstütze ermittelt. Jede Parallele zu g bestimmt zwei Gestelldrehpunkte A_0 und B_0 sowie einen Punkt Q, dessen Verbindungsgerade mit J die Gelenkpunkte A und B festlegt [136].

Zur Geradführung des Pickers beim mechanischen Webstuhl wird ein Mechanismus verwendet, der in seinem Aufbau von gleicher Art ist wie der Wippkranmechanismus. An Stelle des Mittelpunktes der Schnabelrolle tritt hier der Berührungspunkt des Pickers mit der Schützenspitze. Dieser Berührungspunkt muß während des Schützenschlages geradlinig geführt werden. Durch eine solche konstruktive Maßnahme der Lenkergeradführung wird die Pickerspindel, deren Nachteile, wie das Verklemmen, Verölen, und anderes, dem Webstuhlbauer hinlänglich bekannt sind, entbehrlich. Der Berührungspunkt wird als geradezuführender Punkt einer Koppelebene betrachtet, die von dem Schlagarm ein-

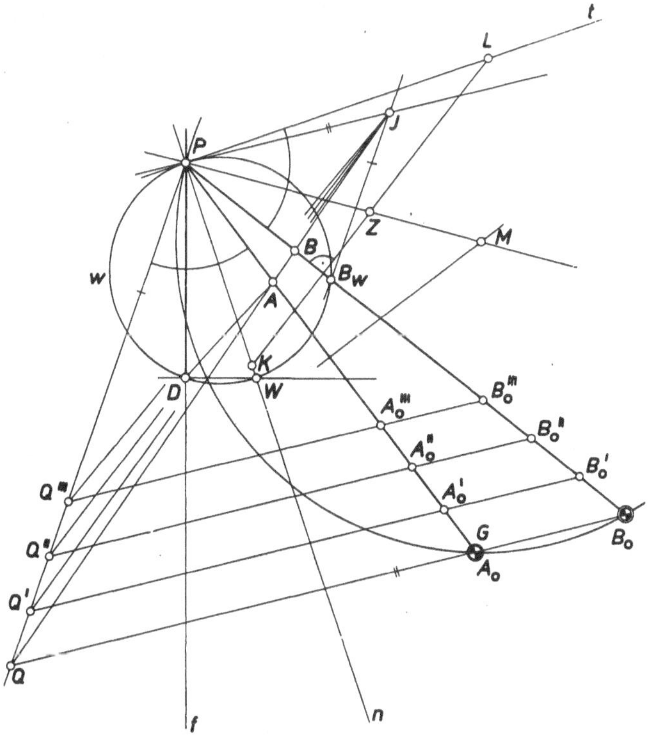

Bild 219. Konstruktionstafel zur Ermittlung der Abmessungen für Wippkranmechanismen

schließlich Picker gebildet wird und zu einem Gelenkviereck mit den Festpunkten A_0 und B_0 gehört (Bild 221). A_0 und B_0 sind in der schwingenden Ebene der Weblade angeordnet, und bei ihrer Festlegung sind konstruktive Besonderheiten des Schlagmechanismus zu beachten.

Der Festpunkt A_0 kann am Ladenklotz oder wenig unterhalb desselben vorgesehen werden, während B_0 in der Höhe der Ladenachse liegen soll. Auch hier fällt der Hauptbrennpunkt G der Angelpunktkurve mit A_0 zusammen. Die Richtung, in der B_0 von P aus gesehen liegen soll, wird etwa waagerecht angenommen und mit dem Kreis zum Schnitt gebracht, der durch P und A_0 hindurchgeht und seinen Mittelpunkt auf der Geraden PZ hat. Z ist der Mittelpunkt der

Bild 220. Bedienungsanweisung zur Konstruktionstafel Bild 219

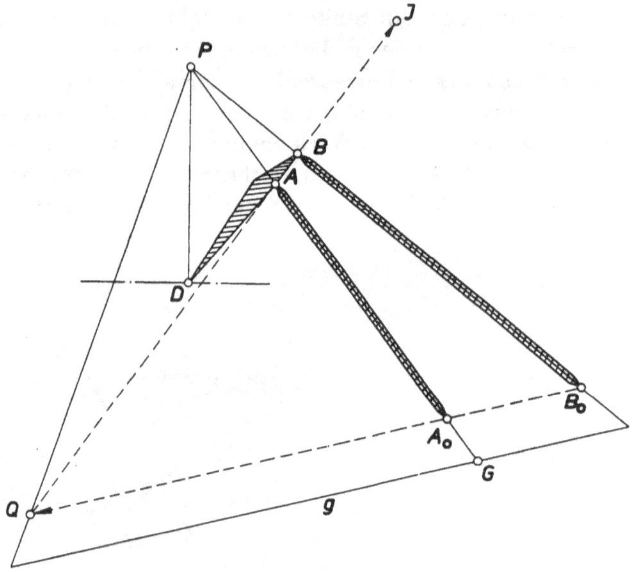

Bild 220

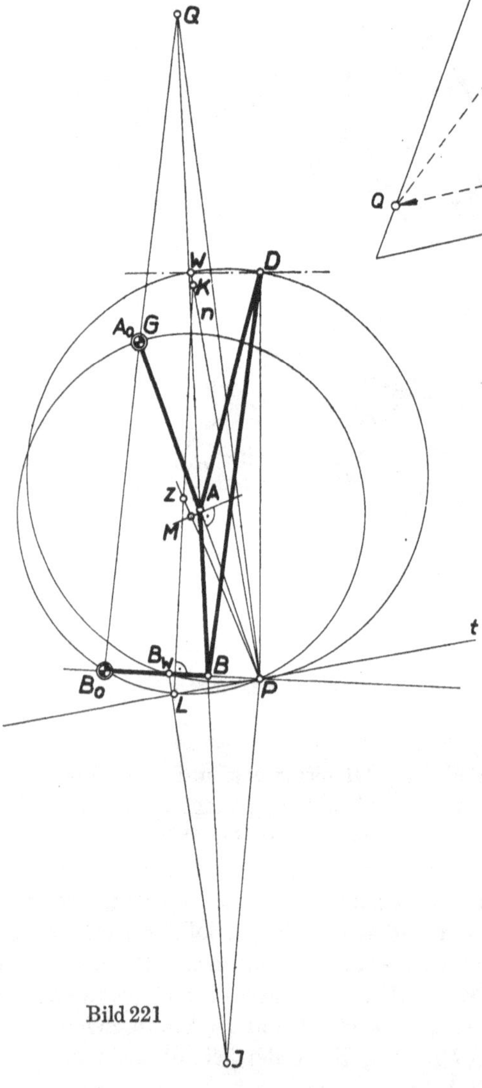

Bild 221

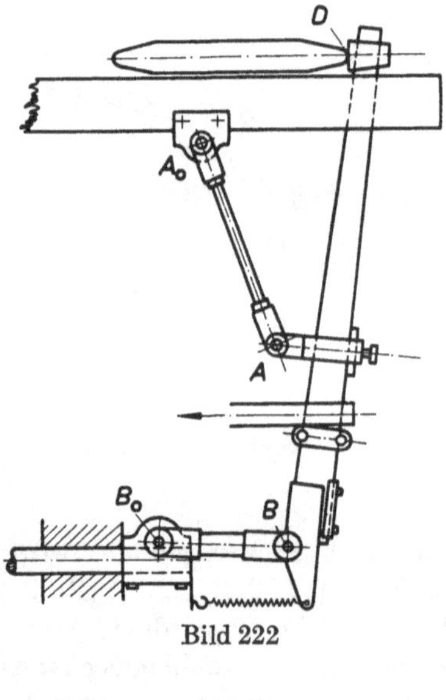

Bild 222

Bild 221. Ermittlung einer Pickergeradführung mit Hilfe des Ballschen Punktes

Bild 222. Pickergeradführung nach August Engels

Bild 223. Konstruktionstafel zur Ermittlung der Abmessungen für Pickergeradführung

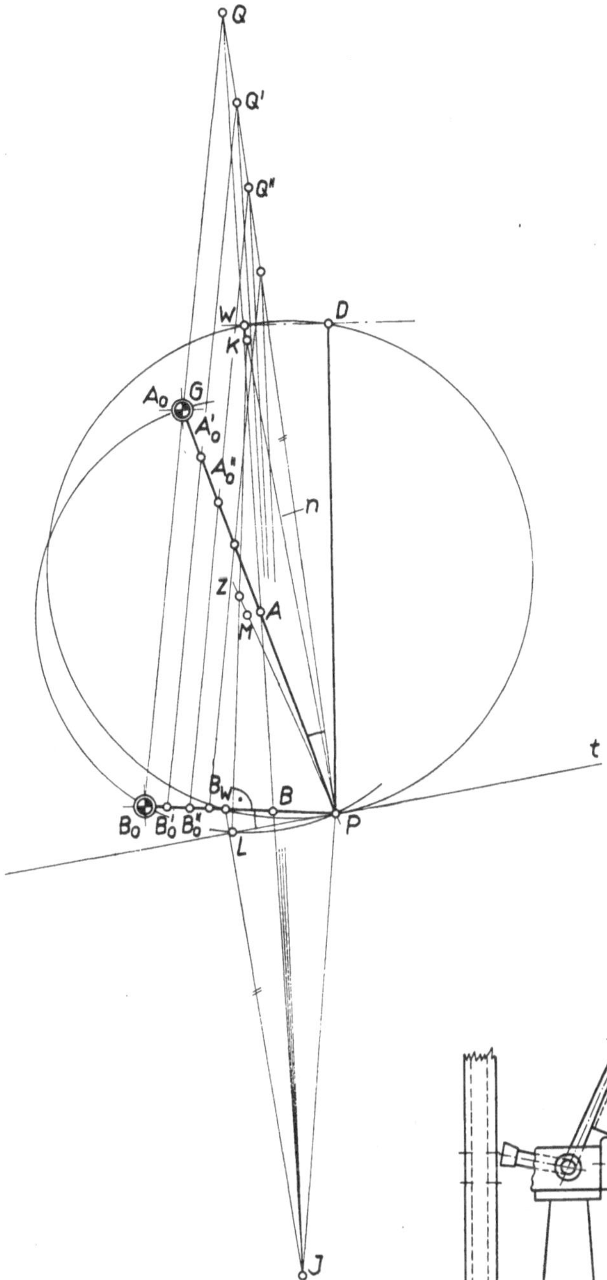

Bild 223

Bild 224. Lenkergeradführung für Webstuhlpicker nach SAURER

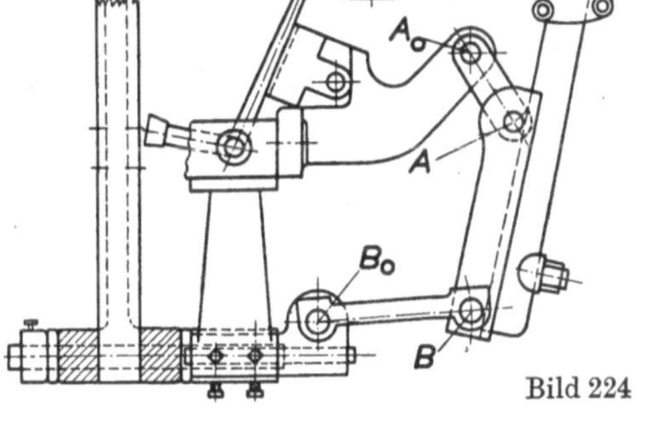

Bild 224

Strecke KL, die zu PB_0 senkrecht steht und beliebig gezeichnet werden kann. Bild 222 zeigte eine konstruktive Ausführungsform dieser Art, wie sie von der Firma August Engels angewendet wird [137].

Um für verschiedene Konstruktionen der Pickergeradführung eine Konstruktionstafel aufzustellen, können Parallelen zu A_0B_0 gezeichnet werden (Bild 223). Der Festpunkt A_0 kann dann beispielsweise bedeutend tiefer angeordnet werden, so daß ein Mechanismus entsteht, der eine andere Bauform aufweist (Bild 224). Hier ist für die Festpunkte A_0 und B_0 ein besonderer Lagerbock konstruiert worden, der auf der Ladenachse befestigt wird und die schwingende Bewegung der Weblade mitmacht. Mit einer Pickergeradführung einer solchen Art versieht die Firma Adolph Saurer ihre Webstühle. Die Konstruktionstafel enthält alle möglichen Lösungen und aus dieser Fülle wird diejenige entnommen, die als günstigste Lösung zusätzlichen Bedingungen hinsichtlich der zu stellenden praktischen Anforderungen gerecht zu werden vermag.

4.43 Kurbelrastgetriebe

Im Verarbeitungsmaschinenbau werden Rasten (d. h. eines oder auch mehrere Getriebeglieder kommen zeitweilig zum Stillstand) mit Hilfe von Kurvengetrieben verwirklicht, obwohl in vielen Fällen das Kurbelgetriebe die günstigere und praktisch wertvollere Getriebeform darstellt.

4.431 Rastgetriebe für angenäherte Rasten

Die zu ermittelnden Getriebe sind sechsgliedrige Kurbelgetriebe, denen die kinematische Kette des Bildes 85 zugrunde liegt. Sie lassen sich verwenden, wenn es sich um die Verwirklichung einer ganz rohen, angenäherten Rast handelt, wobei es unerheblich ist, wenn die Schwinge während der vorgeschriebenen Rastperiode um einen geringen Betrag ausschwingt. Die Aufgabe für die Konstruktion eines solchen Getriebes kann etwa in folgender Weise gestellt werden:

Eine in einer Maschine vorhandene für einen anderen Zweck bereits konstruierte Kurbelschwinge, deren Bewegungsschaubild vorliegt, soll für den Antrieb einer Rastschwinge benutzt werden. Die Ruhelage soll in der äußeren Totlage stattfinden und mit dieser zeitlich zusammenfallen. Die Dauer der Rast sei durch den vorgeschriebenen Drehwinkel der Antriebskurbel bestimmt, und der Drehpunkt C_0 der Rastschwinge im Maschinengestell, sowie ihre Amplitude χ_0 liegen fest. Ein angenäherter Stillstand soll ausreichend sein. Zu ermitteln sind der als Antrieb dienende Gelenkpunkt in der Schwingebene der vorhandenen Kurbelschwinge, die Länge der Verbindungsstange und die Länge der Rastschwinge.

Zur Abszissenachse des Bewegungsschaubildes der vorhandenen Kurbelschwinge (Bild 225) ist eine Parallele derart einzuzeichnen, daß die Entfernung der beiden Schnittpunkte S und S' dem vorgeschriebenen Rastdrehwinkel 60° der Antriebskurbel entspricht. Der Abstand der Geraden von der Abszissenachse gibt die Größe des Winkels ψ_0' an. Hat sich die Schwinge B_0B von ihrer inneren Totlage aus um den Winkel ψ_0' gedreht, dann hat sich die Schwinge C_0C von ihrer inneren nach ihrer äußeren Totlage bewegt. Diese Totlage soll sie auch einnehmen, wenn sich die Antriebskurbel um 60° weitergedreht hat. In der Zwischenzeit kann C_0C um einen geringen Betrag ausschwingen.

Dieses geringe Ausschwingen ist deshalb in vielen Fällen unerheblich, weil im Verarbeitungsmaschinenbau oft gefordert wird, daß sich Getriebeglieder federnd aufsetzen, um z. B. ein Werkstück festzuklemmen oder eine Zeitlang festzuhalten. Von der Schwinge C_0C kann aber auch verlangt werden, daß sie um einen kleinen Drehwinkel von ihrer äußeren Totlage aus nach rückwärts schwingt und somit zweimal nacheinander ihre äußere Totlage durchläuft. Mitunter wird diese Forderung im Webstuhlbau gestellt, indem man von der Weblade verlangt, daß der eingetragene Schußfaden zweimal kurz nacheinander an den Warenrand angeschlagen wird, um ein besonders festes Gewebe zu erhalten.

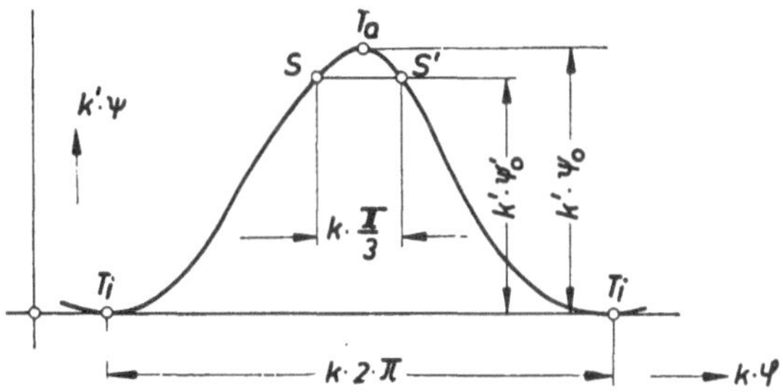

Bild 225. Bewegungsschaubild zur Ermittlung des Schwingenwinkels ψ_0'

Die Lösung der Aufgabe stützt sich auf die Beziehungen zwischen den Relativlagen von drei bewegten Ebenen zueinander. Drei vorgeschriebene Lagen der Schwinge B_0B, die mit P bezeichnet werden soll, werden drei Lagen der um C_0 drehbaren Schwingenebene Q zugeordnet (Bild 226). In den Ebenen der beiden Schwingen P und Q sind die Gelenkpunkte B' und C zu ermitteln, in denen die beiden Schwingen durch eine dritte Ebene S gelenkig verbunden werden können, so daß die einander zugeordneten Stellungen verwirklicht werden. Die Schwinge P ist antreibendes Glied für die in C_0 gelagerte Schwinge Q. Vorgeschrieben sind die beiden festen Drehpunkte B_0 und C_0, drei Lagen $P_1 \ldots P_3$ der in B_0 drehbar gelagerten Ebene P, von denen P_1 und P_2 unendlich benachbart und gegenüber P_3 um den Winkel ψ_0' gedreht sind, und diesen zugeordnet drei Lagen $Q_1 \ldots Q_3$ der um C_0 drehbar gelagerten Ebene Q, von denen Q_1 und Q_2 identisch und gegenüber Q_3 um den Winkel χ_0 gedreht sind.

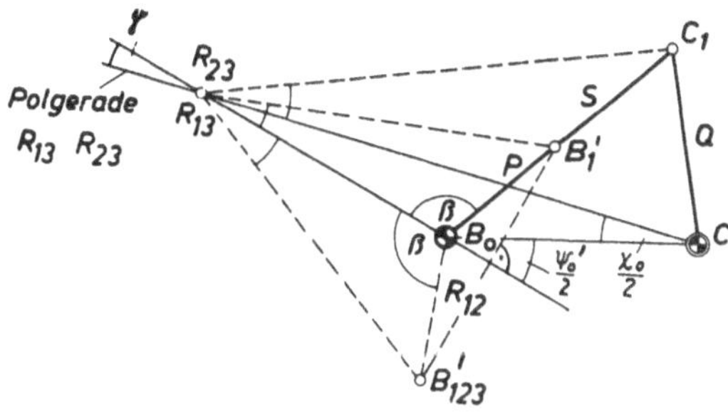

Bild 226. Ermittlung der Abmessungen mit Hilfe der Relativpole

In diesem Sonderfall werden an der Verbindungsgeraden B_0C_0 in B_0 der Winkel $\psi_0'/2$ und in C_0 der Winkel $\chi_0/2$ angetragen (diese Winkel sind in dem

Sinne an B_0C_0 anzutragen, in dem die Lagen 3 der Ebenen P und Q in die Lage 1 [Bezugslage] übergehen); Schnittpunkt ist der Relativpol R_{13}, dem der Relativpol R_{23} unendlich benachbart ist.

Der Relativpol R_{12} fällt in den Drehpunkt B_0. In der Schwingenebene Q wird der Gelenkpunkt C_1 in der äußeren Totlage willkürlich gewählt, dabei ist Rücksicht auf günstige Bewegungsübertragung zu nehmen. Aus dem Poldreieck $R_{12}R_{13}R_{23}$ kann der zugehörige Gelenkpunkt B_1' in der Ebene P bestimmt werden:

Die Polgerade durch die unendlich benachbarten Pole $R_{13}R_{23}$ kann ihrer Richtung nach aus den Winkeln des Relativpoldreiecks ermittelt werden. Diese sind gleich der Differenz der entsprechenden Winkel in den Poldreiecken der Ebenen P und Q, die zu je einem Punkt B_0 bzw. C_0 entarten. An Stelle der Poldreieckswinkel ist hier die Hälfte der entsprechenden Drehwinkel der Ebenen zu setzen. Die Polgerade $R_{13}R_{23}$ schließt mit der Polgeraden $R_{13}R_{12}$ folglich den Winkel $\gamma = (\psi_0' - \chi_0)/2$ ein. Bei der Relativbewegung P gegen Q_1 bewegen sich die gesuchten Gelenkpunkte $B_1' \ldots B_3'$ auf einem Kreis um C_1. Die Verbindungsgeraden des Punktes C_1 und des Grundpunktes B_{123}' mit den Polen schließen mit den Polgeraden gleich Winkel ein, so daß B_{123}' gefunden wird. Symmetrisch zu B_{123}' bezüglich der Polgeraden $R_{12}R_{13}$ auf B_0C_1 liegt der Gelenkpunkt B_1'. Im vorliegenden Fall ergibt sich eine einfache Konstruktion (Bild 227), wenn der Winkel C_aRB' gleich dem Winkel C_0RB_0 gemacht wird. Um die Lage des Gelenkpunktes B in der Ebene P festzulegen wird das vorhandene Gelenkviereck A_0ABB_0 in seine äußere Totlage $A_0A_aB_aB_0$ gebracht und die Schwinge B_0B_a um den Drehwinkel $\psi_0 - \psi_0'$ zurückbewegt, dann gelangt B_a in die Lage B (Bild 227) und damit ist die gegenseitige Lage der Gelenkpunkte B und B' in der Ebene des Getriebegliedes P gefunden.

Bild 228 zeigt die Konstruktion für den Fall, daß der äußeren Totlage von P die innere Totlage von Q entspricht, wobei die angenäherte Rast der Ebene Q in der inneren Totlage erfolgen soll. In Bild 229 entspricht die innere Totlage von P der inneren Totlage von Q; die angenäherte Rast von Q tritt in der inneren Totlage ein. In Bild 230 befindet sich die Ebene Q während ihrer Rastperiode in der äußeren und P in der inneren Totlage [22].

Das Bewegungsschaubild der Schwinge Q ist in Bild 231 dargestellt und dabei das Getriebe des Bildes 227 zugrunde gelegt. Die Entfernung T_aT_a' ist gleich der Länge SS' in Bild 225 und entspricht bei gleicher Maßstabkonstanten k für beide Schaubilder der Dauer der Rast. Der Kurvenverlauf zwischen T_a und T_a' läßt erkennen, daß die Schwingebene Q nur um einen geringen Betrag ausschwingt und damit ein recht günstiges Ergebnis bezüglich des angenäherten Stillstandes der Rastschwinge erzielt wird.

4.432 Rastgetriebe für Rasten von großer Güte

Bei den Kurbelgetrieben, denen die sechsgliedrige kinematische Kette des Bildes 86 zugrunde liegt, erfolgt der Antrieb der Rastschwinge von der Koppel einer Kurbelschwinge aus. Wenn z. B. in das von einer automatischen Werkzeugmaschine zu bearbeitende Werkstück ein Loch gebohrt werden soll, so muß

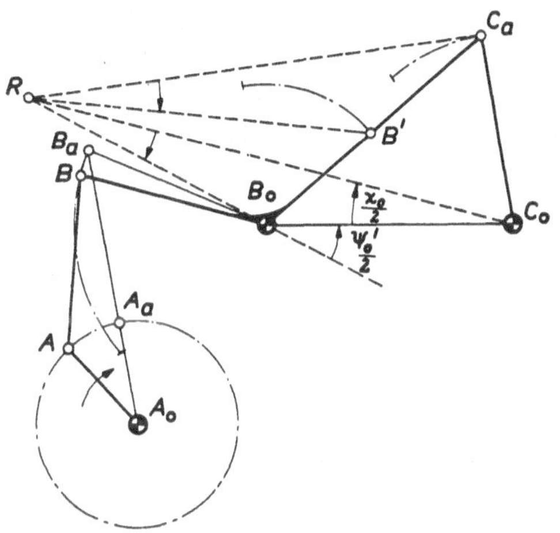

Bild 227. Angenähertes Rastgetriebe; Antrieb und Rast in der äußeren Totlage

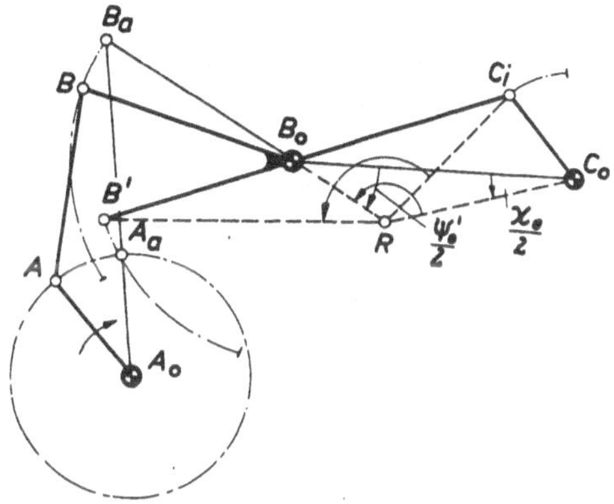

Bild 228. Angenähertes Rastgetriebe; Antrieb in der äußeren, Rast in der inneren Totlage

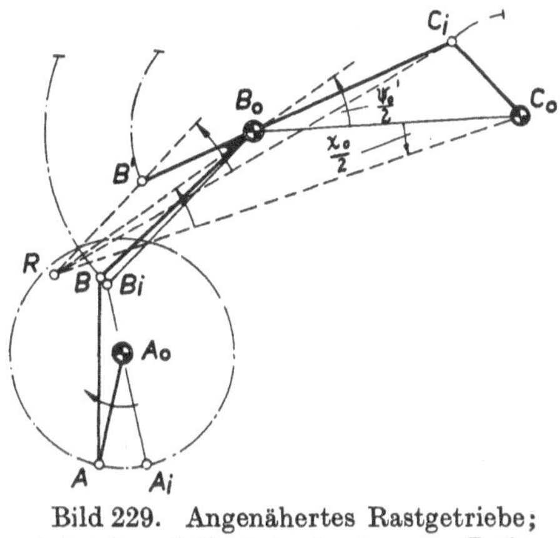

Bild 229. Angenähertes Rastgetriebe; Antrieb und Rast in der inneren Totlage

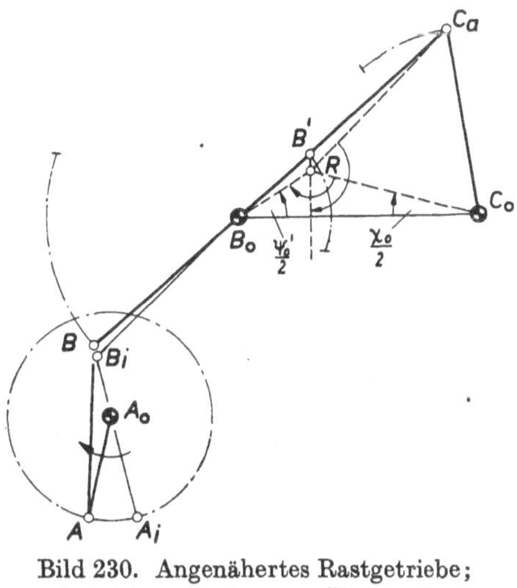

Bild 230. Angenähertes Rastgetriebe; Antrieb in der inneren, Rast in der äußeren Totlage

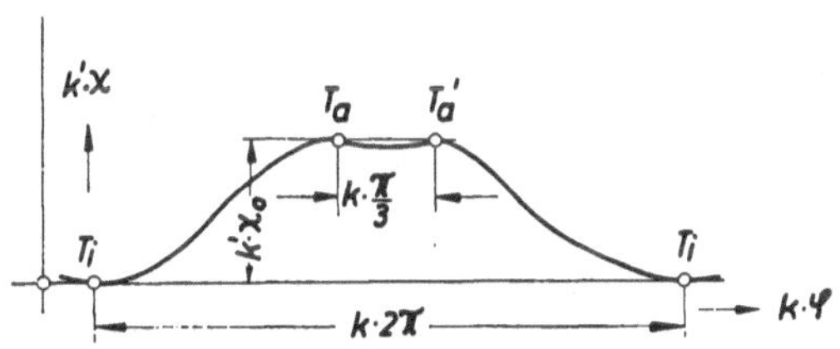

Bild 231. Bewegungsschaubild der Rastschwinge des in Bild 227 dargestellten Getriebes

während dieser Zeit das Werkstück durch den Mechanismus der dafür vorgesehenen Vorrichtung stillgehalten werden. Das gleiche gilt für den Schneidvorgang in einer Papierverarbeitungsmaschine. Um einen geraden Schnitt zu erzielen, muß die das Papier von der Rolle abziehende Zange eine zeitlang stillstehen. Im allgemeinen werden diese Teilarbeitsvorgänge im Vergleich zum gesamten Arbeitsspiel nur von kurzer Dauer sein.

Die mit einem Koppelrastgetriebe erzielte Dauer der Rast ist abhängig davon, daß die Krümmung der Bahnkurve des als Anlenkpunkt benutzten Koppelpunktes auf einem mehr oder weniger langen Kurvenstück konstant bleibt. Die Länge der Verbindungsstange zur Rastschwinge muß gleich dem Halbmesser dieses konstanten Krümmungskreises gemacht werden. Um den Halbmesser des Krümmungskreises der Bahnkurve eines Koppelpunktes zu ermitteln, kann die BOBILLIERsche Konstruktion zur Ermittlung der Polbahntangente benutzt werden (Bild 31).

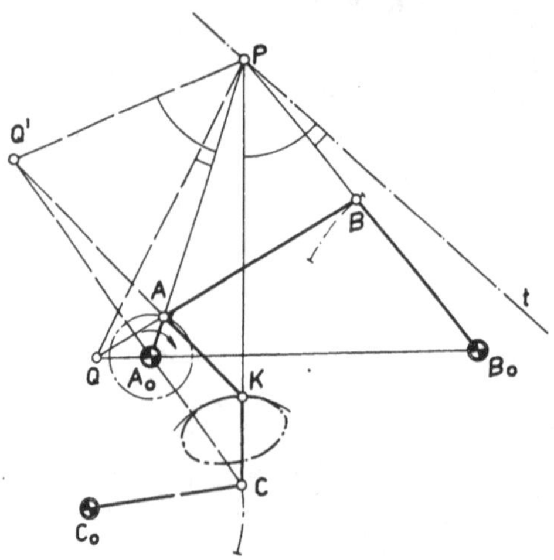

Bild 232. Ermittlung eines Koppelrastgetriebes mit Hilfe der BOBILLIERschen Konstruktion

Die Aufgabe, ein Rastgetriebe dieser Art zu konstruieren, kann folgendermaßen formuliert werden:

Von einer in einer Maschine bereits vorhandenen Kurbelschwinge soll eine Rastschwinge angetrieben werden. Ihr Drehpunkt im Maschinengestell, ihre Länge und die Stellung in der sie sich in Ruhe befinden soll, sowie die von der vorhandenen Kurbelschwinge in diesem Augenblick eingenommenen Getriebestellung seien vorgeschrieben. Über die Dauer der Rast und den Ausschlag der Rastschwinge werden keine Angaben gemacht. Gesucht ist der dem Antrieb der Rastschwinge dienende Gelenkpunkt in der Koppelebene und die Länge der Verbindungsstange.

Für das vorhandene Kurbelschwingengetriebe A_0ABB_0 (Bild 232) ist mit Hilfe der BOBILLIERschen Konstruktion die Richtung der Polbahntangente t für die Koppelebene AB zu ermitteln, indem der Winkel QPA in P an PB angetragen wird (P und Q werden als Schnittpunkte von Kurbel- und Schwingengeraden bzw. Koppel- und Steggeraden gefunden). Der Winkel, den die Polbahntangente mit der Verbindungsgeraden PC einschließt, ist an PA in P anzutragen und sein freier Schenkel mit der Geraden CA_0 in Q' zum Schnitt zu bringen. Der Schnittpunkt der Geraden $Q'A$ mit PC ist der gesuchte Gelenkpunkt K in der Koppelebene und KC die Länge der Verbindungsstange. Damit sind die Abmessungen des verlangten Koppelrastgetriebes bestimmt [22].

Werden bei der Ermittlung solcher Getriebe die Kreisungs- und die Angelpunktkurve herangezogen, dann werden die damit erreichbaren Rasten von größerer Güte sein. Soll z. B. eine solche Rastschwinge ihren Antrieb von der Koppel einer in der Maschine vorhandenen Kurbelschwinge erhalten, dann werden zu der Getriebestellung, die der Mitte der Rastperiode entspricht, die Kreisungspunktkurve k_u und die Angelpunktkurve a gezeichnet (Bild 233). Die Punkte der letzteren können als Gelenkpunkt C der Rastschwinge benutzt

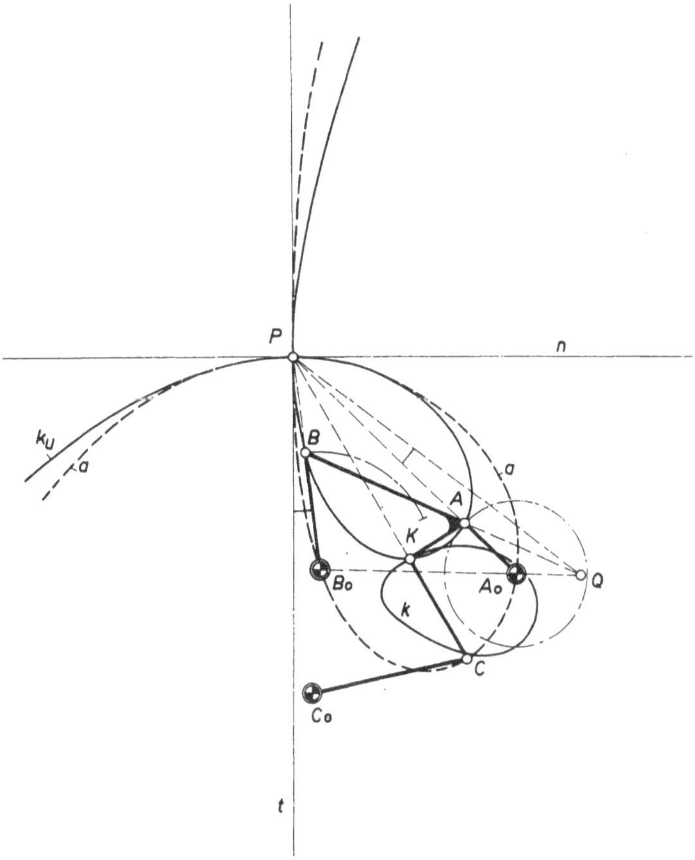

Bild 233. Ermittlung eines Koppelrastgetriebes unter Benutzung der Kreisungs- und Angelpunktkurve

werden, der zugeordnete Gelenkpunkt K in der Ebene der Koppel liegt auf der Kreisungspunktkurve k_u und auf der Verbindungsgeraden des Punktes C mit dem Momentanpol. Der feste Drehpunkt C_0 der Rastschwinge ist beliebig wählbar und es ist dabei auf eine gute Bewegungsübertragung Rücksicht zu nehmen.

In einigen Sonderfällen des Gelenkvierecks entartet die eine der beiden Kurven oder auch beide zu einem Kreis und einer Geraden. Beispielsweise tritt dies ein, wenn sich eine Kurbelschwinge in ihrer Totlage befindet. Dann fällt der Momentanpol in den Schwingengelenkpunkt und die Polbahntangente t fällt mit der Schwinge zusammen. Diese Besonderheit liefert eine einfache Getriebekonstruktion, wenn die folgende Aufgabe gestellt wird:

Von der Koppel einer in einer Maschine vorhandenen Kurbelschwinge soll eine Rastschwinge angetrieben werden. Sie soll sich in Ruhe befinden, wenn die Kurbelschwinge ihre äußere Totlage durchläuft. Der Drehpunkt C_0 der Rastschwinge im Maschinengestell liege fest und ihre Amplitude soll sich in vorgeschriebenen Grenzen verstellen lassen. Über die Dauer der Rast werden keine

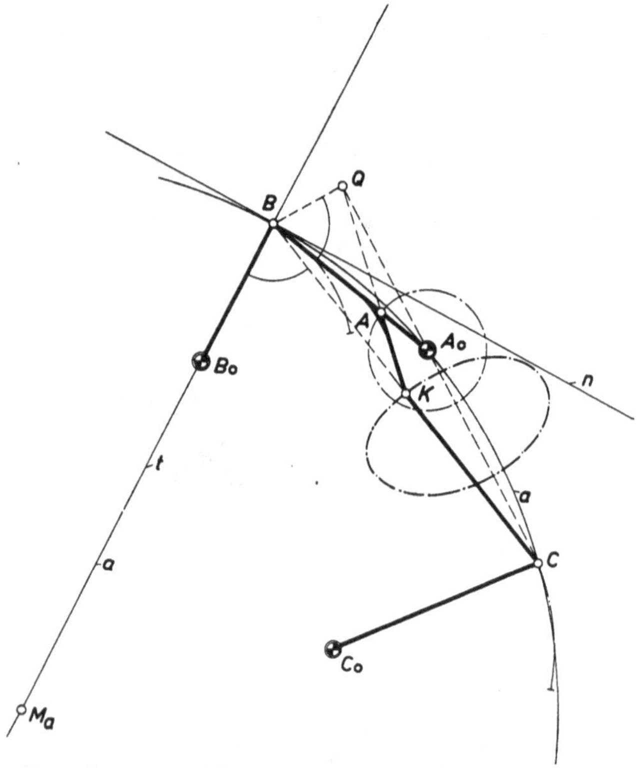

Bild 234. Ermittlung eines Koppelrastgetriebes für den Fall, daß die Rast mit einer Totlage der Kurbelschwinge zusammenfällt

näheren Angaben gemacht. Punkte der Koppelebene, die einen vierpunktig berührenden Krümmungskreis aufweisen, d. h. Punkte der Kreisungspunktkurve, sollen nutzbar gemacht werden.

Die Angelpunktkurve a zerfällt in die Polbahntangente t und einen Kreis durch B und A_0, der t zum Durchmesser hat (Bild 234). Auf diesem Kreis kann der Gelenkpunkt C der Rastschwinge in einem praktisch brauchbaren Bereich gewählt werden, damit ist mit Hilfe der BOBILLIERschen Konstruktion der Gelenkpunkt K in der Ebene der Koppel AB in einfacher Weise zu bestimmen. Der Winkel B_0BC ist im gleichen Sinne an BA_0 in B anzutragen und sein freier Schenkel mit CA_0

in Q zum Schnitt zu bringen. Q mit A verbunden ergibt auf der Geraden BC den gesuchten Gelenkpunkt K, der ein Punkt der Kreisungspunktkurve ist.

Die in der Wahl des Punktes C auf dem Kreis a enthaltene Willkür kann dazu benutzt werden, die zusätzliche Forderung einer bestimmten Amplitude ψ_0 zu erfüllen. In Bild 235 werden für eine Anzahl Punkte C', C'', ... die Amplituden ψ', ψ'', ... ermittelt und auf den Verbindungsgeraden des Punktes C_0 mit den Punkten C', C'', ... von den letzteren aus die Differenzen $\psi_0 - \psi'$, $\psi_0 - \psi''$, ...

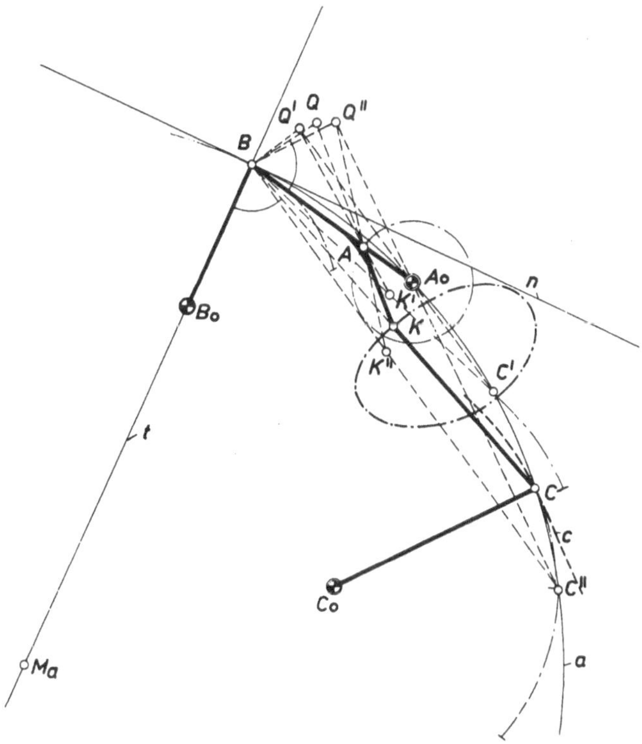

Bild 235. Konstruktion eines Koppelrastgetriebes bei zusätzlicher Forderung einer bestimmten Amplitude der Rastschwinge

aufgetragen, wodurch eine Kurve c bestimmt ist. Ihr Schnittpunkt mit dem Kreis a ist der gesuchte Schwingengelenkpunkt C. Zu C ist der entsprechende Gelenkpunkt K in der Koppelebene AB in der angegebenen Weise zu ermitteln.

Das angegebene Konstruktionsverfahren liefert den Aufbau für das verlangte, verstellbare Koppelrastgetriebe. Soll die Amplitude der Schwinge C_0C verstellbar sein, etwa zwischen 25° und 35° Drehwinkel, dann ist in der Koppel ein Schlitz anzubringen, dessen Form durch die Punkte K', K'', ... gekennzeichnet ist. Die Verbindungsstange KC und die Schwinge C_0C sind ihrer Länge nach verstellbar einzurichten, was durch Anbringen von Gewindemuffen bzw. Schlitzen geschehen kann (Bild 236). Die für eine gewünschte Amplitude einzustellenden Gliedlängen und die Lage des Gelenkpunktes im Koppelschlitz werden einer in Form eines Schaubildes festgelegten Einstellvorschrift entnommen (Bild 237). Dabei bedeutet k die Entfernung AK, l die Koppellänge KC und s die Schwingenlänge C_0C. Für den Fall, daß die Kurbelschwinge während der Rastperiode die innere Totlage durchläuft, läßt sich die anloge Konstruktion durchführen.

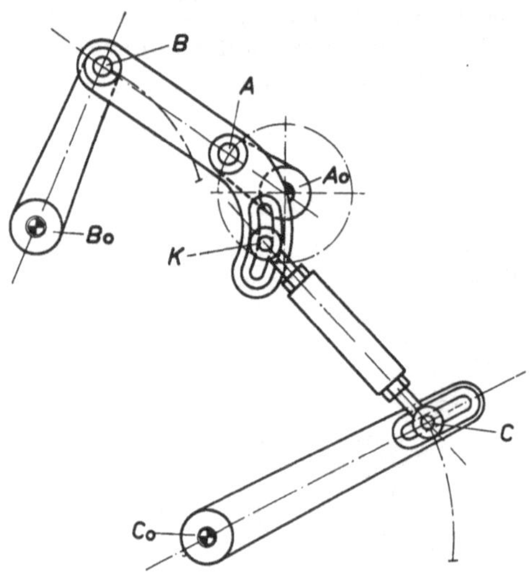

Bild 236. Verstellbares Koppelrastgetriebe

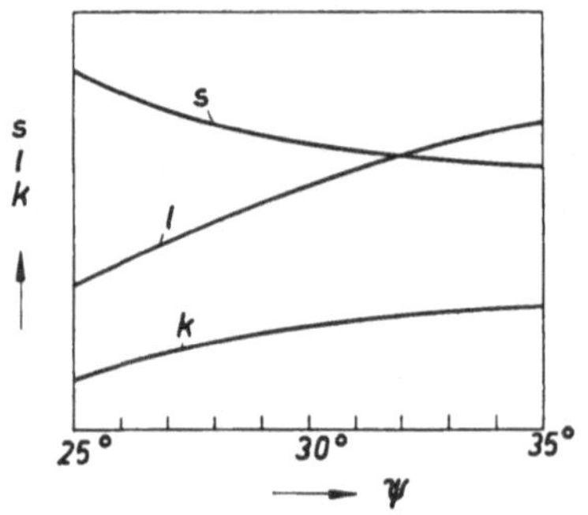

Bild 237. Einstellvorschrift für ein verstellbares Koppelrastgetriebe

4.433 Rastgetriebe mit vorgeschriebener Rastdauer

Für einen Arbeitsvorgang wird ein Rastgetriebe gefordert, dessen Rastdauer in vorgeschriebenen Grenzen verstellbar eingerichtet sein soll. Bei der Verstellung soll sich die Amplitude der Rastschwinge nicht ändern, sondern soll ihren vorgeschriebenen Wert beibehalten. Die Drehpunkte der Antriebskurbel und der Rastschwinge seien vorhanden.

Durch A_0 und B_0 (Bild 238) ist je eine Gerade so zu zeichnen, daß sie sich unter 90° schneiden; Schnittpunkt sei D. In B_0 an DB_0 wird der Winkel $\psi_0/2$ angetragen und damit B gefunden; BD ist die Länge der Antriebskurbel. Der Kurbelkreis ergibt auf der Geraden A_0B den Punkt E. Zu beiden Seiten der Geraden A_0E wird $\varphi_R/2$ angetragen, so daß auf dem Kurbelkreis die Punkte A_1 und A_4 bestimmt sind. Die Zwischenpunkte A_2 und A_3 werden so eingezeichnet, daß die Punkte $A_1 \ldots A_4$ gleichen Abstand haben. Die Gerade durch A_0 sei die Schubrichtung einer Schubkurbel und die Länge der Koppel AC werde willkürlich gewählt.

Damit sind die vier Lagen $A_1C_1 \ldots A_4C_4$ der Koppelebene festgelegt, und die Mittelpunkt- und Kreispunktkurve lassen sich zeichnen. Die zwei Paar Gegenpole P_{12}, P_{34}; P_{13}, P_{24} liegen bezüglich der Geraden A_0B symmetrisch und die Pole P_{14}, P_{23} fallen mit den Gelenkpunkten C_1, C_4 bzw. C_2, C_3 zusammen, so daß die Mittelpunktkurve in zwei aufeinander senkrecht stehende Geraden und die unendlich ferne Gerade zerfällt. Die Kreispunktkurve entartet in einen durch die Pole P_{12}, P_{13}, P^1_{24}, P^1_{34} gehenden Kreis und in eine durch P_{14} und P^1_{23} (beide Pole sind hier identisch) gehende Gerade als Durchmesser dieses Kreises.

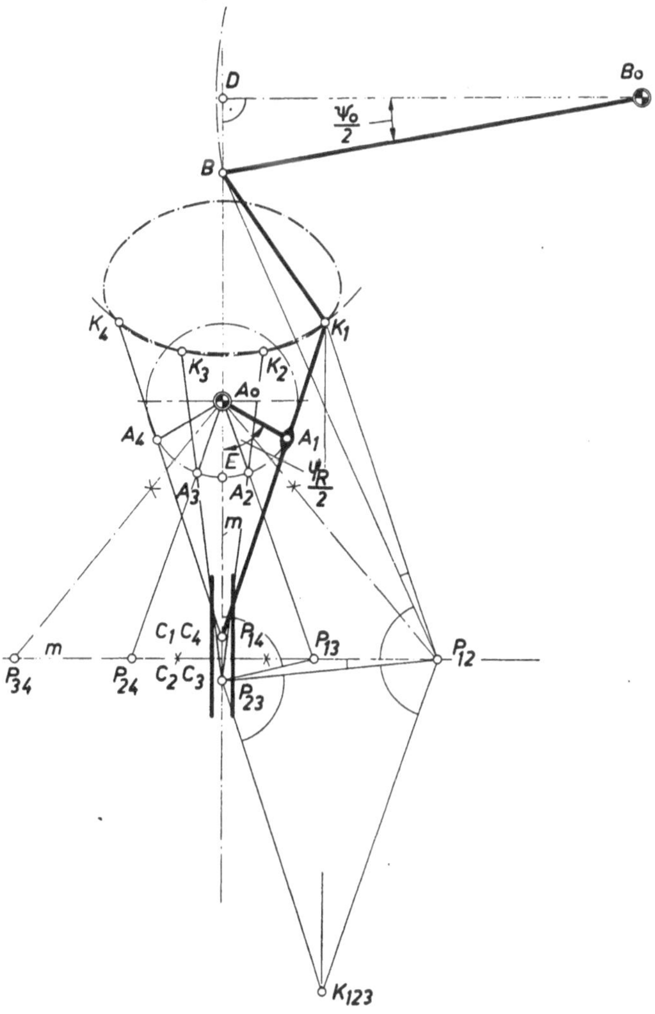

Bild 238. Zentrische Schubkurbel als Ausgangsgetriebe für ein Koppelrastgetriebe

Die praktisch brauchbaren Mittelpunkte von Kreisen durch vier homologe Punkte in den vier Lagen der bewegten Koppelebene AC liegen auf der durch die Pole P_{23}, P_{14} gehenden Geraden. In der Lage 1 liegen die entsprechenden Koppelpunkte auf der durch P^1_{23}, P_{14} gehenden Geraden, die hier mit der Koppelgeraden A_1C_1 der Schubkurbel zusammenfällt. Um zum Punkt B den zugehörigen Gelenkpunkt K_1 in der Lage A_1C_1 der Koppelebene zu ermitteln, wird eines der vier Poldreiecke, etwa $P_{12}P_{13}P_{23}$ herangezogen und der Grundpunkt K_{123} gesucht. Dabei ist der Winkel $BP_{12}P_{13}$ in P_{12} an $P_{12}P_{23}$ anzutragen und zum Schnitt zu bringen mit dem Winkel $BP_{23}P_{13}$, in P_{23} an $P_{23}P_{12}$ angetragen. Der auf der Koppelgeraden liegende Punkt K_1 ist dann als Symmetriepunkt zu K_{123} bezüglich $P_{12}P_{13}$ bestimmt.

Der Koppelpunkt K_1 kann hier in einfacher Weise gefunden werden, wenn der vom Mittellot zu C_1C_2 und der Geraden $P_{12}C_2$ eingeschlossene Winkel an BP_{12} angetragen und mit der Koppelgeraden im gesuchten Gelenkpunkt K_1 zum

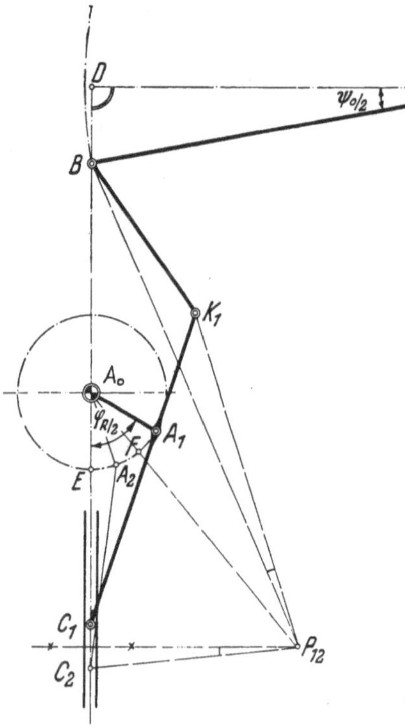

Bild 239. Einfache Konstruktion eines Koppelrastgetriebes

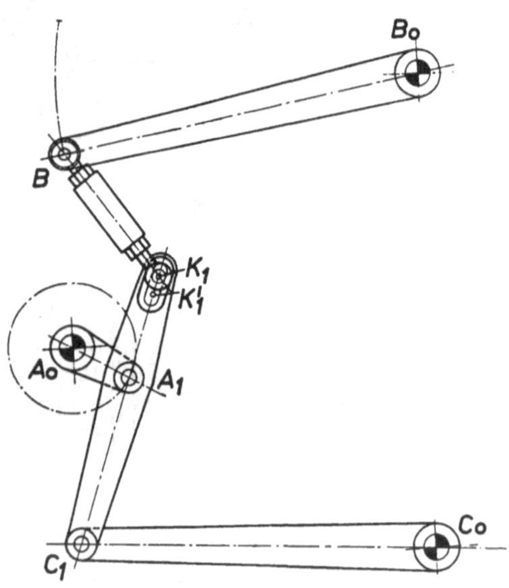

Bild 240. Koppelrastgetriebe mit verstellbarer Rastdauer

Schnitt gebracht wird (Bild 239). Soll das Getriebe für verschiedene Rastwinkel verstellbar eingerichtet sein, so ist die Konstruktion für den größten und kleinsten Rastwinkel φ_R und φ_R' des vorgeschriebenen Bereiches durchzuführen. Beispielsweise kann verlangt werden, daß sich das Getriebe im Bereich von 60° bis 120° Rastwinkel einstellen läßt. Dann werden die Abmessungen des Getriebes bei $\varphi = 120°$ und $\varphi_R' = 60°$ Rastwinkel der Antriebskurbel, sowie gegebenenfalls bei einigen Zwischenstellungen ermittelt. Im vorliegenden Fall ändert der Gelenkpunkt K seine Lage auf der Koppelgeraden, und die Länge der Verbindungsstange BK nimmt verschiedene Werte an. Dem Rastwinkel $\varphi_R = 120°$ entspricht auf der Koppelgeraden der Gelenkpunkt K_1 und dem Rastwinkel $\varphi'_R = 60°$ der Punkt K'_1. Die Länge des in der Koppelgeraden anzubringenden Schlitzes muß gleich der Entfernung $K_1K'_1$ sein (Bild 240). Um bei der Einstellung des Getriebes die jeweilige Länge der Verbindungsstange BK zu finden, ist die Antriebskurbel in die Mittelstellung A_0E und die Rastschwinge in ihre unterste Stellung B_0B zu bringen. Dann wird an der durch Gewindemuffen verstellbar eingerichteten Verbindungsstange BK derart verstellt, bis der Gelenkpunkt K in die gewünschte Stellung im Schlitz der Koppel (am besten durch eine Skala markiert) gelangt. Der durch einen Gleitstein geradezuführende Punkt C kann aus konstruktiven Gründen als Gelenkpunkt einer Schwinge mit festem Drehpunkt C_0 ausgebildet werden. Der an Stelle der Geradführung benutzte flache Bogen der Bahn des Punktes C beeinflußt die Genauigkeit der Rast unerheblich. Die Konstruktion dieses Rastgetriebes läßt sich sinngemäß anwenden, wenn aus konstruktiven Gründen im Maschinengestell unterhalb der Antriebskurbel eine Geradführung nicht anzubringen ist und oberhalb angeordnet werden muß (Bild 241) [22].

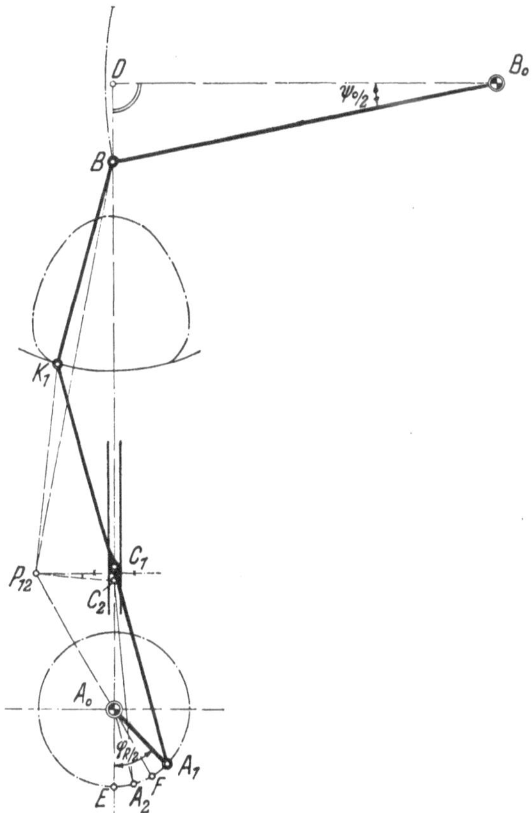

Bild 241. Koppelrastgetriebe, bei dem die Geradführung der Schubkurbel oberhalb der Antriebskurbel vorgesehen werden muß

In dem behandelten Beispiel fällt die Symmetrielinie zu den Kurbelstellungen zu Beginn und am Ende der Rastperiode mit der Schubrichtung der zentrischen Schubkurbel zusammen. Schneiden sich Symmetrielinie und Schubrichtung unter 90°, dann läßt sich folgende einfache Konstruktion angeben (Bild 242).

A_0 sei der Drehpunkt der Antriebskurbel einer zentrischen (oder exzentrischen) Schubkurbel. Die Schubrichtung werde waagerecht angenommen und die Kurbelstellungen A_0A_1 und A_0A_4, die den Rastwinkel φ_R der Antriebskurbel einschließen, sollen symmetrisch zu einer durch A_0 gehenden Senkrechten gelegen sein. Die Gelenkpunkte A_2 und A_3 sind auf dem beliebig gewählten Kurbelkreis so einzuzeichnen, daß die Punkte $A_1 \ldots A_4$ gleichweit voneinander entfernt sind. Wird die Koppellänge AD gewählt, dann sind die Punkte $D_1 \ldots D_4$ bestimmt und die vier Koppellagen $A_1D_1 \ldots A_4D_4$ sind paarweise parallel. Die Mittellote zu A_1A_2 und D_1D_2 schneiden sich in P_{12} und die Gerade $P_{12}D_1$ sowie die dazu Senkrechte durch A_1 sind Teile der Kreispunktkurve k_1 und schneiden sich in L. Die Punkte E und F sind Mittelpunkte der Strecken D_1D_2 bzw. D_3D_4. Das Mittellot zu EF und die Horizontale durch L sind die Asymptoten (Schnittpunkt 0) einer gleichseitigen Hyperbel, die die Mittelpunktkurve zu den vier

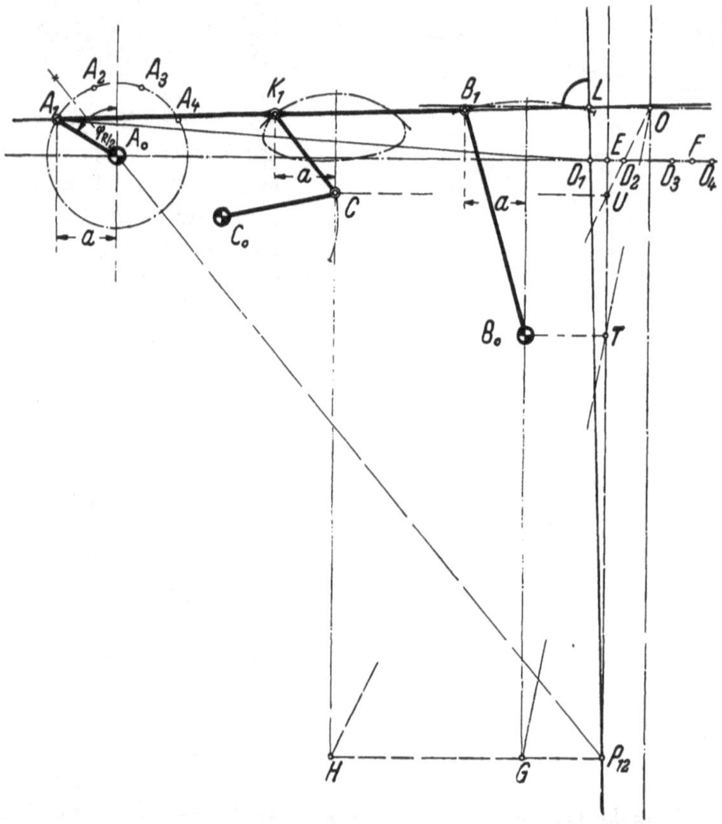

Bild 242. Ermittlung von Koppelrastgetrieben, wenn als Koppelgelenkpunkt Punkte der Koppelgeraden verwendet werden

Koppellagen darstellt (dazu gehört noch die unendlich ferne Gerade). Zu beliebig wählbaren Punkten B_1 und K_1 auf der Geraden A_1L lassen sich die zugehörigen Mittelpunkte auf der Hyperbel in bekannter Weise finden. Die Waagerechte durch P_{12} schneidet die Senkrechten im Abstand a von B_1 und K_1 in G und H. Die Senkrechte durch P_{12} schneidet die Geraden GO und HO in T und U. Die Waagerechten durch T und U schneiden die Senkrechten durch G und H in B_0 bzw. C, die Mittelpunkte von Kreisen durch $B_1 \ldots B_4$ bzw. $K_1 \ldots K_4$

sind. Wird B_0 als fester Drehpunkt einer Schwinge B_0B_1 aufgefaßt dann kann C der Gelenkpunkt einer Rastschwinge sein, deren fester Drehpunkt C_0 im Maschinengestell wählbar ist. Während sich die Antriebskurbel um den Winkel φ_R dreht, bleibt die Schwinge C_0C in Ruhe.

Um die Güte der Rast bei Koppelrastgetrieben oder die Güte der Geradführung bei Lenkergeradführungen zu prüfen, kann folgender Weg, der am Beispiel des Rastgetriebes Bild 241 gezeigt werden soll, eingeschlagen werden.

In den vier Stellungen $A_1C_1 \ldots A_4C_4$ sind die Momentanpole $P_1 \ldots P_4$ zu ermitteln (Bild 243). Die Verbindungslinien $P_1K_1 \ldots P_4K_4$ sind die Bahnnormalen in den Punkten $K_1 \ldots K_4$ der Koppelkurve. Die Geraden $K_1B \ldots K_4B$ sind die Normalen des Kreises, auf dem die Punkte $K_1 \ldots K_4$ liegen. Die Größe des Winkels zwischen der jeweiligen Bahn- und Kreisnormalen kennzeichnet die Güte der Rast (im andern Fall kennzeichnet die Größe des Winkels zwischen der jeweiligen Bahnnormalen und der Senkrechten zur Geradführung die Güte der letzteren). Je kleiner diese Winkel sind, desto vorzüglicher ist die Güte der Rast bzw. der Geradführung.

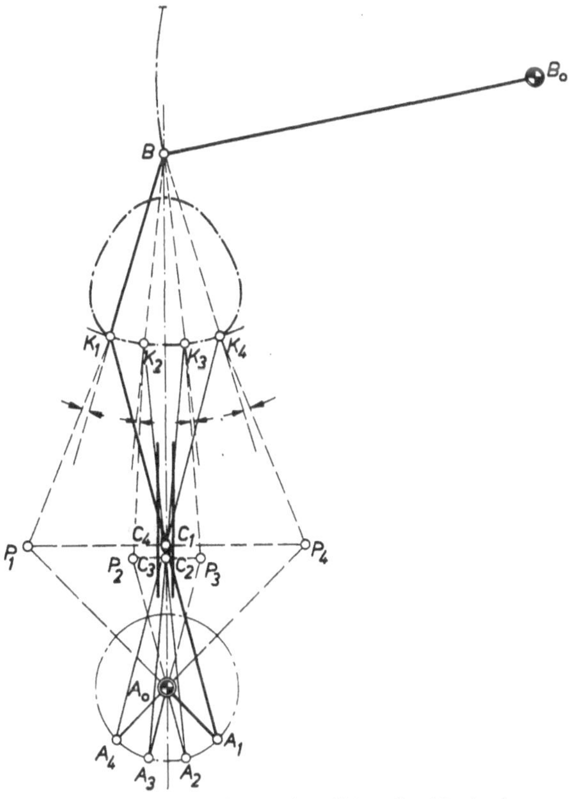

Bild 243. Untersuchung der Güte der Rast eines sechsgliedrigen Koppelrastgetriebes

4.44 Methode der Partialsynthese

Die in den vorangegangenen Abschnitten behandelten, einfachen Konstruktionsverfahren lassen sich für die Bearbeitung schwieriger Aufgaben heranziehen, wenn die gestellten Forderungen schrittweise erfüllt, d. h. durch Lösung mehrerer Teilaufgaben verwirklicht werden. Eine solche Methode soll „Partialsynthese" genannt und an einigen Beispielen erläutert werden.

Vorgelegt ist das Bewegungsgesetz des Bildes 244: Über dem Drehwinkel φ (multipliziert mit der Maßstabkonstanten k) ist der Drehwinkel ψ (multipliziert mit der Maßstabkonstanten k') aufgetragen; φ kennzeichnet den Drehwinkel der

Antriebskurbel A_0A, ψ den Drehwinkel der Schwinge eines Kurbelgetriebes. Die Schwinge befindet sich zwischen den Punkten 1 und 4 in Ruhe (innere Totlage); die Bewegung beginnt bei 4 und im Punkt 7 ist die äußere Totlage erreicht. Das Zurückschwingen ist im Punkt 1′ beendet. Die Kurvenpunkte 4, 5, 6 liegen symmetrisch zu 1′, 9, 8 bezüglich der Senkrechten durch 7 und sind gleichweit voneinander entfernt. Insgesamt sind je neun Lagen von Kurbel und Schwinge einander zugeordnet (Bild 245). Dieser vorgeschriebene Bewegungsverlauf kann von einer Kurbelschwinge (Gelenkviereck) nicht geleistet werden. Der symmetrische Verlauf der Zeit-Weg-Kurve (Punkte 4 bis 7 und 7 bis 1′) läßt aber vermuten, daß für eine Teillösung der Aufgabe ein zentrisches Schubkurbelgetriebe geeignet ist. Für ein Koppelrastgetriebe aus der zentrischen Schubkurbel sind sechs Glieder erforderlich, und der Übergang der Schubbewegung in die verlangte Drehbewegung der Schwinge verlangt mindestens zwei Glieder, so daß mit Hilfe eines achtgliedrigen Kurbelgetriebes die vorgeschriebenen Bedingungen erfüllt werden können. Beim zentrischen Schubkurbelgetriebe entsprechen den zur Schubrichtung symmetrisch gelegenen Stellungen der Antriebskurbel zusammenfallende Lagen des Gleitsteines in der Geradführung und alle Punkte der Koppelgeraden haben die Eigenschaft, symmetrisch zur Schubrichtung verlaufende Koppelkurven zu beschreiben.

Für eine zentrische Schubkurbel werden der Drehpunkt A_0 und die Länge A_0A der Antriebskurbel, ihr Drehwinkel während der Rastperiode (Kurbelstellung 1 bis 4), die Länge der Koppel AB in einem für die Bewegungsübertragung günstigen Verhältnis zur Antriebskurbel, die Schubrichtung für den Gleitstein B sowie die Entfernung eines zweiten Gleitsteines E auf der gleichen Schubrichtung festgelegt (Bild 246). Das Mittellot zur Verbindungsgeraden der beiden Kurbelgelenkpunkte A_1 und A_2 schneidet sich mit dem Mittellot zur Verbindungsgeraden der beiden Gleitsteingelenkpunkte B_1 und B_2 im Pol P_{12}. Der Gelenkpunkt E des zweiten Gleitsteines wird mit P_{12} verbunden und an $P_{12}E$ in P_{12} der halbe Winkel $B_1P_{12}B_2$ angetragen, dann schneidet der freie Schenkel dieses Winkels die Koppelgerade in C. Der Koppelpunkt C hat die Eigenschaft, daß er sich um einen Kreis um E bewegt, während die Antriebskurbel den von den Lagen 1 und 4 eingeschlossenen Drehwinkel durchläuft. Die im Bewegungsschaubild durch vier Lagen 1 ... 4 gekennzeichnete Rast ist verwirklicht und somit die erste Teilaufgabe gelöst; es ist ein Koppelrastgetriebe durch Hintereinanderschaltung zweier zentrischer Schubkurbelgetriebe entstanden [135].

Die zweite Teilaufgabe geht von den vier Lagen 4 ... 7 der Antriebskurbel aus, denen eindeutig vier Lagen $e_1 \ldots e_4$ des Gleitsteines E zugeordnet sind. Den letzteren entsprechen vier Lagen $Q_1 \ldots Q_4$ der Schwinge, die im Punkt D_0 drehbar gelagert ist. Dabei ist Q_1 identisch mit den Lagen 1 ... 4, Q_2 mit 5 und 9, Q_3 mit 6 und 8, Q_4 mit der Lage 7 der Schwinge und die Antriebskurbellagen 1 ... 4 entsprechen der Lage e_1 des Gleitsteines E, 5 und 9 der Lage e_2, 6 und 8 der Lage e_3 und 7 der Lage e_4. Die Drehwinkel zwischen den einzelnen Stellungen der Schwinge werden dem Bewegungsschaubild entnommen. Die Relativlagen der Gleitsteinebenen $e_1 \ldots e_4$ gegenüber der Schwingenebene Q_1 ergeben die sechs

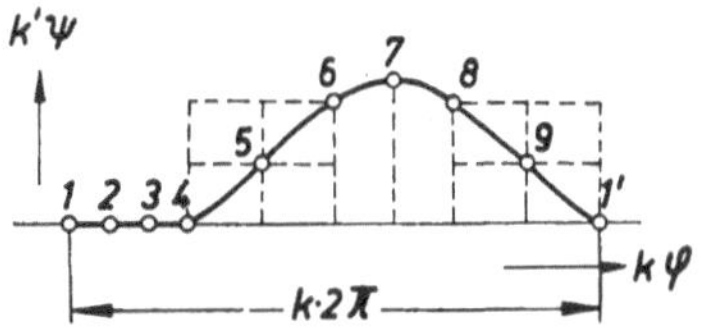

Bild 244. Bewegungsschaubild auf Grund der gestellten Forderungen

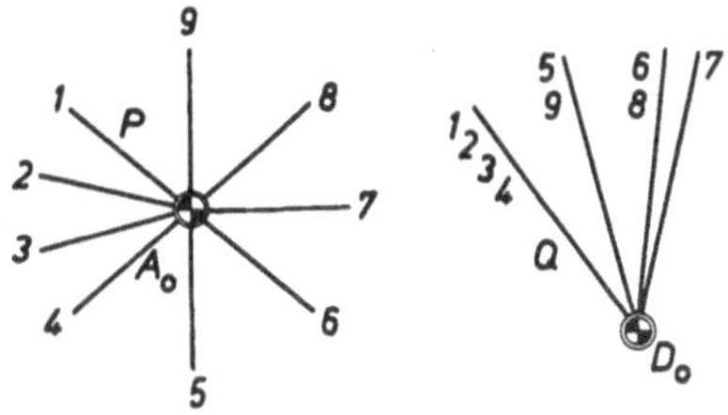

Bild 245. Zugeordnete Lagen von Antriebskurbel und Schwinge

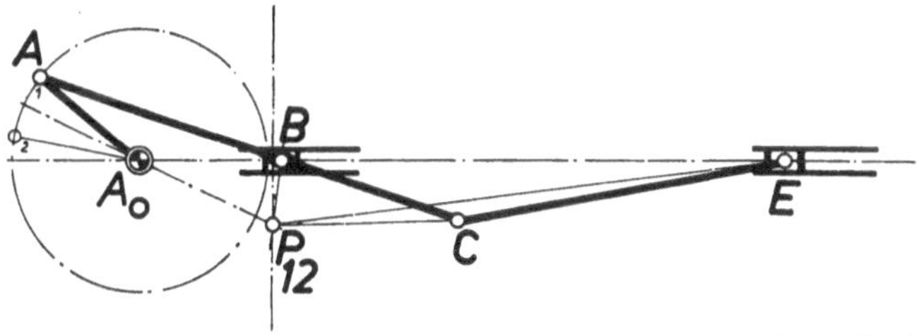

Bild 246. Ermittlung des Koppelrastgetriebes aus der Schubkurbel

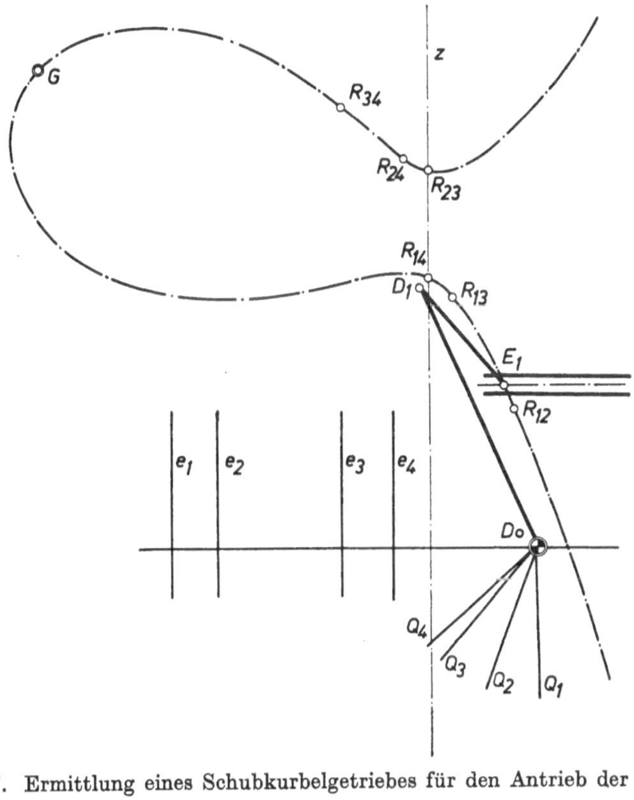

Bild 247. Ermittlung eines Schubkurbelgetriebes für den Antrieb der Schwinge

Relativpole R_{12}, R_{13}, R_{14}, R_{23}, R_{24}, R_{34}, die eine Kurve dritter Ordnung (Mittelpunktkurve) bestimmen, auf der der Gelenkpunkt E_1 der Gleitsteinebene e_1 liegen muß (Bild 247). Bei der Bestimmung des Punktes E_1 auf der Mittelpunktkurve kann die zusätzliche Forderung erfüllt werden, daß die zugeordneten Gelenkpunkte D_1 und D_4 der Schwinge symmetrisch zu einer durch D_0 gehenden Senkrechten gelagert sind. Zu einem Punkt E_1 auf der Mittelpunktkurve wird der zugehörige Punkt D_1 beispielsweise aus dem Poldreieck $R_{12}R_{13}R_{23}$ bestimmt. D_4 liegt auf einem Kreise um D_0 mit Halbmesser D_0D_1 und hat vom Gelenkpunkt E_4 (dessen Lage von der Stellung e_4 der Gleitsteinebene her bestimmt ist) die Entfernung E_1D_1. Das Getriebe hat acht Glieder, davon sind zwei (in den Gelenkpunkten B und E) als Gleitsteine ausgebildet (Bild 248).

Soll in einer weiteren Teilaufgabe der Gleitstein in E durch eine Lenkergeradführung ersetzt werden, dann sind die vier Stellungen der Ebene DE vorzuschreiben. Die Stellungen D_1E_1 und D_4E_4 werden der vorangegangenen Konstruktion entnommen; sie sind einander parallel. Die Gelenkpunkte D_2 und D_3 werden so angeordnet, daß die Abstände zwischen den Punkten $D_1 \dots D_4$ gleichgroß werden, die Punkte E_2 und E_3 auf der Geraden E_1E_4 sind dann bestimmt und die Ebenen D_2E_2 und D_3E_3 sind ebenfalls parallel (Bild 249). Die zu den vier Lagen $D_1E_1 \dots D_4E_4$ gehörige Mittelpunktkurve ist eine gleichseitige Hyperbel (und dazu gehört die unendlich ferne Gerade), die Kreispunktkurve k_1 zerfällt in eine Gerade durch P_{12}, E_1 und eine Senkrechte dazu durch D_1 (auch hierzu gehört die unendlich ferne Gerade), auf der der Gelenkpunkt F_1 willkürlich wählbar ist. Die Punkte $F_2 \dots F_4$ ergeben sich aus der Kongruenz der Dreiecke $D_1E_1F_1 \dots D_4E_4F_4$. Die Mittellote zu F_1F_2 und F_3F_4 schneiden sich im festen Drehpunkt F_0, der auf der Hyperbel liegen muß. Das Aufzeichnen der Hyperbel entfällt, da nur der Pol P_{12} zum Aufzeichnen der Kreispunktkurve k_1 gebraucht wird.

Das achtgliedrige Getriebe (Bild 250) erfüllt die gestellten Forderungen. Neun Lagen der Antriebskurbel entsprechen neun Lagen einer in D_0 drehbar gelagerten Schwinge, wobei die Lagen 1 . . . 4, 5 und 9, 6 und 8 identisch sind. Die Konstruktion gelang mit Hilfe dreier Teillösungen, wobei die erste und die dritte besonders einfach zu behandeln waren [127].

Das zweite Beispiel befaßt sich mit der Konstruktion eines Filmgreifergetriebes für ein vorgeschriebenes Zeitverhältnis 1:3, d. h. der Filmtransport erfolgt während einer 90°-Drehung der Antriebskurbel. Das Verfahren zur Ermittlung viergliedriger Filmgreifgetriebe liefert hier keine brauchbare Lösung. Mit Hilfe der Partialsynthese kann aber ein sechsgliedriges Getriebe auf recht einfache Weise ermittelt werden.

Vier Stellungen $K_1 \dots K_4$ eines Gelenkpunktes K werden auf einem Kreise derart aufgenommen, daß der Winkel zwischen den Stellungen K_1 und K_4 nahezu 180° beträgt und die Punkte $K_1 \dots K_4$ gleichweit voneinander entfernt sind (Bild 251). Die Lage der Geradführung wird vorgeschrieben und die Länge des Greifers K_1D_1 gewählt. Damit sind die Stellungen $D_1 \dots D_4$ bestimmt. Die Mittellote zu K_1K_2 und D_1D_2 schneiden sich in P_{12}. Die Verbindungsgerade $P_{12}D_1$

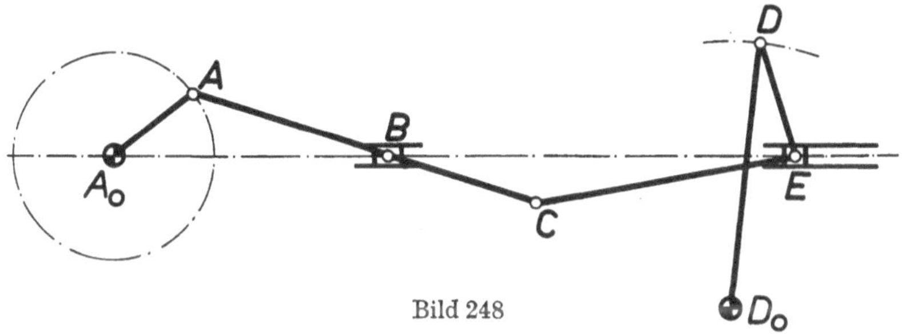

Bild 248

Bild 248. Achtgliedriges Getriebe mit zwei Gleitsteinen

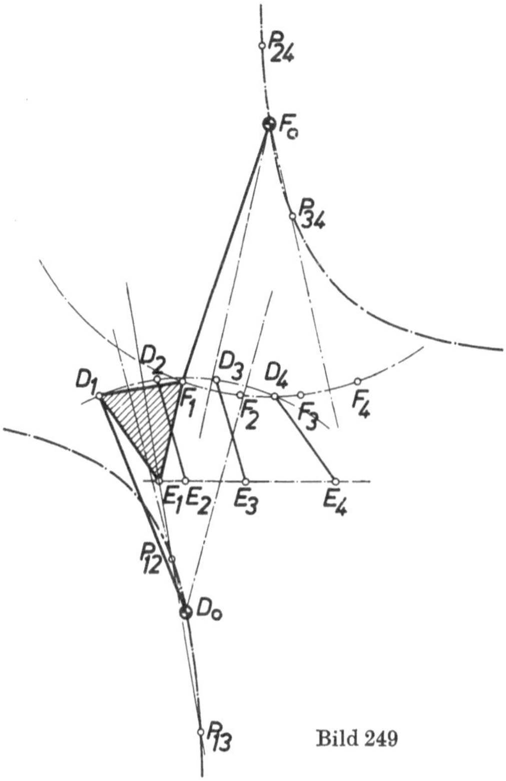

Bild 249

Bild 249. Ermittlung eines Koppelpunktes F in der Koppelebene DE, der den Gleitstein in E entbehrlich macht

Bild 250. Achtgliedriges Kurbelgetriebe, bei dem Gleitstein E durch geradführenden Koppeltrieb ersetzt wird

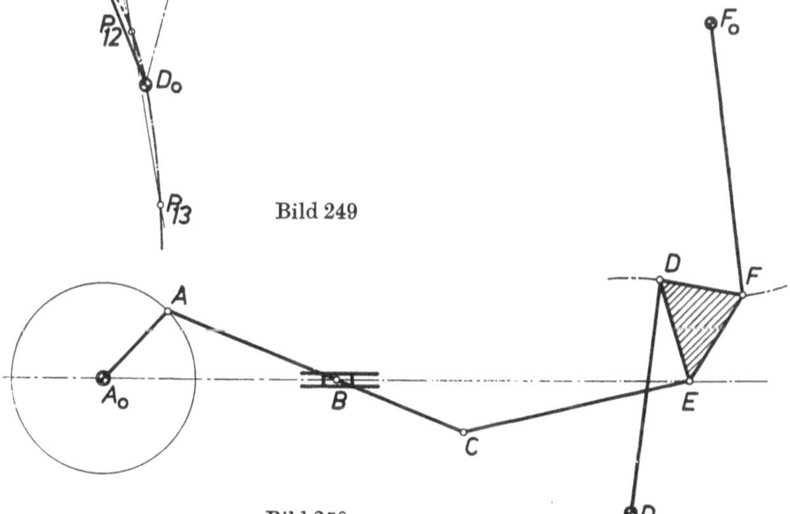

Bild 250

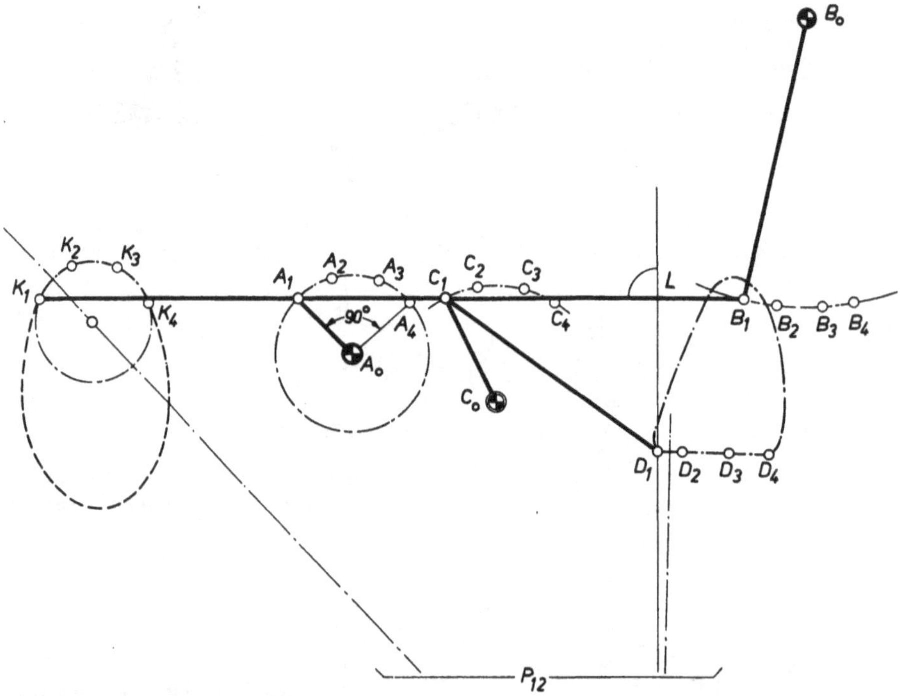

Bild 251. Einfaches Verfahren zur Bestimmung der Abmessungen eines sechsgliedrigen Koppelgetriebes für eine Geradführung bei gegebenem Zeitverhältnis 1:3

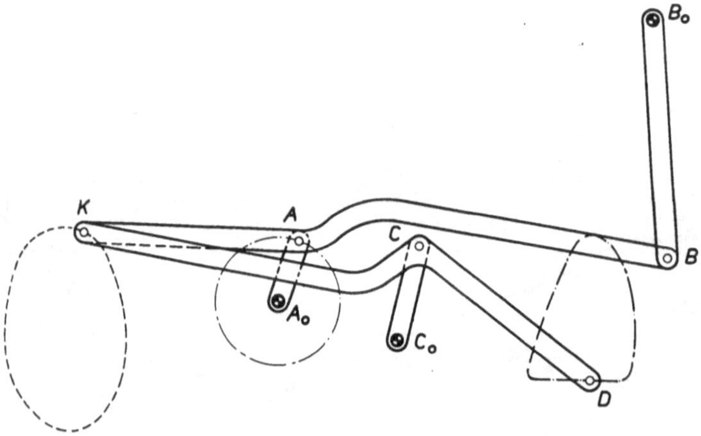

Bild 252. Konstruktive Ausführungsform des nach Bild 251 ermittelten Getriebes

und die Senkrechte dazu durch K_1 geben den geometrischen Ort (Kreispunktkurve k_1) an, auf dem die Gelenkpunte A, B und C liegen. A wird so ermittelt, daß seine Kurbelstellungen A_1 und A_4 einen Winkel von 90° einschließen. Mit Hilfe zeichnerischer Interpolation kann der Gelenkpunkt A_1 auf der Senkrechten zu $P_{12}D_1$ durch K_1 so gefunden werden, daß diese Forderung erfüllt wird. Die homologen Punkte $A_2 \ldots A_4$ sind auf Grund der Kongruenz der Dreiecke $K_1A_1D_1 \ldots K_4A_4D_4$ bestimmt und die Mittellote etwa zu A_1A_2 und A_1A_4 schneiden sich im Kurbelgelenkpunkt A_0. Der Kreisbogen $K_1 \ldots K_4$ soll als Teil der Koppelkurve einer Kurbelschwinge aufgefaßt werden, deren Antriebskurbel A_0A_1 soeben ermittelt wurde. Der Gelenkpunkt B_1 der Schwinge wird auf K_1A_1 so bestimmt, daß die Schwingenlänge die Antriebskurbellänge wesentlich übersteigt. Zu einem Gelenkpunkt B_1 gehören die homologen Punkte $B_2 \ldots B_4$, die aus der Kongruenz der Punktreihen $K_1A_1B_1 \ldots K_4A_4B_4$ folgen. Der Schwingendrehpunkt B_0 ist der Schnittpunkt der Mittellote etwa zu B_1B_2 und B_1B_4. Durchläuft die Antriebskurbel die Stellungen $A_1 \ldots A_4$ (90° Drehwinkel), dann werden von dem Koppelpunkt K die Stellungen $K_1 \ldots K_4$ durchlaufen, und der übrige Teil der Koppelkurve hat ovale Gestalt.

Koppelpunkt K wird als Antriebsgelenkpunkt des Filmgreifers aufgefaßt und wenn der in die Perforation eingreifende Filmgreiferstift D während des Antriebskurbelwinkels von 90° die vorgeschriebene Gerade durchlaufen soll, dann muß der Greifer in einem Gelenkpunkt C eine Führung auf einem Kreisbogen erhalten. C_1 ist auf K_1A_1 willkürlich wählbar und die homologen Punkte $C_2 \ldots C_4$ sind wiederum aus den kongruenten Punktreihen $K_1A_1C_1 \ldots K_4A_4C_4$ bestimmt. Der feste Drehpunkt C_0 ist der Schnittpunkt zweier Mittellote, etwa zu C_1C_2 und C_1C_4. Das sechsgliedrige Kurbelgetriebe ist damit in seinen Abmessungen festgelegt und Bild 252 zeigt die konstruktive Ausführungsform [134].

Im dritten Beispiel sollen die Abmessungen der Kurbelschwinge mit Hilfe der Punktlagenreduktion ermittelt werden. Die Punkte $E_1 \ldots E_4$ liegen auf einem Kreis, sind gleichweit voneinander entfernt und werden als Punkte einer Koppelkurve angesehen. Sie dienen dem Antrieb des Filmgreifers (Bild 253). Der Drehpunkt B_0 wird auf dem Mittellot E_1E_4 willkürlich gewählt und die Punkte A_1 und A_4 ergeben sich als Schnittpunkte von Kreisen um E_1 und E_4 mit beliebigem Halbmesser E_1A_1 und einem Kreis um B_0, dessen Halbmesser ebenfalls gewählt werden kann. Auf dem Mittellot zu A_1A_4 wird A_0 so bestimmt, daß der Winkel $A_1A_0A_4 = 90°$ ist. Die Punkte A_2 und A_3 ergeben sich als Schnittpunkte von Kreisen um E_2 und E_3 mit Halbmesser E_1A_1 und dem Kreis um A_0 mit A_0A_1. Um den Gelenkpunkt B zu finden, werden die Relativlagen des Drehpunktes B_0 gegen die Ebene E_1A_1 ermittelt, in dem $\Delta\, A_2B_0E_2 = \Delta\, A_1B_{02}E_1$ und $\Delta\, A_3B_0E_3 = \Delta\, A_1B_{03}E_1$ gemacht wird. Der Gelenkpunkt B_1 ist Mittelpunkt eines Kreises durch B_0, B_{02}, B_{03}. Damit ist eine Kurbelschwinge bestimmt, deren Koppelpunkt E die Lagen $E_1 \ldots E_4$ durchläuft, während sich die Antriebskurbel A_0A um einen Winkel von 90° dreht [14, 102].

Wie im vorangegangenen Beispiel schließt sich nach der Methode der Partialsynthese eine zweite getriebetechnische Aufgabe an, bei der von dem Koppel-

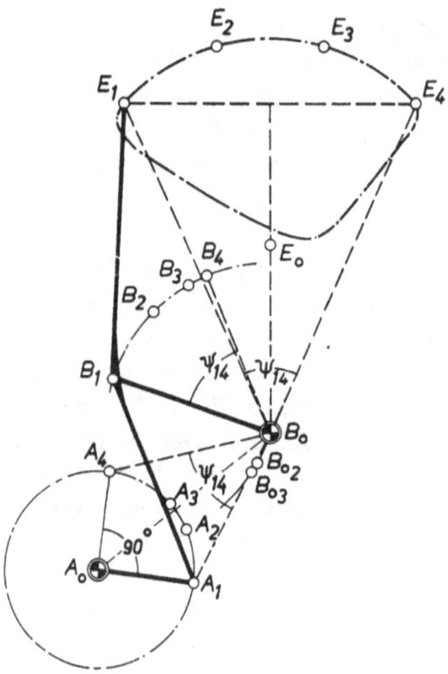

Bild 253. Konstruktion eines Gelenkvierecks für vier Punktlagen mit B_0 als Drehpol P_{14} (nach K. HAIN)

punkt E ausgegangen und die Geradführung eines Punktes D erzwungen wird. Die Richtung der Geradführung wird senkrecht zum Mittellot zu E_1E_4 angenommen und die Entfernung E_1D_1 willkürlich gewählt (Bild 254); die Punkte $D_1 \ldots D_4$ sind damit auf der Geradführung bestimmt. Die Mittellote zu E_1E_2 und D_1D_2 schneiden sich in P_{12}. Das Lot von E_1 auf die Gerade $P_{12}D_1$ ist der geometrische Ort für den Schwingengelenkpunkt C_1. Ein solcher Punkt C_1 gehört der Ebene E_1D_1 an und seine homologen Punkte $C_2 \ldots C_4$ sind durch die kongruenten Dreiecke $E_1C_1D_1 \ldots E_4C_4D_4$ bestimmt. Die Mittellote etwa zu C_1C_2 und C_1C_4 schneiden sich im Schwingendrehpunkt C_0 und damit sind die Abmessungen eines sechsgliedrigen Filmgreifermechanismus gefunden, bei dem das Zeitverhältnis 1:3 verwirklicht wird. Während sich die Antriebskurbel A_0A um 90° dreht, wird der Film auf

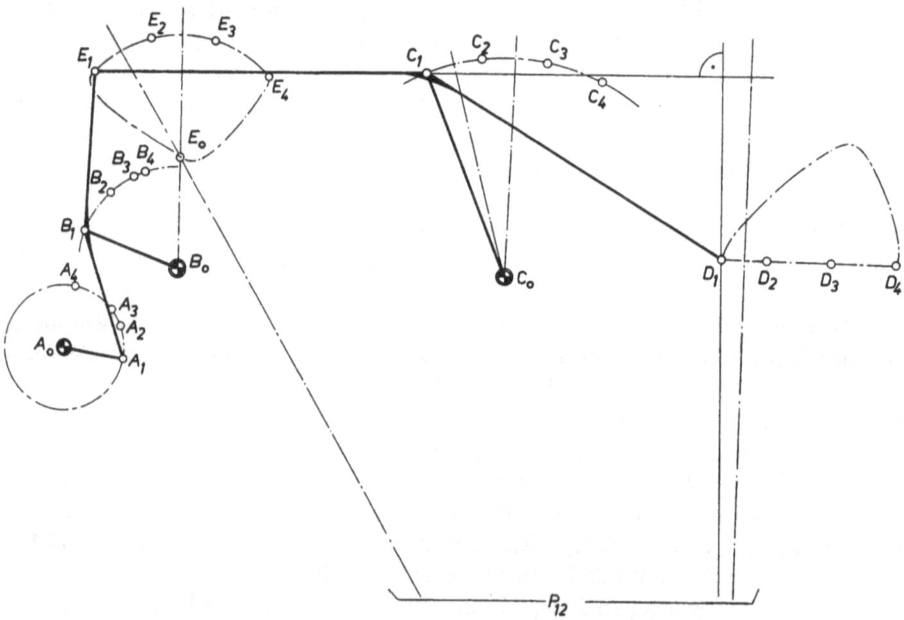

Bild 254. Ermittlung eines Filmgreifergetriebes für vorgegebenes Zeitverhältnis 1:3

der Strecke $D_1 \ldots D_4$ geradegeführt, wobei es gleichgültig ist, in welcher Richtung die Geradführung durchlaufen werden soll.

Aus den Beispielen ist erkennbar, daß bei zweckmäßiger Zerlegung einer getriebetechnischen Aufgabe in einzelne Teilaufgaben recht bequeme Konstruktionsverfahren angewendet werden können. Die Methode der Partialsynthese zeigt einen Weg zur einfachen Ermittlung der Abmessungen von mehr als viergliedrigen Kurbelgetrieben auf Grund praktischer Forderungen.

4.45 Erfüllung von Punktlagen durch Kurbelgetriebe

Im vorangegangenen Abschnitt war für eine Teilaufgabe nach HAIN [104] ein Kurbelgetriebe bestimmt worden, dessen Koppelpunkt vier vorgegebene Punktlagen erfüllt. KIPER [17] hat bei seinen Untersuchungen über die Erzeugung ebener Kurven durch den Punkt eines zwangläufig bewegten Maschinenteils folgenden Weg beschritten:

Vier Punktlagen C_1, C_2, C_3, C_4 eines Koppelpunktes C seien vorgelegt, dann bestimmt eine beliebig gewählte Koppellänge BC die Doppelpunkte B_1, B_4 und B_2, B_3 (Bild 255). Das paarweise Zusammenfallen der vier homologen Lagen $B_1 \ldots B_4$ führt zu einem Zerfall der Mittelpunktkurve in Kreis und Gerade. Die vier Lagen $P_1 \ldots P_4$ der bewegten Ebene werden durch $B_1C_1 \ldots B_4C_4$ dargestellt. Der Kreis ist durch die Doppelpunkte B_1, B_4 und B_2, B_3 sowie den Schnittpunkt Θ der Mittellote zu C_1C_4 und C_2C_3 bestimmt. Die Gerade z_m als Durchmesser des Kreises fällt mit dem Mittellot zu B_1B_2 zusammen. Zu einem auf den Kreis willkürlich gewählten Drehpunkt A_0 ist in bekannter Weise aus dem Poldreieck der Gelenkpunkt A_1 und damit die Länge der Antriebskurbel zu ermitteln. Wird der Schwingendrehpunkt B_0 auf der Geraden z_m gewählt, dann fällt der Schwingengelenkpunkt mit B zusammen und die Abmessungen der Kurbelschwinge A_0ABB_0, deren Koppelpunkt C die verlangten Punktlagen $C_1 \ldots C_4$ erfüllt, sind gefunden. Die Zuordnung der Punkte B_0 und B ist mehrdeutig, so daß eine weitere Punktlage C_5 verwirklicht werden kann (Bild 256). Die Kurbellänge A_0A soll beibehalten und mit der Länge AC von C_5 aus ein Kreis geschlagen werden, der den Kurbelkreis in A_5 und A_5' schneidet. Es ergeben sich zwei fünfte Lagen P_5 und P_5' und ebenso zwei Gelenkpunkte B_5 und B_5', so daß die letzteren gemeinsam mit den homologen Punkten $B_1 \ldots B_4$ zwei verschiedene Kreise mit den Mittelpunkten B_0 und B_0' auf z_m bestimmen. Die Halbmesser der Kreise sind die Schwingenlängen zweier Kurbelschwingen von denen nur eine praktisch brauchbar ist, da die fünf Lagen der um B_0' drehbaren Schwinge nicht dem gleichen Bewegungsbereich angehören.

Werden sieben Punktlagen $C_1 \ldots C_7$ vorgegeben, dann sind zunächst für eine beliebig angenommene Koppellänge BC vier Koppellagen so zu ermitteln, daß ein Zerfall der Mittelpunktkurve in Kreis und Gerade z_m eintritt. Das ist bei den Lagen B_1C_1, B_4C_4, B_2C_2, B_3C_3 mit den Doppelpunkten B_1, B_4 und B_2, B_3 der Fall (Bild 257). Bleibt C_7 vorerst unberücksichtigt, dann sind dem auf m gewählten Kurbeldrehpunkt A_0 die Gelenkpunkte A sowie die homologen

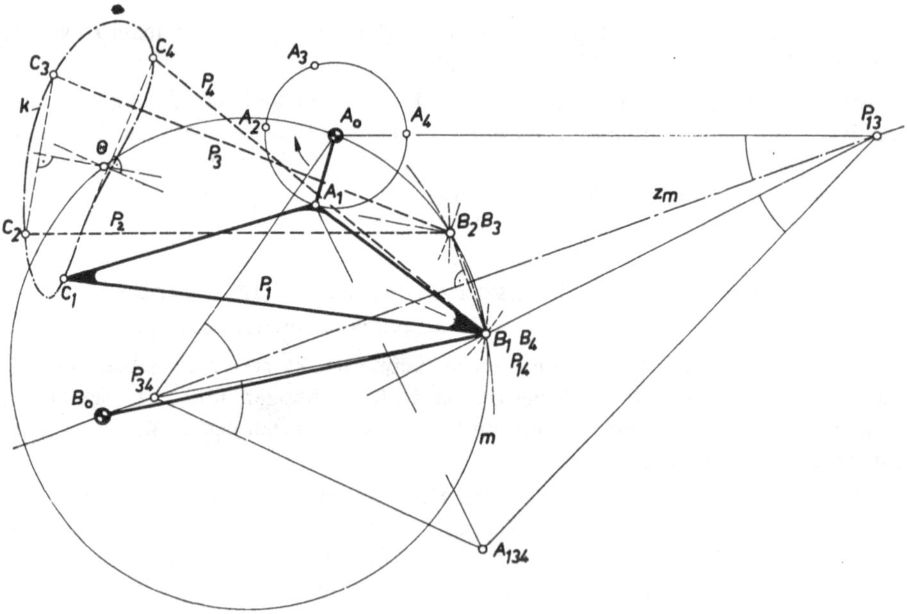

Bild 255. Vier willkürlich vorgegebene Koppelpunkte werden durch eine Kurbelschwinge verwirklicht

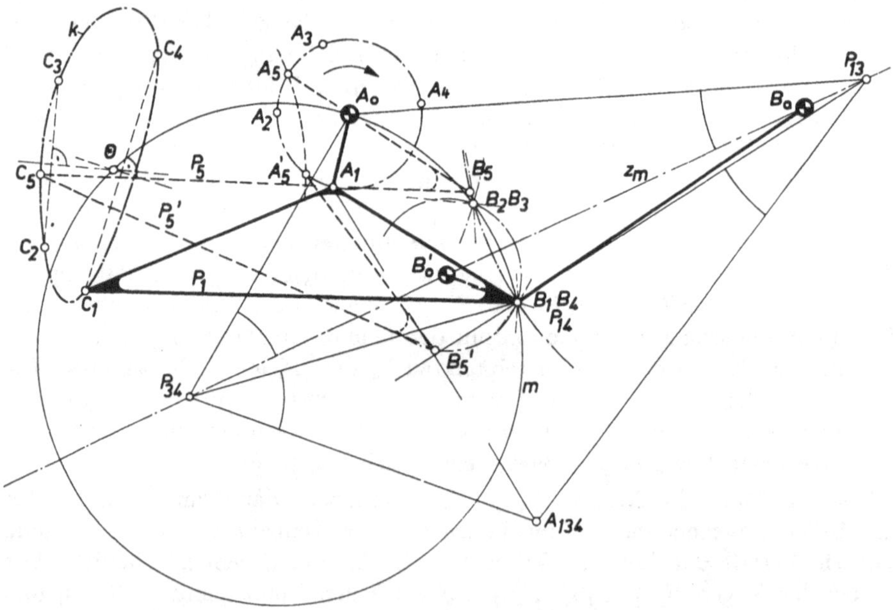

Bild 256. Fünf willkürlich vorgegebene Punkte der Koppelkurve einer Kurbelschwinge werden verwirklicht

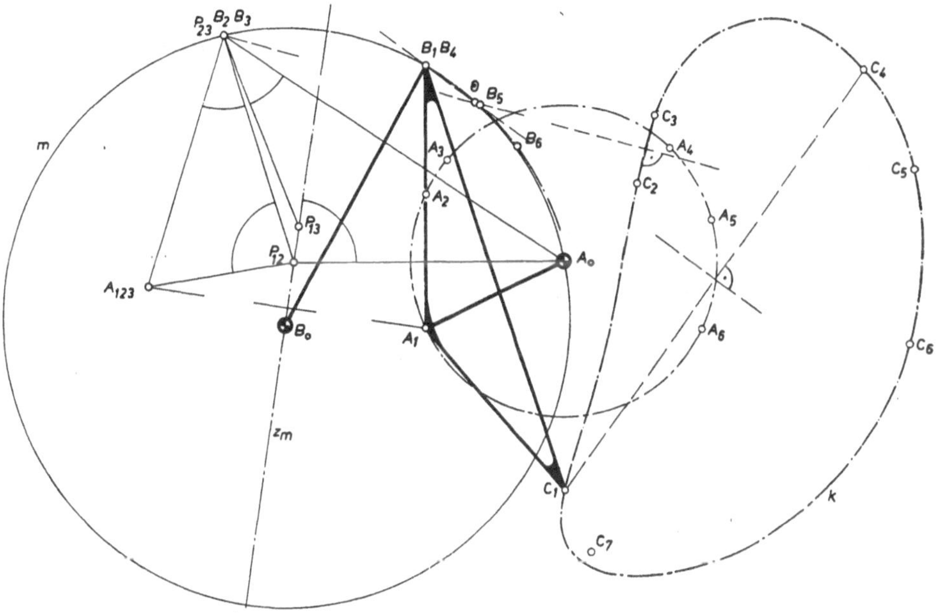

Bild 257. Von sieben willkürlich vorgegebenen Koppelpunkten einer Kurbelschwinge werden zunächst sechs verwirklicht

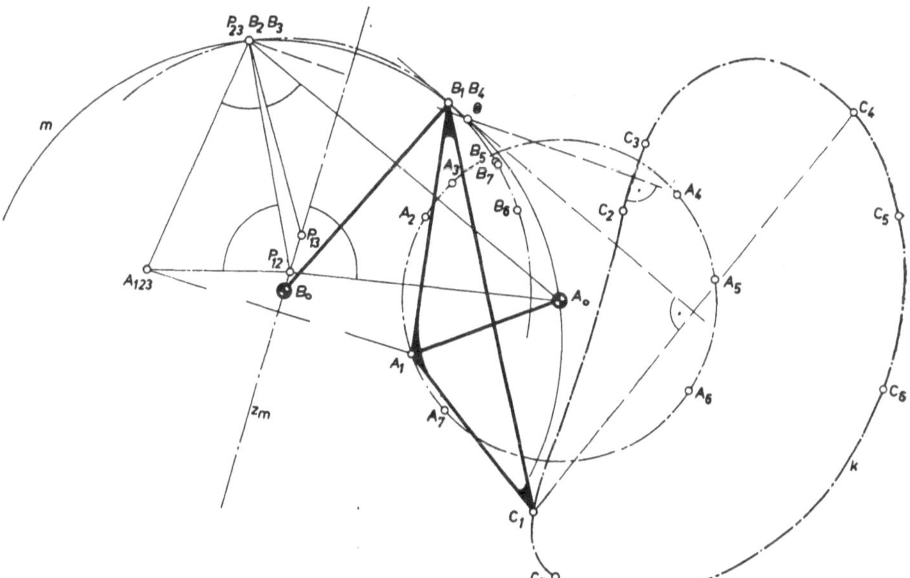

Bild 258. Sieben vorgegebene Koppelpunkte liegen auf der Koppelkurve einer Kurbelschwinge

Lagen B_2, B'_2, B_5, B'_5 des Schwingengelenkpunktes B zugeordnet. Mit Hilfe zeichnerischer Interpolation können auf m solche Kurbeldrehpunkte A_0 gesucht werden, für die jeder der Punkte B_5, B_6 zusammen mit den beiden Doppelpunkten B_1, B_4; B_2, B_3 auf je einem Kreis liegt. Damit ergeben sich Gelenkvierecke, mit denen sich sechs Punktlagen verwirklichen lassen.

Die Punktlage C_7 kann insofern Berücksichtigung finden, daß für verschieden zu wählende Koppellängen BC wie zuvor Getriebelösungen angegeben und auf dem Wege der zeichnerischen Interpolation geeignete Punkte A'_0, A''_0 ... für die Längen $B'C$, $B''C$ ... ermittelt werden. Auf diesem Wege ergeben sich Getriebelösungen, von denen eine ein Gelenkviereck bestimmt, dessen Koppelpunkt C die sieben Punktlagen $C_1 \ldots C_7$ durchläuft (Bild 258).

Sollen mehr als sieben Punktlagen erfüllt werden, dann wird im allgemeinen das angegebene Verfahren nicht geeignet sein. Die Lösung einer solchen Aufgabe gelingt mit einem Kurbelgetriebe mit mehr als vier Gliedern. Beispielsweise ist die Erfüllung von neun willkürlich vorgeschriebenen Punktlagen durch ein sechsgliedriges Kurbelgetriebe möglich [17].

4.46 R_m- und R_1-Kurven

In der Koppelebene eines Gelenkvierecks kann mit Hilfe der Bobillierschen Konstruktion zu einem beliebigen Punkt der zugehörige Krümmungsmittelpunkt seiner Bahn bestimmt werden. Das gilt ganz allgemein von jeder bewegten Ebene, wenn die augenblicklichen Bahnkurven zweier Punkte bekannt sind. Die Frage nach den Krümmungsmittelpunkten, zu denen ein vorgeschriebener Krümmungshalbmesser gehört, schränkt die Vielzahl der Punkte ein und beschränkt sie auf die Punkte, die in ihrer Gesamtheit die sogenannte R_m-Kurve erfüllen. Um diese aufzeichnen zu können, soll ihre Gleichung angegeben werden [43, 54].

Bei drei vorgeschriebenen Lagen einer bewegten Ebene ist das Poldreieck $P_{12}P_{13}P_{23}$ bestimmt (Bild 259). Der Pol P_{23} falle in den Ursprung eines x—y-Koordinatensystems und der Pol P_{13} liege auf der x-Achse. Ein beliebiger Punkt A_1 in der Lage 1 der bewegten Ebene beschreibe eine Bahn, deren Krümmungsmittelpunkt in A_0 liege; ihr Krümmungshalbmesser A_0A_1 sei r. Der Mittelpunkt des Umkreises des Poldreiecks sei M_0. Die Verbindungsgeraden des Punktes A_0 mit den Polen seien e_{12}, e_{13}, e_{23}, die Poldreieckseiten a_1, a_2, a_3, die Poldreieckswinkel α_{21}, α_{13}, α_{32}. Die Gerade $P_{12}A_0$ schneidet den Umkreis in C, dann ist der Winkel $P_{12}CP_{23}$ gleich dem Winkel $P_{12}P_{13}P_{23}$, d. h. gleich dem Poldreieckswinkel α_{13}.

Aus der Symmetrie des Grundpunktes A_{123} zu A_1 bezüglich der Polgeraden $P_{12}P_{13}$ folgt, daß

$$\angle P_{12}P_{13}A_1 = \angle P_{12}P_{13}A_{123}.$$

Aus der Beziehung des Grundpunktes A_{123} zu A_0 folgt, daß

$$\angle P_{12}P_{13}A_{123} = \angle P_{23}P_{13}A_0,$$

somit

$$\angle A_0P_{13}A_1 = \angle P_{23}P_{13}P_{12} = \alpha_{13}.$$

Nach Bild 260 ist

$$2\,\delta_{12} + 2\,\delta_{23} + 2\,\delta_{31} = 360^\circ\,,$$
$$\delta_{31} = 180^\circ - (\delta_{12} + \delta_{23})\,,$$

d. h. vom Punkt A_0 aus erscheinen je zwei der vier Punkte P_{12}, P_{23}, P_{13}, A_1 unter gleichen Winkeln.

Die Dreiecke A_0CP_{23} und $A_0P_{13}A_1$ sind ähnlich, da sie in zwei Winkeln übereinstimmen und daraus folgt

$$e_{23}:u = r:e_{13}\,.$$

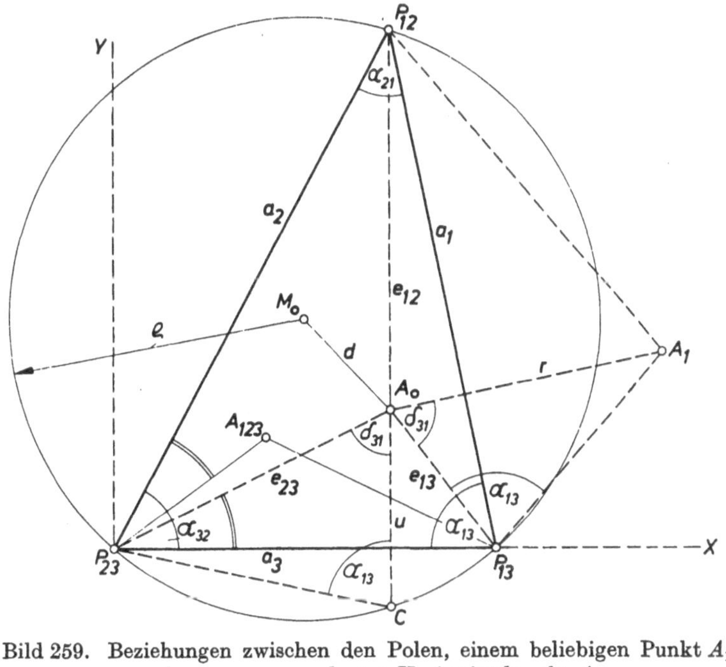

Bild 259. Beziehungen zwischen den Polen, einem beliebigen Punkt A_1 und seinem zugeordneten Kreismittelpunkt A_0

Die Potenz des Punktes A_0 in bezug auf den Umkreis des Poldreiecks ist

$$e_{12} \cdot u = p^2\,,$$

so daß geschrieben werden kann

$$e_{12} \cdot e_{13} \cdot e_{23} = r \cdot p^2\,.$$

Wenn r einen bestimmten Wert besitzt, stellt diese Gleichung den geometrischen Ort aller Punkte A_0 dar, zu denen Kreise vom Halbmesser r gehören, auf denen drei homologe Punkte $A_1 \ldots A_3$ liegen (R_m-Kurve). Die Koordinaten des Krümmungsmittelpunktes A_0 seien x und y, dann ist

$$e_{12}^2 = (x - a_2 \cos\alpha_{32})^2 + (y - a_2 \sin\alpha_{32})^2\,,$$
$$e_{13}^2 = (x - a_3)^2 + y^2\,,$$
$$e_{23}^2 = x^2 + y^2\,.$$

Wird die Entfernung M_0A_0 mit d und der Halbmesser des Umkreises des Poldreiecks mit ϱ bezeichnet dann ist

$$p^2 = (\varrho + d)(\varrho - d) = \varrho^2 - d^2,$$

$$\varrho^2 = (a_3/2)^2 + (a_3/2 \tan \alpha_{21})^2,$$

$$d^2 = (x - a_3/2)^2 + (y - a_3/2 \tan \alpha_{21})^2$$

und die Gleichung der R_m-Kurve lautet

$$(x^2 + y^2)([x - a_3]^2 + y^2)([x - a_2 \cos \alpha_{32}]^2 + [y - a_2 \sin \alpha_{32}]^2)$$
$$= r^2 (x^2 + y^2 - a_3 x - a_3 y \cot \alpha_{21})^2 .$$

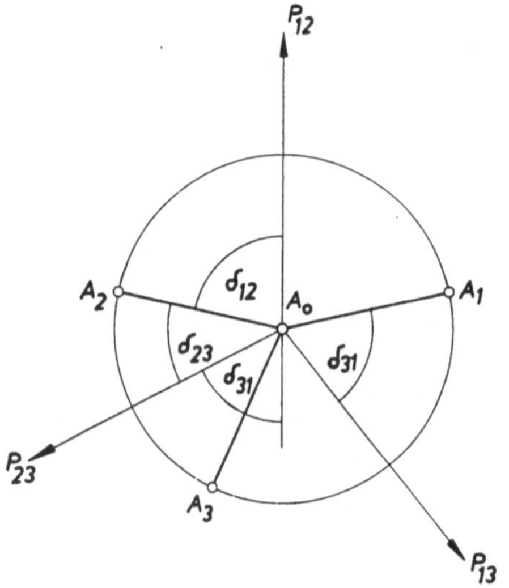

Bild 260. Beziehungen zwischen den Polen und drei homologen Punkten zu ihrem Mittelpunkt A_0

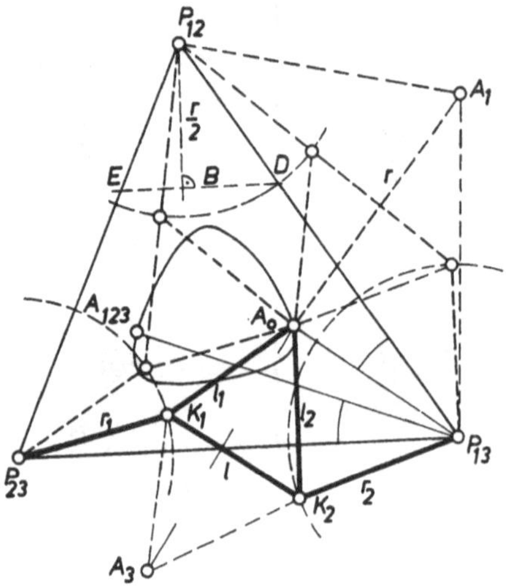

Bild 261. Zeichnerische Ermittlung der Abmessungen eines Gelenkvierecks dessen Koppelpunkt die R_m-Kurve beschreibt

Sie ist von sechster Ordnung trizirkular, d. h. dreimal durch die beiden zylindrischen Punkte der Ebene gehend und erweist sich als Gleichung einer Koppelkurve. Sie hat die drei Pole P_{12}, P_{13}, P_{23} als Doppelpunkte (oder isolierte Punkte). Die Abmessungen des Gelenkmechanismus zum Aufzeichnen der Koppelkurve werden wie folgt bestimmt:

Drei vorgelegte Lagen der bewegten Ebene bestimmen das Poldreieck $P_{12}P_{13}P_{23}$. Der vorgeschriebene Halbmesser der Kreise, auf denen je drei homologe Punkte liegen, sei r. Im Abstand $r/2$ von P_{12} wird zu $P_{13}P_{23}$ die Parallele gezeichnet, die auf den Poldreieckseiten die Punkte E und D bestimmt (Bild 261). Die Entfernung ED ist die Länge l der Koppel, $P_{12}E$ ist die Kurbel r_1 in P_{23} und

$P_{12}D$ ist die Kurbel r_2 in P_{13}. Die beiden Seiten l_1 und l_2 des Koppeldreiecks sind gleich r_1 bzw. r_2 zu machen. Diese Strecken lassen sich einfach berechnen

$$l = \frac{r \cdot a_3}{2\, a_2 \sin \alpha_{32}},$$

$$l_1 = r_1 = \frac{r}{2 \sin \alpha_{32}},$$

$$l_2 = r_2 = \frac{r \cdot a_1}{2\, a_3 \sin \alpha_{32}}.$$

Bei der Bewegung des Gelenkvierecks $P_{23}K_1K_2P_{13}$ beschreibt die Spitze A_0 des Koppeldreiecks eine Koppelkurve, die mit der verlangten R_m-Kurve identisch ist. Die drei Pole sind hier isolierte Punkte der R_m-Kurve.

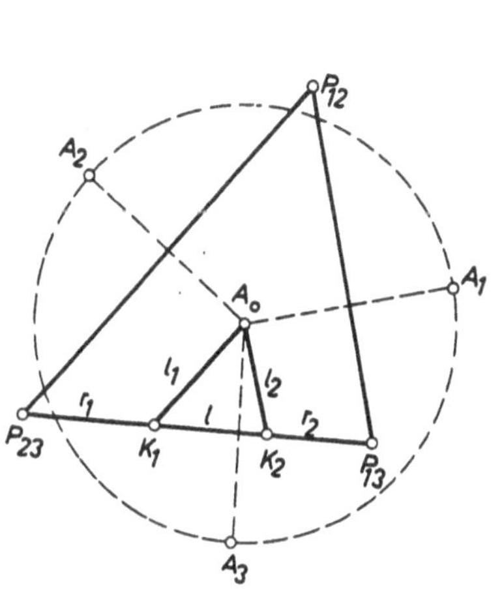

Bild 262. Der kleinstmögliche Radius des Kreises, auf dem drei homologe Punkte liegen

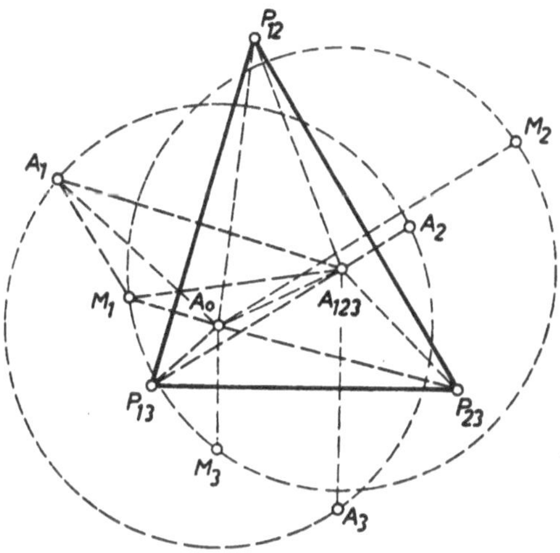

Bild 263. Beziehungen zwischen R_m- und R_1-Kurve

Für den Halbmesser r gibt es einen Kleinstwert, der erreicht wird, wenn $r/2$ gleich dem Halbmesser des einbeschriebenen Kreises des Poldreiecks gemacht wird. Das Gelenkviereck $P_{23}K_1K_2P_{13}$ gelangt in seine Strecklage und kann keine Bewegung ausführen, so daß die R_m-Kurve zu einem einzigen Punkt A_0 (Bild 262) zusammenschrumpft, zu dem die isolierten Punkte gehören.

Zu einem Punkt A_0 im Poldreieck $P_{12}P_{13}P_{23}$ gehört der Grundpunkt A_{123} (Bild 263). Die homologen Punkte $A_1 \ldots A_3$ liegen auf einem Kreis um A_0. Die Symmetriepunkte zu A_0 bezüglich der Poldreieckseiten sind mit $M_1 \ldots M_3$ bezeichnet und liegen auf einem gleichgroßen Kreis um A_{123}. Es sind daher beide Punkte A_0 und A_{123} Punkte der R_m-Kurve und die Punkte A_1 und M_1 liegen mit ihren homologen Punkten auf gleichgroßen Kreisen. Alle Punkte in der Lage 1, die auf solchen gleichgroßen Kreisen liegen, erfüllen eine Kurve, die R_1-Kurve genannt wird (entsprechend gibt es für die Lage 2 eine R_2- und für die Lage 3 eine R_3-Kurve). Wie aus Bild 263 erkennbar ist, ist die R_1-Kurve symmetrisch zur R_m-Kurve bezüglich der Polgeraden $P_{12}P_{13}$ gelegen und läßt sich für einen vorgelegten Halbmesser r zu dem Poldreieck $P_{12}P_{13}P_{23}^1$ in der gleichen Weise aufzeichnen wie die R_m-Kurve zum Poldreieck $P_{12}P_{13}P_{23}$. Zu einem Punkt A_0 der R_m-Kurve gehört z. B. ein Punkt A_3 der R_3-Kurve, der von A_0 die Entfernung r hat und zu A_0 symmetrisch bezüglich der Koppel K_1K_2 gelegen ist (Bild 261).

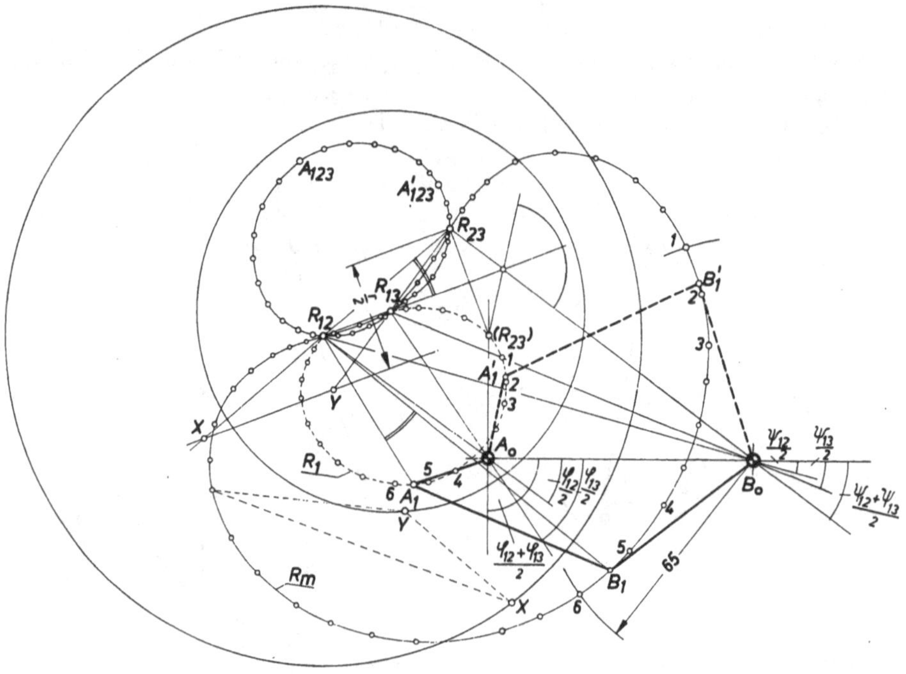

Bild 264. Ermittlung einer Kurbelschwinge auf Grund vorgegebener Winkelzuordnungen unter Benutzung der R_m-Kurve

Bei vier Lagen einer Ebene können Gruppen von vier homologen Punkten ermittelt werden, die je auf einem Kreis von vorgeschriebenem Radius r liegen. Zu jedem der vier Poldreiecke kann die R_m-Kurve gezeichnet werden. Je zwei dieser Kurven, beispielsweise für die Poldreiecke $P_{12}P_{13}P_{23}$ und $P_{12}P_{14}P_{24}$, schneiden sich in Punkten, die Mittelpunkte von Kreisen durch vier homologe Punkte sein müssen. Andererseits müssen solche Mittelpunkte auf der Mittelpunktkurve m liegen, die bei vier Lagen einer Ebene bestimmt ist. Aus diesem Grunde werden nur die Schnittpunkte der beiden R_m-Kurven brauchbare Punkte liefern, die gleichzeitig auch auf der Mittelpunktkurve m gelegen sind.

Sollen bei vier Lagen einer Ebene Punkte bestimmt werden, die auf Kreisen von vorgeschriebenem Radius r liegen, so ist zweckmäßigerweise die Mittelpunktkurve m und für drei Lagen, etwa für das Poldreieck $P_{12}P_{13}P_{23}$, die R_m-Kurve für den Wert r zu zeichnen. Beide Kurven schneiden sich in Punkten, von denen entweder sechs reell oder vier reell und zwei imaginär oder zwei reell und vier imaginär oder sechs imaginär sein können. Die übrigen Schnittpunkte sind die drei Pole P_{12}, P_{13} und P_{23} (als Doppelpunkte) und die beiden zyklischen Punkte, die je dreimal durchlaufen werden (insgesamt 18 Schnittpunkte).

Als Beispiel diene folgende Aufgabe:

Für eine Verarbeitungsmaschine ist eine Kurbelschwinge zu konstruieren, die vorgegebene Winkelzuordnungen erfüllen muß.

$$\varphi_{12} = 70^\circ, \quad \varphi_{23} = 40^\circ; \quad \psi_{12} = 30^\circ, \quad \psi_{23} = 12^\circ.$$

Als Koppel soll dabei ein bereits vorhandenes Bauteil der Länge $AB = 64$ mm Verwendung finden. Die Abtriebsschwinge darf das Maß $B_0B = 65$ mm nicht überschreiten. Für den dadurch begrenzten Bereich der R_m-Kurve ist die Kurbelschwinge zu ermitteln, die in bezug auf die Bewegungsübertragung die günstigsten Verhältnisse aufweist. Die Anordnung der Gestellpunkte A_0 und B_0 ist vorgegeben (Bild 264).

4.47 Satz von Roberts

Im Bild 261 des vorangegangenen Abschnittes ist aus dem Poldreieck $P_{12}P_{13}P_{23}$ unter Zugrundelegung eines vorgeschriebenen Halbmessers r ein Gelenkviereck $P_{23}K_1K_2P_{13}$ ermittelt worden, dessen Koppelpunkt A_0 eine Koppelkurve beschreibt, die mit der R_m-Kurve identisch ist. Die gleiche Koppelkurve kann aber noch von zwei anderen Gelenkvierecken erzeugt werden, wenn zum Steg die Polgerade $P_{12}P_{23}$ bzw. $P_{12}P_{13}$ gemacht wird. Diese dreifache Erzeugung ein und derselben Koppelkurve geht auf S. Roberts zurück [160] und erschließt dem Konstrukteur mitunter Möglichkeiten der besseren räumlichen Einordnung des Getriebes. W. Meyer zur Capellen beweist diesen Satz mit Hilfe der komplexen Zahlenebene [148].

Die Achse der reellen Zahlen falle mit der Steggeraden A_0B_0 eines Gelenkvierecks zusammen. Die Achse der imaginären Zahlen habe ihren Ursprung in A_0 und verlaufe senkrecht zur Steggeraden (Bild 265). Das Gelenkviereck sei in der Stellung A_0ABB_0 gezeichnet und der Koppelpunkt K beschreibe bei umlaufendem Getriebe die eingezeichnete Koppelkurve K. Die dargestellten Gelenkparallelogramme A_0AKA_1 und B_0BKB_2 erhalten die dem Dreieck ABK ähnlichen Koppeldreiecke A_1B_1K bzw. A_2B_2K. Damit ist auch das Gelenkparallelogramm $A_2KB_1C_0$ bestimmt.

Die drei Gelenkvierecke A_0ABB_0, $A_0A_1B_1C_0$ und $B_0B_2A_2C_0$ haben den Koppelpunkt K gemeinsam und wenn alle drei die gleiche Koppelkurve erzeugen, dann muß C_0 ein fester Drehpunkt sein, also in Ruhe bleiben. Der Kurbelgelenkpunkt A ist durch den Vektor $a \cdot e^{i\alpha}$ bestimmt und die Lage des Punktes C_0 läßt sich vektoriell als geometrische Summe unter Beachtung der Winkel darstellen.

Es ist

$$A_0C_0 = a_1 \cdot e^{i(\delta+\gamma)} + c_1 \cdot e^{i(\delta+\alpha)} + b_1 \cdot e^{i(\delta-\beta)}$$

$$A_0C_0 = e^{i\delta}\,(a_1 \cdot e^{i\gamma} + c_1 \cdot e^{i\alpha} + b_1 \cdot e^{-i\beta})\,.$$

Auf Grund der Gelenkparallelogramme ist

$$a_1 = u,\ u_1 = a;\quad b_1 = u_2,\ v_2 = b.$$

Auf Grund der ähnlichen Koppeldreiecke ist

$$c_1 : u_1 = u : c;\quad u_2 : v_2 = u : c,$$

dann kann geschrieben werden

$$c_1 = u_1 \cdot \frac{u}{c} = a \cdot \frac{u}{c},$$

$$u_2 = v_2 \cdot \frac{u}{c};\quad b_1 = b \cdot \frac{u}{c}.$$

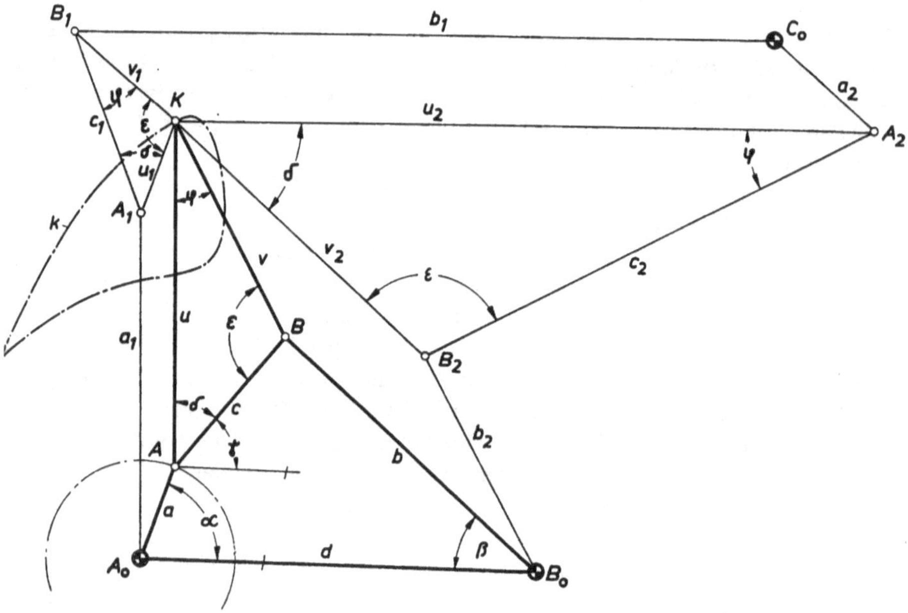

Bild 265. Die dreifache Erzeugung einer Koppelkurve nach dem Satz von Roberts

Nach Einsetzen dieser Werte ergibt sich für

$$A_0C_0 = e^{i\delta}\left(u \cdot e^{i\gamma} + a \cdot \frac{u}{c} \cdot e^{i\alpha} + b\,\frac{u}{c} \cdot e^{-i\beta}\right),$$

$$A_0C_0 = \frac{u}{c}\,e^{i\delta}\,(a \cdot e^{i\alpha} + c \cdot e^{i\gamma} + b \cdot e^{-i\beta}).$$

Für den Wert in der Klammer kann $A_0B_0 = d$ gesetzt werden, dann ist

$$A_0C_0 = d \cdot \frac{u}{c} \cdot e^{i\delta}.$$

Der Vektor, der die Lage des Punktes C_0 angibt, hat die Richtung δ und den Betrag $d \cdot \frac{u}{c}$, daraus folgt, daß das Dreieck $A_0B_0C_0$ dem Koppeldreieck ABK ähnlich ist und demzufolge der Punkt C_0 tatsächlich fest bleibt.

4.5 Kurvengetriebe

Im Maschinen- und Gerätebau werden zur Verwirklichung von Bewegungsgesetzen oft Kurvengetriebe verwendet. Als Kurventräger wird im allgemeinen eine unrunde Scheibe benutzt. Das Eingriffsglied wird zur Verminderung der Reibung meist mit einer Rolle versehen. Das Elementenpaar Rolle auf Kurve ist ein höheres selbständiges, $f = 1$.

Es sind zu unterscheiden:

Kurvengetriebe mit zentrisch gerade geführter Rolle (Bild 266).

Kurvengetriebe mit exzentrisch gerade geführter Rolle (Bild 267).

Kurvengetriebe mit Rolle am Schwinghebel (Bild 268).

Auf Grund der Getriebesystematik lassen sich andere Bauformen entwickeln (Bilder 269 bis 280).

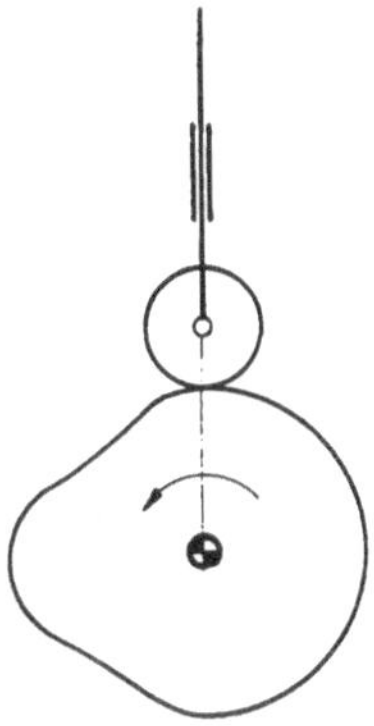

Bild 266. Zentrisch geradegeführte Rolle

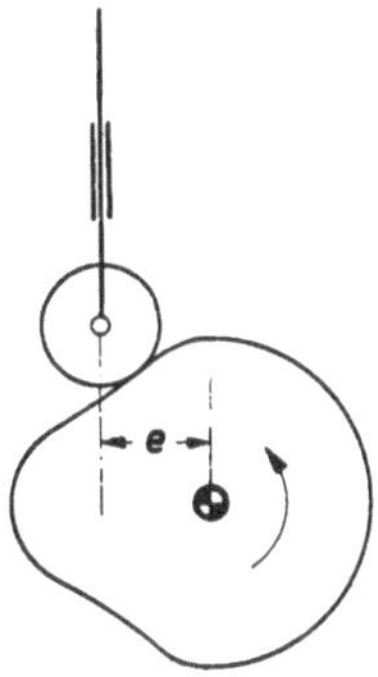

Bild 267. Exzentrisch geradegeführte Rolle

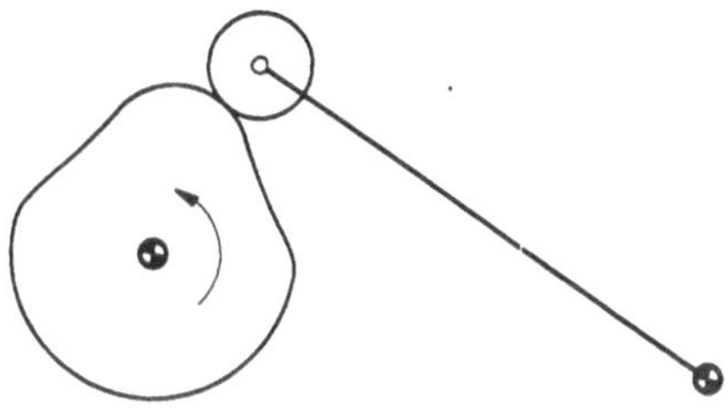

Bild 268. Rolle am Schwinghebel

4.51 Bewegungsgesetze

Der Bewegungsvorgang für einen Rollenhebel wird in einem Bewegungsschaubild dargestellt. Dabei läuft die Bewegung im allgemeinen so ab, daß der Hebel von einer unteren Raststellung aus in eine obere gebracht wird und umgekehrt. Als Verbindungskurve zwischen den beiden Rasten können folgende Kurven verwendet werden [145, 201].

4.511 Gerade

Die im rechtwinkligen Koordinatensystem dargestellte Zeit-Weg-Kurve ist eine geneigte Gerade (Bild 281). Auf der Abszisse werden $x = k \cdot t$ (Zeit mit einer Maßstabskonstanten k multipliziert), auf der Ordinate $y = l \cdot s$, $y' = m \cdot v$ und $y'' = n \cdot b$ aufgetragen (l, m, n sind ebenfalls Maßstabskonstanten). Die Geschwindigkeit des Rollenmittelpunktes ist konstant. In den Punkten A und B ist die Beschleunigung theoretisch $b = \pm\infty$. Infolge der Unstetigkeit des

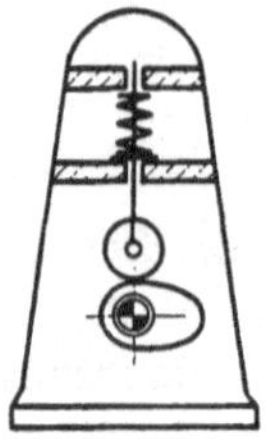

Bild 269

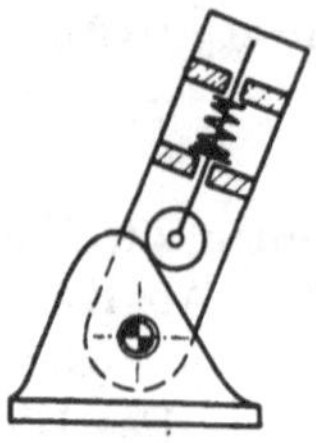

Bild 270

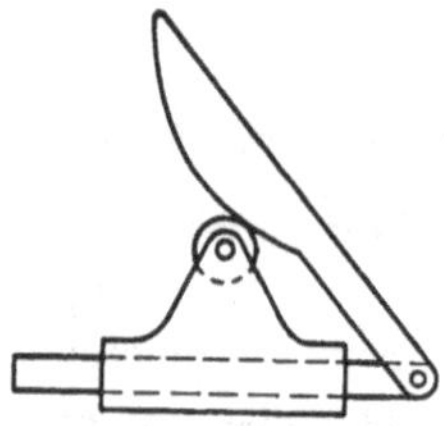

Bild 271

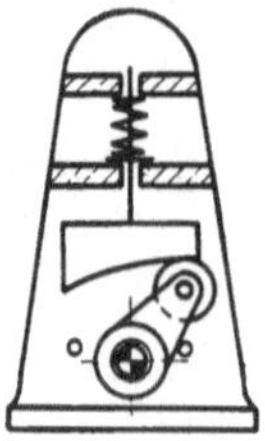

Bild 272

Bild 273

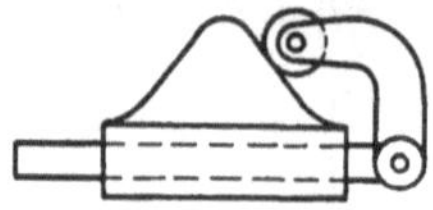

Bild 274

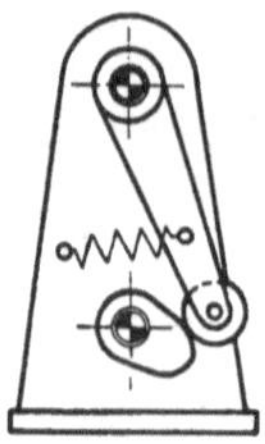

Bild 275

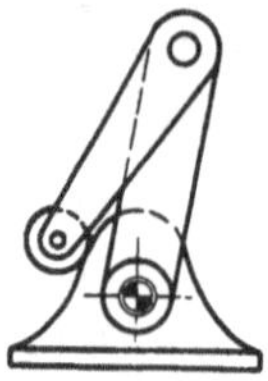

Bild 276

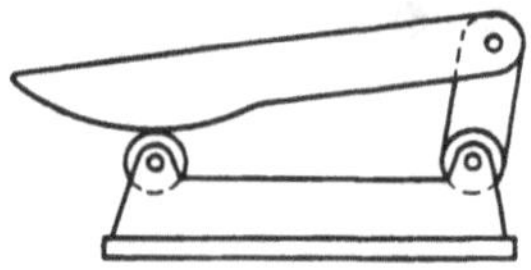

Bild 277

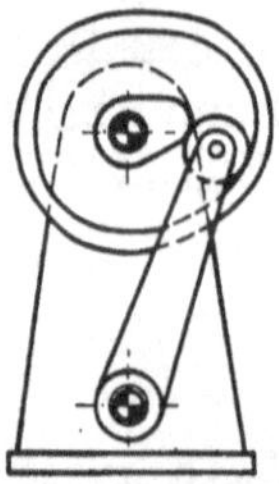

Bild 278

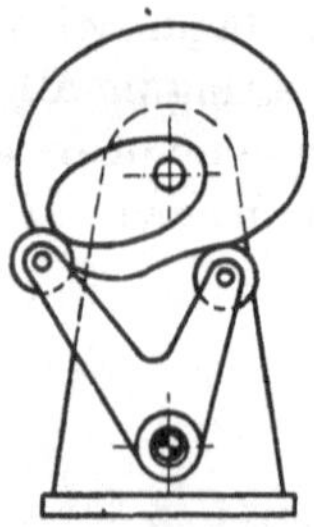

Bild 279

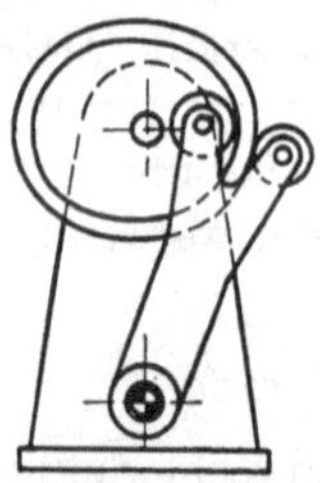

Bild 280

Bilder 269 bis 280. Konstruktionssystematik des Kurvengetriebes

Geschwindigkeitsverlaufes treten Stöße auf, so daß eine praktische Verwendung dieses Bewegungsgesetzes nur bei sehr geringen Drehzahlen der Kurvenscheibe in Betracht kommt.

4.512 Parabel

Die Zeit-Weg-Kurve setzt sich aus zwei Parabelästen zusammen, die in der Mitte tangential ineinander übergehen (Bild 282). Beim Aufzeichnen werden vom Koordinatenursprung aus auf einer beliebig geneigten Geraden die Quadratzahlen steigend und fallend (1, 4, 9, 16, ... 16, 9, 4, 1) abgetragen und die Abstände auf den Hub h projiziert. Die durch die Teilpunkte gehenden Horizontalen schneiden sich mit den in gleichen Abständen auf der x-Achse gezeichneten Vertikalen in den Punkten der Parabelkurve s. Die Geschwindigkeit v ist bis zur Mitte des Hubes eine ansteigende und von da bis zum Hubende eine abfallende Gerade. Demzufolge hat die Beschleunigung bis zur Mitte des Hubes einen konstanten positiven und von da bis zum Hubende einen konstanten negativen Wert. Diese Unstetigkeit der Beschleunigung (Beschleunigungssprung) wird Ruck genannt [93].

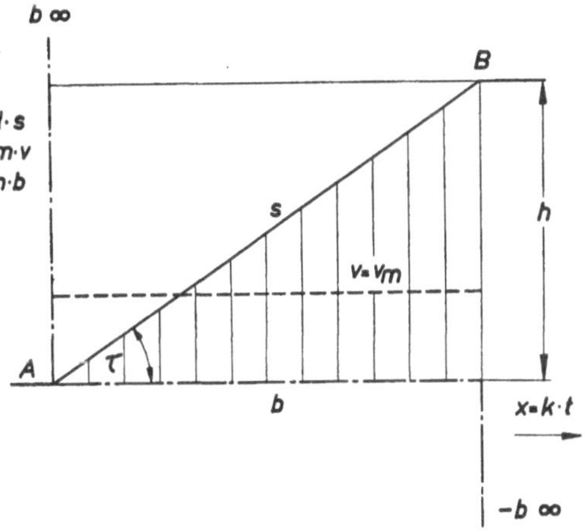

Bild 281. Die Gerade als Weg-Zeit-Kurve

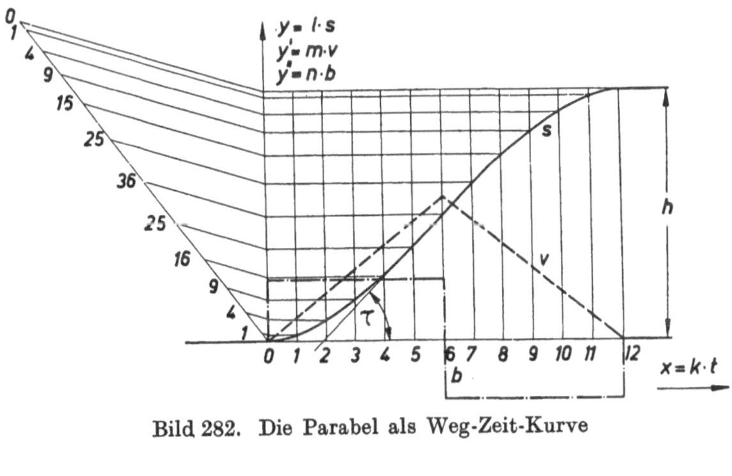

Bild 282. Die Parabel als Weg-Zeit-Kurve

4.513 Sinuslinie

Wird die Bewegung des Rollenhebels von der unteren zur oberen Stellung durch eine Sinuslinie dargestellt (Bild 283), dann kann nach dem Sinusgesetz der Verlauf der Geschwindigkeit v und nach dem zugehörigen Cosinusgesetz die Beschleunigung b angegeben werden. Letztere beginnt mit einem endlichen Wert (Ruck), geht bis zum Wert Null in der Mitte des Hubes zurück und wird in der zweiten Hubhälfte negativ (Verzögerung). [92].

4.514 Geneigte Sinuslinie

Als Zeit-Weg-Kurve kann eine geneigte Sinuslinie (Bestehornkurve) verwendet werden (Bild 284). Die Beschleunigungskurve b wird zur Sinuslinie, die Geschwindigkeitskurve zur Cosinuslinie und die Wegkurve s zur höheren Sinoide. Bei der Konstruktion werden von der vom Beginn bis zum Ende des Hubes verlaufenden Geraden nach unten und oben Sinuswerte abgetragen, die zu einem Kreis vom Halbmesser $r = h/2\,\pi$ gehören. Die Geschwindigkeit hat in der Mitte des Hubes ihren größten Wert, während die Beschleunigung an dieser Stelle und ebenso am Anfang und am Ende der Hubbewegung Null ist. Demzufolge verläuft die Bewegung stoß- und ruckfrei. Um die Bewegungsschaubilder zahlenmäßig auswerten zu können, müssen Maßstabskonstanten eingeführt werden, wie im Abschnitt 22 ausführlich dargelegt wurde.

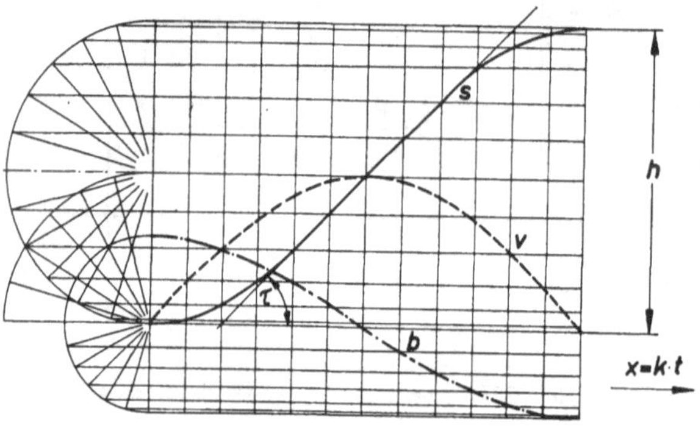

Bild 283. Die Sinuslinie als Weg-Zeit-Kurve

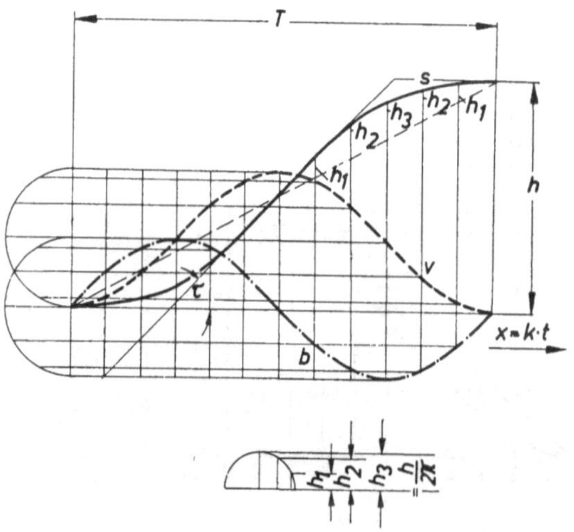

Bild 284. Die geneigte Sinuslinie als Weg-Zeit-Kurve

Für die Beurteilung der Bewegungsübertragung wird der Übertragungswinkel μ herangezogen. Er ist der spitze Winkel zwischen der Tangente t_a an die Bahn des Rollenmittelpunktes und der Tangente t_r an die Äquidistante der Kurve im Abstand des Rollenhalbmessers (Bilder 105 und 106).

4.52 Zentrisch gerade geführte Rolle

Zunächst werde die Kurvenführung ohne Rolle und während einer unendlich kleinen Drehung der Kurvenscheibe um den Winkel $d\varphi$ betrachtet (Bild 285). Während dieser Drehung gleitet die gerade geführte Stange um dr nach oben (Anlaufkurve) [10].

Es ist

$$\tan\mu = \frac{r \cdot d\varphi}{dr} = \frac{r}{\dfrac{dr}{d\varphi}} .$$

Im Zusammenhang mit dem rechtwinkligen Koordinatensystem kann geschrieben werden

$$y = r , \quad x = k \cdot \varphi ,$$

$$\tan\mu = \frac{y}{k \dfrac{dy}{dx}} = \frac{y}{k \cdot \tan\tau} .$$

Bei steilster Neigung der Tangente wird $\tau = \tau_{\max}$ und damit

$$y = k \cdot \tan\tau_{\max} \cdot \tan\mu_{\min} .$$

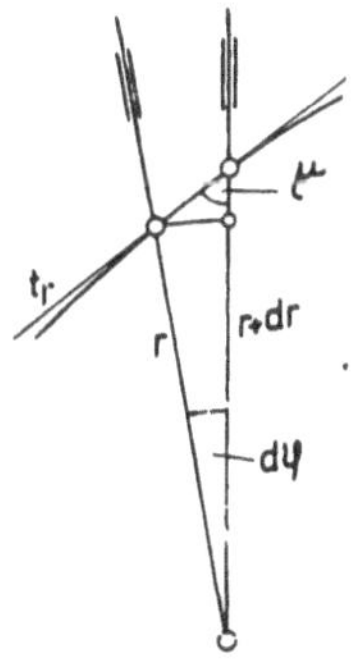

Bild 285. Der Übertragungswinkel bei der zentrisch geradegeführten Rolle

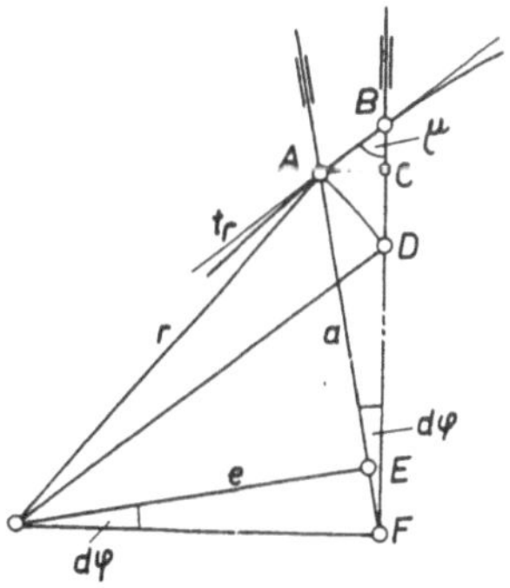

Bild 286. Der Übertragungswinkel bei der exzentrisch geradegeführten Rolle

4.53 Exzentrisch gerade geführte Rolle

Bei einer positiven Exzentrizität $+e$ kann nach Bild 286 folgende Beziehung angegeben werden:

$$\tan\mu = AC : BC; \quad AC = a \cdot d\varphi; \quad BC = BD - CD ,$$

$$CD = EF = e \cdot d\varphi ,$$

$$BC = da - e \cdot d\varphi;$$

$$\tan\mu = \frac{a \cdot d\varphi}{da - e \cdot d\varphi}$$

$$\tan\mu = \frac{a}{\dfrac{da}{d\varphi} - e} = \frac{y}{k \cdot \dfrac{dy}{dx} - e} = \frac{y}{k \cdot \tan\tau - e} .$$

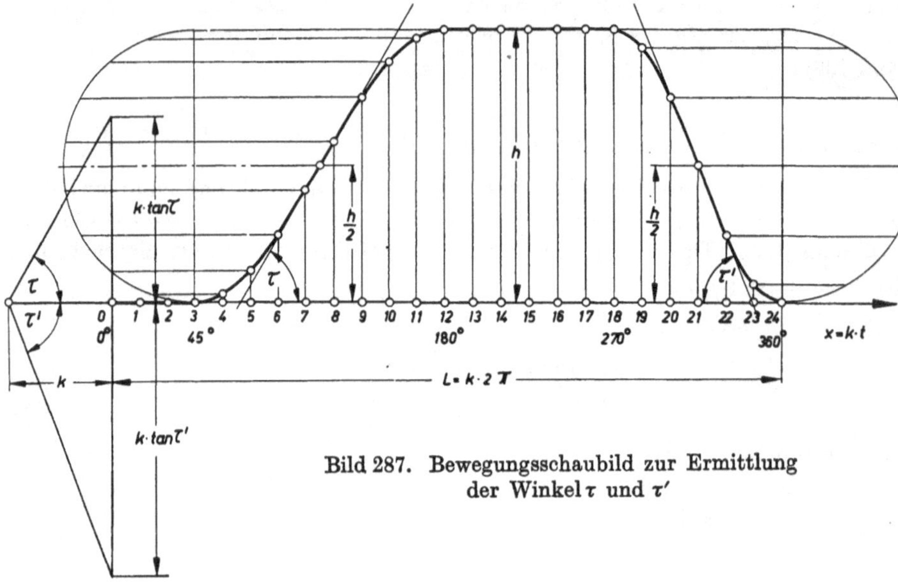

Bild 287. Bewegungsschaubild zur Ermittlung der Winkel τ und τ'

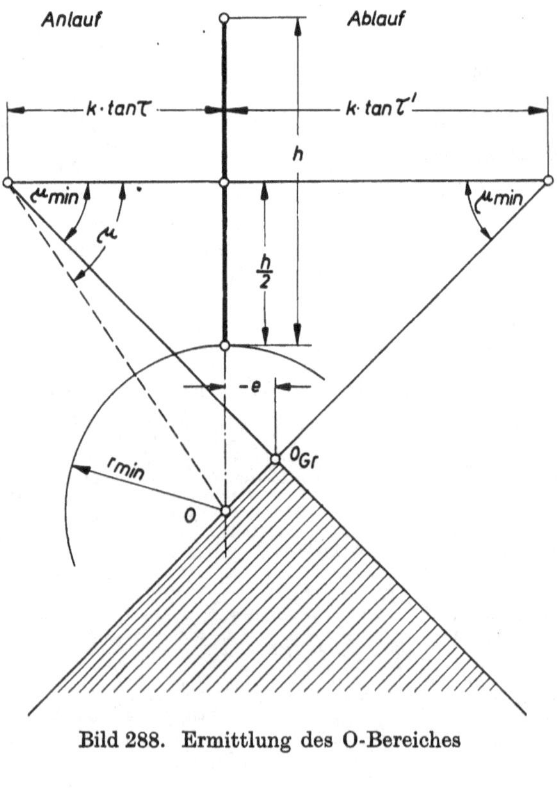

Bild 288. Ermittlung des O-Bereiches

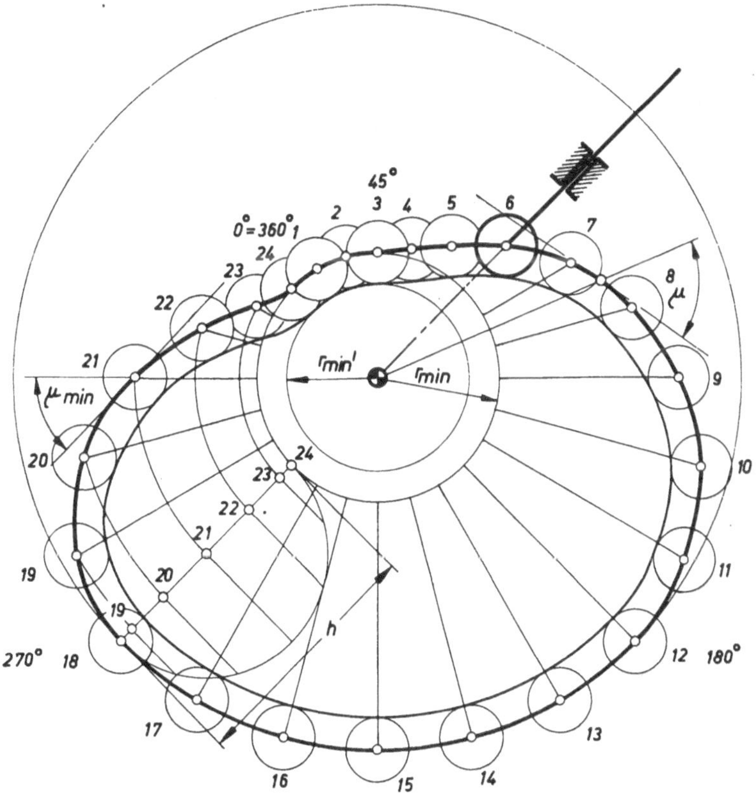

Bild 289. Konstruktion eines Kurvengetriebes mit zentrisch geradegeführter Rolle

Wird zwischen positiver und negativer Exzentrizität und An- und Ablaufkurve unterschieden, dann ist zusammenzufassen

	$\tan\mu$	
Exzentrizität	Anlaufkurve	Ablaufkurve
$+e$	$\dfrac{y}{+k\cdot\tan\tau - e}$	$\dfrac{y}{-(k\cdot\tan\tau' + e)}$
$e = 0$	$\dfrac{y}{+k\cdot\tan\tau}$	$\dfrac{y}{-k\cdot\tan\tau'}$
$-e$	$\dfrac{y}{+k\cdot\tan\tau + e}$	$\dfrac{y}{-(k\cdot\tan\tau' - e)}$.

Der im Bild 287 dargestellte Bewegungsverlauf soll von einem geradegeführten Rollenhebel verwirklicht werden. Die stärkste Neigung der An- und Ablaufkurve sei durch den Winkel τ bzw. τ' gegeben; die Maßstabskonstante k errechnet sich aus der Länge L der Abszisse für ein Bewegungsspiel, $k = L/2\,\pi$, so daß die Werte $k\cdot\tan\tau$ bzw. $k\cdot\tan\tau'$ zeichnerisch gefunden werden. In einer Nebenfigur

(Bild 288) werden von der Mitte des Hubes aus nach beiden Seiten $k \cdot \tan \tau$ und $k \cdot \tan \tau'$ abgetragen und in diesen Punkten der Übertragungswinkel $\mu_{\min}$ angetragen. Die beiden freien Schenkel begrenzen den Bereich, in dem der Drehpunkt 0 der Kurvenscheibe liegen muß, wenn der vorgeschriebene Winkel $\mu_{\min}$ nicht unterschritten werden soll. Bei zentrisch gerade geführter Rolle liegt der Kurvenscheibendrehpunkt 0 für den kleinsten Kurvenscheibenhalbmesser auf dem Schnittpunkt der Hubgeraden mit dem Schenkel des Winkels $\mu_{\min}$ vom Ablauf her. Vom Anlauf her wird $\mu_{\min}$ nicht erreicht, sondern ein größerer Winkel μ gilt als kleinster Übertragungswinkel. Der Schnittpunkt 0_{Gr} der beiden Winkel $\mu_{\min}$ ist derjenige Kurvenscheibendrehpunkt, bei dem $\mu_{\min}$ sowohl für den Anlauf als auch für den Ablauf erreicht wird. Dieses geradführende Kurvengetriebe muß aber eine negative Exzentrizität $-e$ erhalten und besitzt einen kleineren

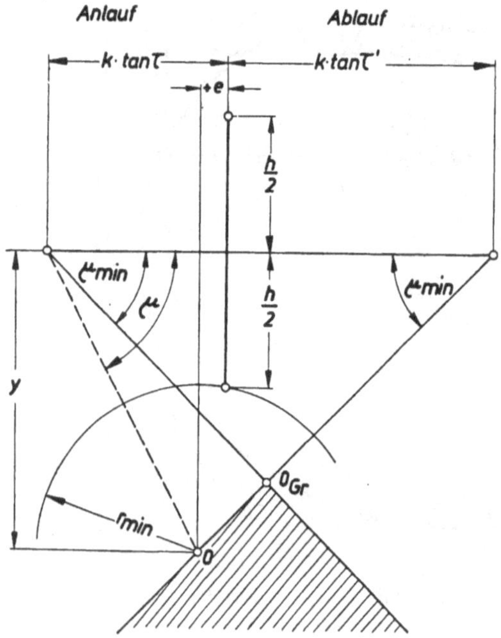

Bild 290. Ermittlung des O-Bereiches bei positiver Exzentrizität der geradegeführten Rolle

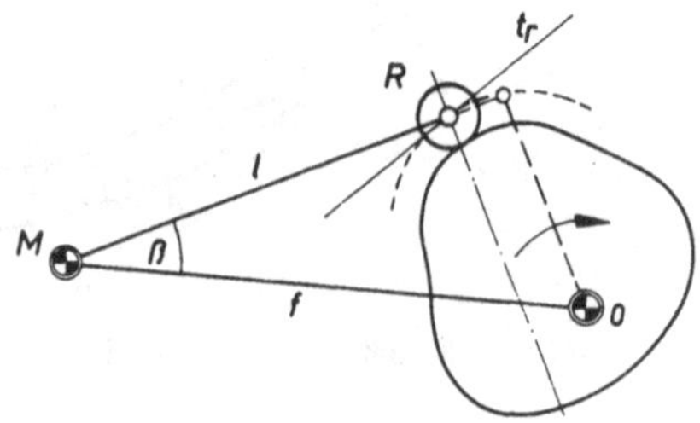

Bild 291. Der Übertragungswinkel bei der Rolle am Schwinghebel

Kurvenscheibenhalbmesser als das zentrische. Bei Verwendung einer Kurvenrolle vermindert sich der kleinste Kurvenscheibenhalbmesser um den Rollenhalbmesser (Bild 289).

Soll das Kurvengetriebe von Haus aus eine positive Exzentrizität $+e$ erhalten, dann ist eine entsprechende Figur (Bild 290) zu zeichnen. Während für den Ablauf als kleinster Übertragungswinkel das vorgeschriebene $\mu_{\min}$ erreicht wird, sinkt bei der Anlaufkurve der kleinste Übertragungswinkel nur bis zu einem Wert μ herab.

Es sei darauf hingewiesen, daß dieses zeichnerische Verfahren zur Bestimmung des Übertragungswinkels nur ein angenähertes sein kann, da μ von e abhängt. Für in der Praxis gebräuchliche Werte von e ist aber die zeichnerische Ermittlung von μ genau genug, denn der Übertragungswinkel stellt einen Erfahrungswert dar, der nur näherungsweise eingehalten werden muß.

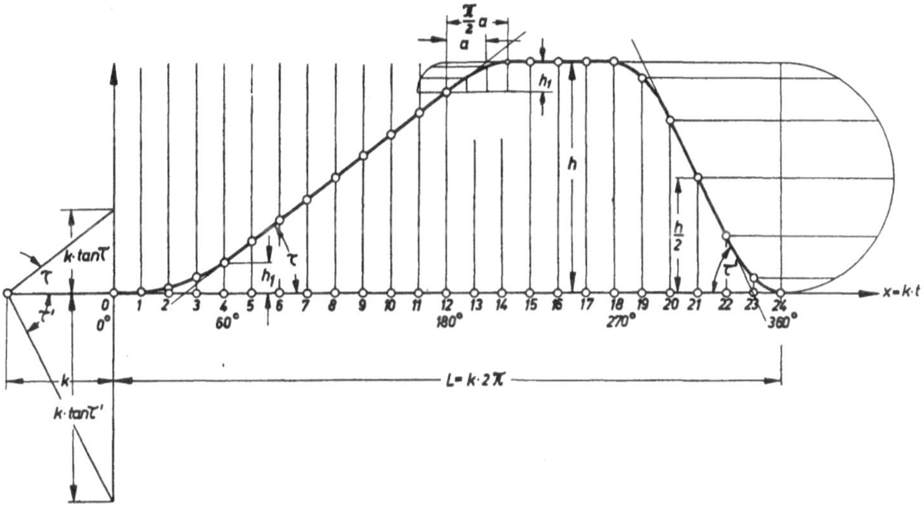

Bild 292. Bewegungsschaubild mit zeitweise gleichförmiger Bewegung beim Anlauf

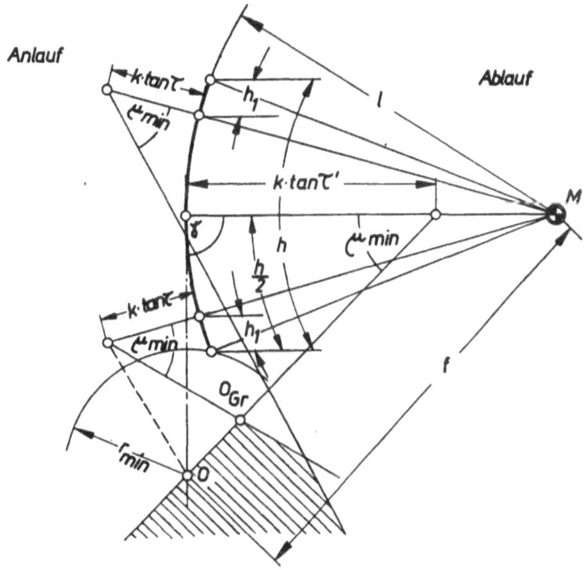

Bild 293. Ermittlung des O-Bereiches bei der Rolle am Schwinghebel

4.54 Rolle am Schwinghebel

Beim Kurvengetriebe mit Rolle am Schwinghebel (Bild 291) sollen folgende Größen unterschieden werden:

$OM = f$, Verbindung der beiden Festpunkte O und M,

$RM = l$, Länge des Schwinghebels,

β Hubwinkel.

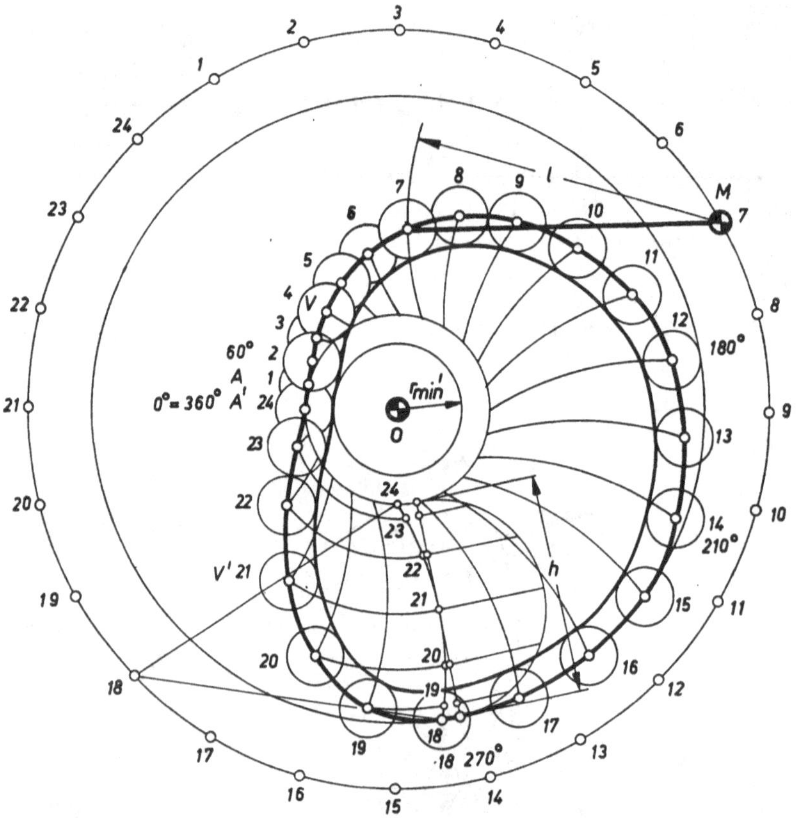

Bild 294. Konstruktion eines Kurvengetriebes mit Rolle am Schwinghebel

Analog der exzentrisch geradgeführten Rolle ergibt sich für die Anlaufkurve bei positiver Exzentrizität

$$\tan \mu = \frac{f \cdot \sin \beta}{k \tan \tau - (f \cdot \cos \beta - l)} .$$

Bei der Bewegung der Kurvenscheibe ändern sich die Größen $f \cdot \sin \beta$ $(= y)$ und $f \cdot \cos \beta - l$ $(= e)$ ständig.

Das Bewegungsschaubild (Bild 292) soll der Konstruktion eines Kurvengetriebes mit Rolle am Schwinghebel zugrundegelegt werden. Die gesamte Hubhöhe h der Ablaufkurve zeigt sinoidischen Verlauf, während die Anlaufkurve nur für die Teilhübe h_1 zu Beginn und am Ende des Hubes Sinuslinien vorsieht; im Zwischenbereich erfolgt die Bewegung gleichförmig (Gerade). Die Werte $k \cdot \tan \tau$ und $k \cdot \tan \tau'$ werden am Hubbogen des Rollenmittelpunktes (Bild 293) für den Anlauf an den Teilhüben h_1 und für den Ablauf am Hub $h/2$ abgetragen und von da aus die Winkel $\mu_{\min}$ angetragen, deren freie Schenkel den 0-Bereich eingrenzen. Wird für den Winkel γ (das ist der Winkel zwischen der Mittelstellung des Rollenhebels und der Verbindung des Kurvenscheibendrehpunktes mit dem Rollenmittelpunkt) ein Rechter gefordert, dann ist der Kurvenscheibendrehpunkt 0 auf dem Grenzstrahl bestimmt. Im Punkt 0_{Gr} wird für An- und Ablauf ein kleinster Übertragungswinkel $\mu_{\min}$ erreicht, dabei wird $\gamma < 90°$. Bei der Konstruktion der Kurve wandert der Rollenhebeldrehpunkt M auf einem Kreis um 0 (Bild 294). Die Hübe des Rollenhebels in den einzelnen Stellungen werden dem Bewegungsschaubild entnommen (für die Ablaufkurve ist der sinoidische Verlauf gesondert eingezeichnet). Zur Kurve des Rollenmittelpunktes ist die Äquidistante im Rollenhalbmesser zu zeichnen. Der kleinste Halbmesser der Kurvenscheibe ist $r'_{\min}$ [201].

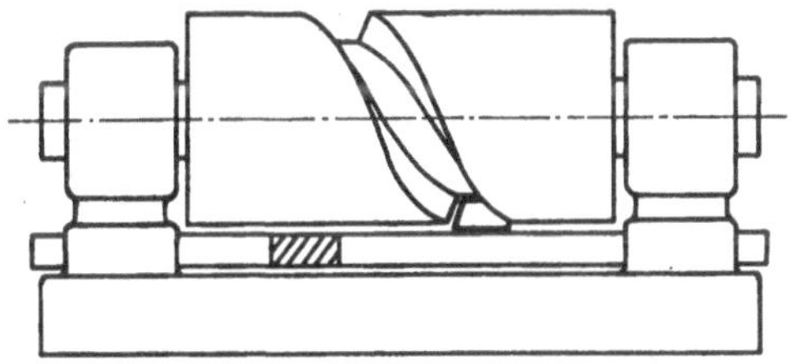

Bild 295. Trommelkurve mit Kurvennut

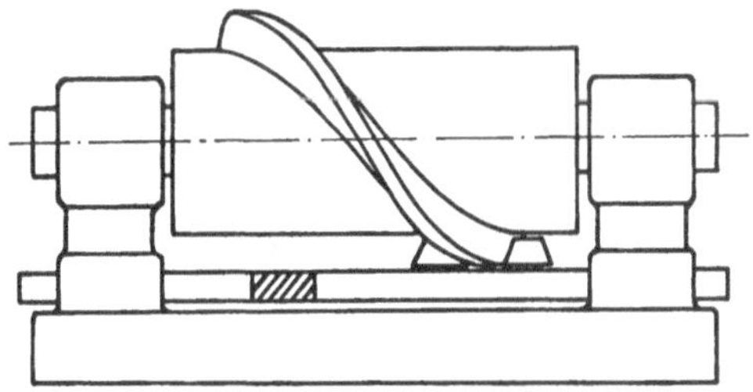

Bild 296. Trommelkurve mit Wulstkurve

Bei vielen automatischen Maschinen werden Trommelkurven angewendet. Die Kurve kann entweder als Kurvennut in einen zylindrischen Kurventräger eingearbeitet oder als Wulstkurve aufgesetzt werden (Bilder 295 und 296).

5 KRAFTÜBERTRAGUNG IN KURBELGETRIEBEN

Mit Ausnahme der Massenkräfte sollen alle diejenigen Kräfte ermittelt werden, die bei der Kraftübertragung in einem Kurbelgetriebe auftreten. Die Größe dieser Kräfte dient zur Bestimmung der Antriebsleistung und zur Durchführung der Festigkeitsberechnungen für die Getriebeglieder und Gelenke. Die Kräfte ändern sich ihrer Größe und Richtung nach, wenn sich die Stellung des Getriebes ändert [203].

Die zur Überwindung äußerer Widerstände in das Getriebe eingeleiteten *Antriebskräfte* leisten positive Arbeit.

Der als Nutzwiderstand wirkende Abtrieb und die Reibungswiderstände werden zu den *Widerstandskräften* zusammengefaßt, ihre geleistete Arbeit ist negativ.

Die *Gelenk- und Stützkräfte* leisten keine Arbeit. Sie sind entweder innere Kräfte, die stets paarweise und mit gemeinsamer Wirkungslinie auftreten oder äußere Kräfte, die in festen Drehpunkten wirken.

Die *Eigengewichte* der Getriebeglieder können je nach der Stellung des Getriebes als Triebkräfte oder Widerstände wirksam werden.

5.1 Bestimmung der Kräfte ohne Berücksichtigung der Reibung

In jeder Stellung des Getriebes ist nach dem Arbeitssatz die Arbeit der Triebkräfte gleich der Arbeit der Widerstände.

Für die Arbeit der Kraft P kann geschrieben werden (Bild 297)

$$A_P = P \cdot s \cdot \cos\alpha \,.$$

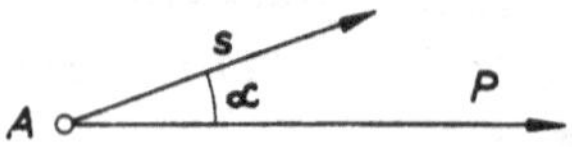

Bild 297. Arbeit ist Kraft mal Weg in Richtung der Kraft

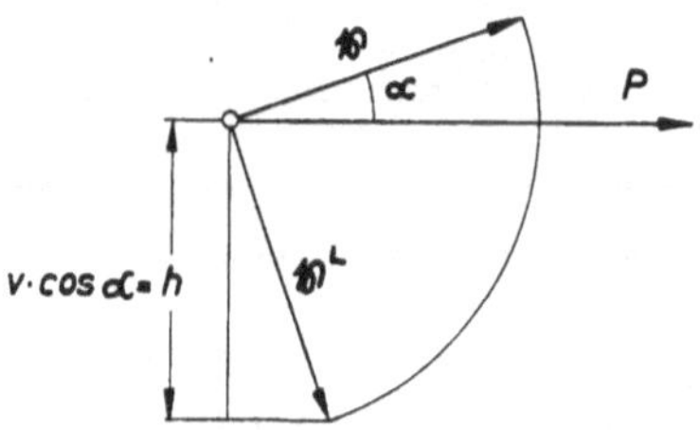

Bild 298. Leistung ist Kraft mal senkrechten Abstand h des Endpunktes des gedrehten Geschwindigkeitsvektors von der Kraftrichtung

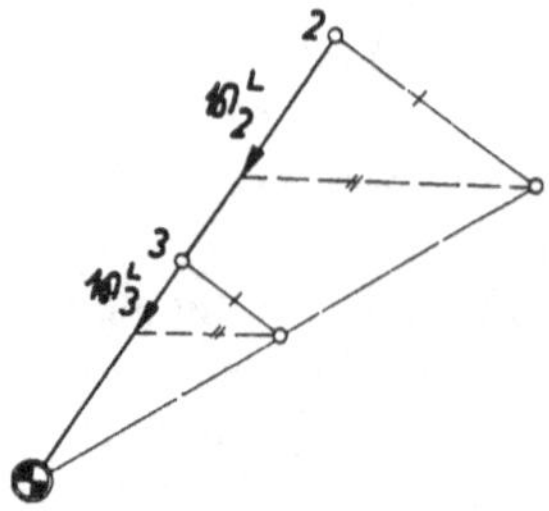

Bild 299. Beziehungen zwischen den gedrehten Geschwindigkeiten verschiedener Punkte eines Drehhebels

Die Kraft P wirkt unter dem Winkel α zur Richtung des Weges s. Die Widerstandskraft werde mit X bezeichnet; sie wirkt unter dem Winkel α_x zur Richtung des Weges s_x:

$$\sum P \cdot s \cdot \cos\alpha - X \cdot s_x \cdot \cos\alpha_x = 0\,,$$

$$\sum P \cdot \frac{s}{t} \cdot \cos\alpha - X \cdot \frac{s_x}{t} \cdot \cos\alpha_x = 0\,,$$

$$\sum P \cdot v \cdot \cos\alpha - X \cdot v_x \cdot \cos\alpha_x = 0\,;$$

nach Bild 298 soll geschrieben werden

$$v \cdot \cos\alpha = h; \quad v_x \cdot \cos\alpha_x = h_x\,, \quad \sum P \cdot h - X \cdot h_x = 0\,.$$

Ist die gedrehte Geschwindigkeit $v_2^\llcorner$ eines Punktes 2 einer Schwinge bekannt, so kann für den Punkt 3 der Schwinge die gedrehte Geschwindigkeit $v_3^\llcorner$ zeichnerisch ermittelt werden (Bild 299).

5.11 Kraftübertragung an der Kurbelschwinge

Die Angriffspunkte der Kraft sollen im Schnittpunkt ihrer Wirkungslinien mit den Geraden der Kurbel, Koppel und Schwinge liegen, so daß an der Kurbel P_1, an der Koppel P_2 und an der Schwinge X angreifen (Bild 300). Die gedrehte Geschwindigkeit des Gelenkpunktes A fällt mit der Kurbelgeraden AA_0 zusammen. Die gedrehten Geschwindigkeiten des Gelenkpunktes B und der Kraftangriffspunkte der Koppel und Schwinge lassen sich nach Abschnitt 22 ermitteln. Die senkrechten Abstände der Endpunkte der gedrehten Geschwindigkeitsvektoren von den Kraftrichtungen sind mit den Kräften zu multiplizieren

$$P_1 \cdot h_1 + P_2 \cdot h_2 - X \cdot h_x = 0\,.$$

Daraus errechnet sich der gesuchte Nutzwiderstand zu

$$X = \frac{P_1 \cdot h_1 + P_2 \cdot h_2}{h_x}\,.$$

5.12 Kraftübertragung am sechsgliedrigen Kurbelgetriebe

An dem sechsgliedrigen Zweistandgetriebe greife im Gelenkpunkt B eine Kraft P an, der eine im Gelenkpunkt A angreifende, ihrer Richtung nach bekannte Widerstandskraft Q das Gleichgewicht halten soll (Bild 301). Die Stabkräfte S_2 und S_3 schneiden sich in R. Durch R und Gelenkpunkt B muß die Resultierende R hindurchgehen, so daß sich aus dieser Richtung, der Kraft P und der Richtung der Stabkraft S_1 ein Kräftedreieck zeichnen läßt (Bild 302). Durch den Schnittpunkt V der Richtungen der Kräfte Q und R muß auch die Richtung der Stützkraft I hindurchgehen, so daß das Dreieck der Kräfte R, I und Q gezeichnet werden kann. Ist die Geschwindigkeit des Gelenkpunktes B gegeben, so ist h_P bekannt und damit kann aus der Gleichung

$$P \cdot h_P - Q \cdot h_Q = 0$$

der Wert für h_Q bestimmt werden. Zeichnerisch läßt sich h_Q nach Bild 302 ermitteln. Die Parallele zur Kraft Q im Abstand h_Q bestimmt die gedrehte Geschwindigkeit $v_A^\llcorner$ und der Endpunkt des Vektors $v_C^\llcorner$ liegt auf einer Parallelen zu AC durch den Endpunkt von $v_A^\llcorner$. Durch den letzteren ist eine Parallele zu AE zu zeichnen und mit einer Parallelen zu EB durch den Endpunkt des Vektors $v_B^\llcorner$ zum Schnitt zu bringen. Schnittpunkt ist der Endpunkt des Vektors $v_E^\llcorner$. Der Endpunkt des Vektors $v_D^\llcorner$ kann mit Hilfe ähnlicher Dreiecke nach dem Satz von Burmester gefunden werden, so daß damit die Geschwindigkeiten aller Gelenkpunkte bekannt sind [181].

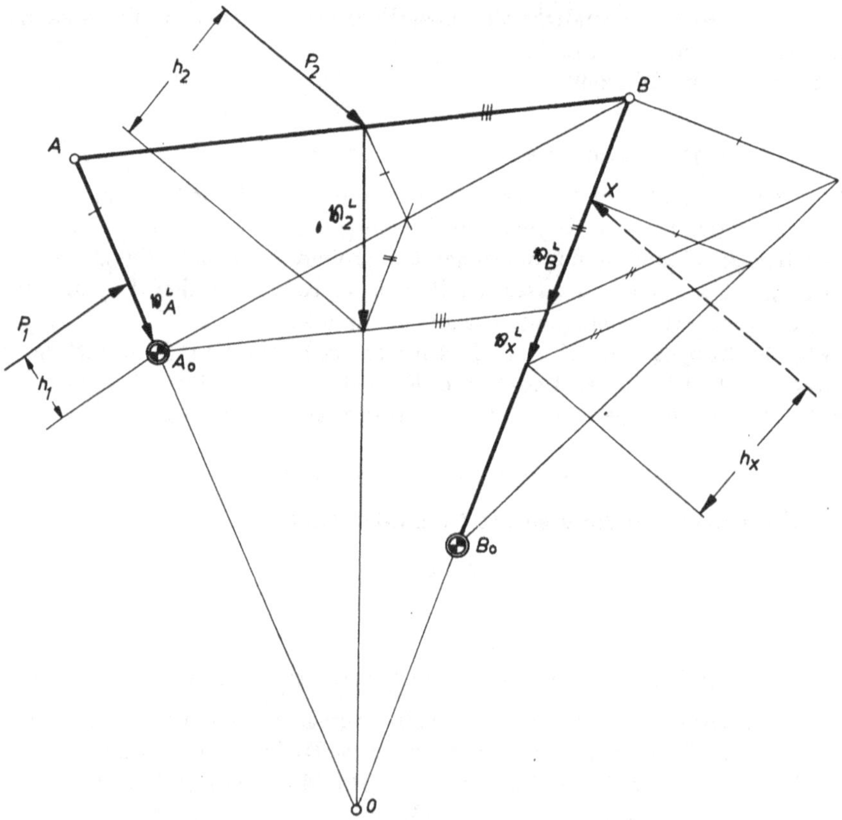

Bild 300. Kräfte am Gelenkviereck

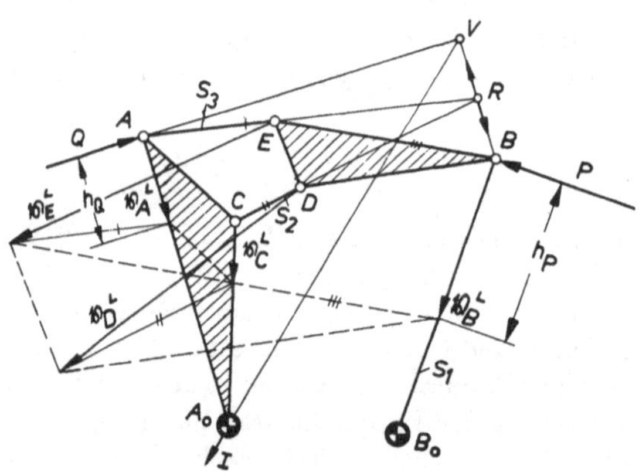

Bild 301. Kräfte und Geschwindigkeiten am sechsgliedrigen Zweistandgetriebe

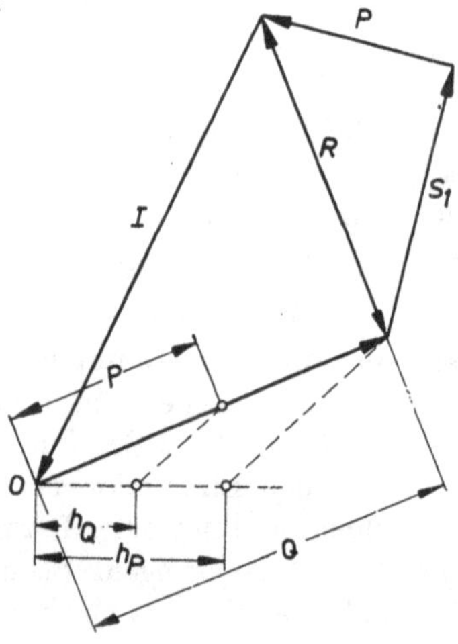

Bild 302. Krafteck zu Bild 301

5.2 Ermittlung der Kräfte mit Berücksichtigung der Reibungswiderstände in den Gelenken und Führungen

Der Lagerdruck P wirke auf einen zylindrischen Zapfen vom Halbmesser r. Bei der Drehung des Zapfens tritt ein Reibungswiderstand $R = \mu \cdot P$ auf, der am Zapfenumfang tangential angreift und dem Drehsinn des Zapfens entgegenwirkt (Bild 303). Das Reibungsmoment am Zapfen wird

$$M_R = R \cdot r = \mu \cdot P \cdot r .$$

Bei einem Kurbelgetriebe mit beispielsweise vier Gelenkpunkten (Zapfen) werden zunächst unter Vernachlässigung der Reibung der ideelle Nutzwiderstand X_0 und die Gelenkkräfte (Zapfendrücke) bestimmt. Die Zapfenreibungsziffer μ und die Zapfendurchmesser $2\,r_1$, $2\,r_2$, $2\,r_3$ und $2\,r_4$ seien bekannt. Nach dem Arbeitssatz ist eine Kraft X_R in Richtung des Nutzwiderstandes zu ermitteln, die alle Reibungswiderstände überwindet.

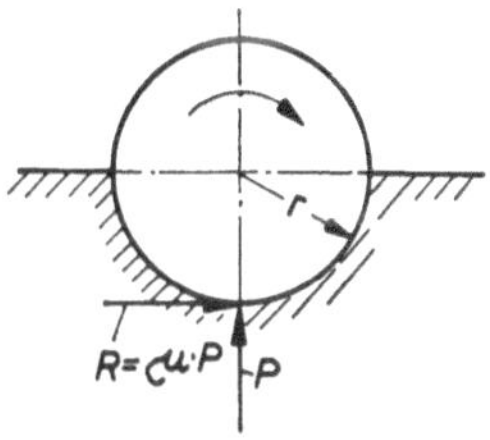

Bild 303. Reibung am Drehzapfen

Es ist dann der praktisch wirksame Nutzwiderstand

$$X = X_0 - X_R .$$

An der Kurbel der Kurbelschwinge des Bildes 304 greife die Kraft P_0 an. Die Richtung des an der Schwinge angreifenden Nutzwiderstandes X sei gegeben. Zur Bestimmung von X_R ist die Größe $h_x = v_x \cos \alpha$ zu ermitteln, wobei der gedrehte Geschwindigkeitsvektor des Gelenkpunktes der Antriebskurbel gleich der Länge der Antriebskurbel sein soll. Die Zapfen drehen sich in den Gelenken mit der Winkelgeschwindigkeit ω, die sich als relative Winkelgeschwindigkeit zwischen der des Zapfens und der des Gelenkgliedes bestimmen läßt. Das augenblickliche Gesamtmoment aller Zapfenreibungswiderstände ist $\sum M_R$ und die Reibungsleistung $\sum M_R \cdot \omega$, daraus folgt die Gleichung

$$X_R \cdot h_x = \sum M_R \cdot \omega .$$

Zur Bestimmung der relativen Winkelgeschwindigkeiten ist das Vektorendreieck $v_B = v_A \nrightarrow v_{BA}$ zu zeichnen (Bild 304), so daß die Gleichungen

$$\omega_A = \frac{v_A}{AA_0}\,; \quad \omega_{BA} = \frac{v_{BA}}{AB}\,; \quad \omega_B = \frac{v_B}{BB_0}$$

aufgelöst werden können.

Für die Zapfen 1 . . . 4 ergeben sich

$$\omega_1 = \omega_A ,$$
$$\omega_2 = \omega_A - \omega_{BA} ,$$
$$\omega_3 = \omega_{AB} - \omega_B ,$$
$$\omega_4 = \omega_B ,$$

wobei das Minuszeichen gilt, wenn beide Winkelgeschwindigkeiten (z. B. ω_A und ω_{BA}) gleichgerichtet sind.

Die Zapfenreibungsmomente sind die Produkte aus den Zapfendrücken I . . . IV (Bild 305), den Zapfenhalbmessern $r_1 \ldots r_4$ und dem Reibungsbeiwert μ und können in der Form geschrieben werden:

$$M_1 = \mu \cdot \mathrm{I} \cdot r_1; \quad M_2 = \mu \cdot \mathrm{II} \cdot r_2; \quad M_3 = \mu \cdot \mathrm{III} \cdot r_3; \quad M_4 = \mu \cdot \mathrm{IV} \cdot r_4 .$$

Die alle Reibungswiderstände überwindende Kraft ist dann

$$X_R = \frac{M_1 \cdot \omega_1 + M_2 \cdot \omega_2 + M_3 \cdot \omega_3 + M_4 \cdot \omega_4}{h_x} .$$

Nach Abzug der Kraft X_R von dem ideellen Nutzwiderstand X_0 bleibt der praktisch wirksame Nutzwiderstand X übrig.

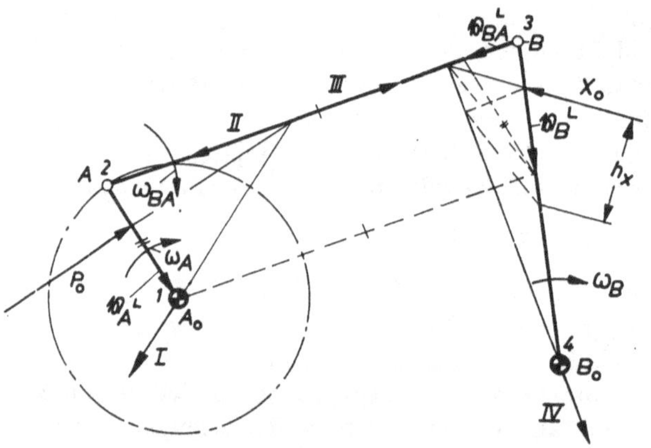

Bild 304. Kräfte und Relativdrehungen am Gelenkviereck

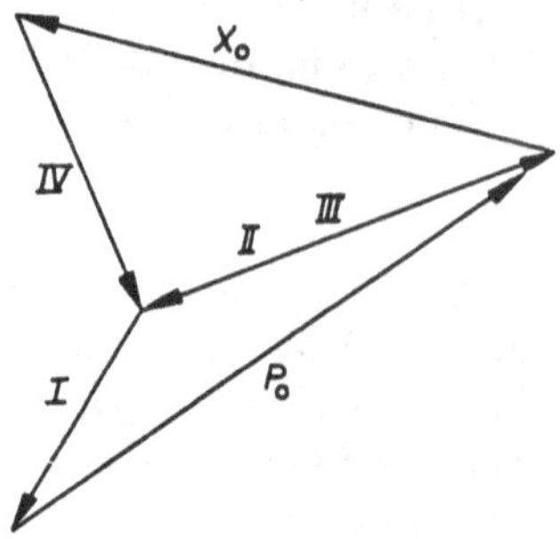

Bild 305. Krafteck zu Bild 304

5.21 Ermittlung der Zapfenreibung mittels der Zapfenreibungskreise

In der Gleichung für das Zapfenreibungsmoment

$$M_R = P \cdot \mu \cdot r$$

werden die Größen μ und r zum Halbmesser des Zapfenreibungskreises zusammengefaßt, dann kann die Kraft P derart eingezeichnet werden, daß sie den Zapfenreibungskreis berührt (Bild 306). Diese zeichnerische Berücksichtigung der Zapfenreibung soll an einem Getriebeglied b, dessen beider Zapfen die gelenkige Verbindung mit den Gliedern a und c herstellen, dargelegt werden (Bilder 307 und 308). Ist das Glied b, bei der angegebenen Drehrichtung der Glieder gegen einander, auf Druck beansprucht, dann ist die gemeinsame innere Tangente an die Reibungskreise so einzuzeichnen, daß die Druckkraft der Bewegung entgegenwirkt. Bei Zugbeanspruchung des Gliedes b ist die gemeinsame äußere Tangente an die Reibungskreise entgegen der Bewegungsrichtungen der Zapfen einzuzeichnen. Welche von den vier gemeinsamen Tangenten an die Reibungskreise zu zeichnen

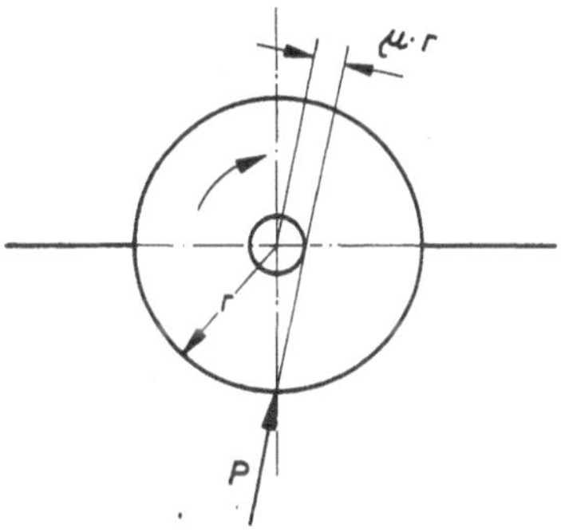

Bild 306. Kraftrichtung berührt den Reibungskreis

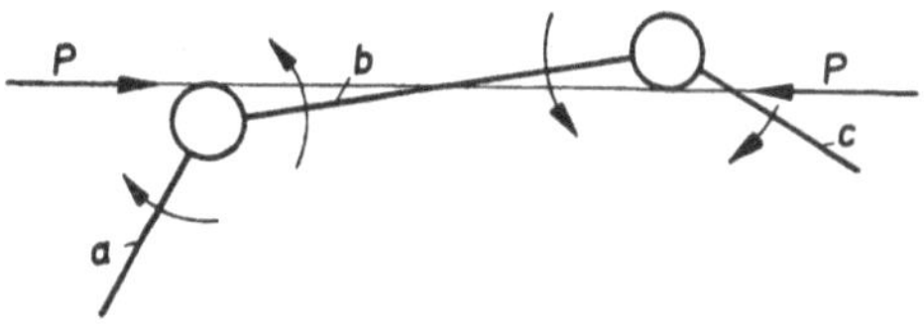

Bild 307. Bei Druckbeanspruchung liegt die Kraft in der Richtung der gemeinsamen inneren Tangente an die Reibungskreise

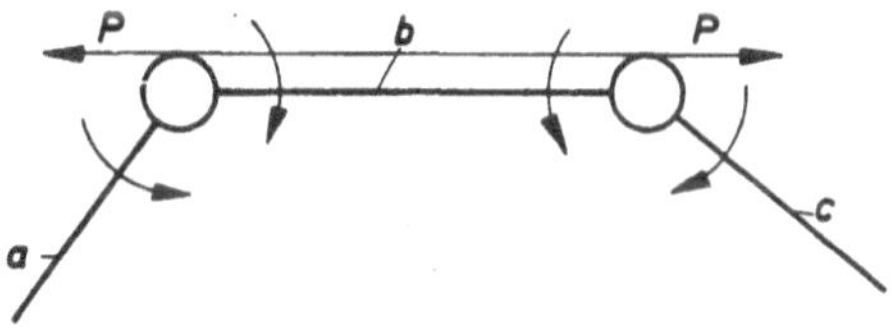

Bild 308. Bei Zugbeanspruchung liegt die Kraft in der Richtung der gemeinsamen äußeren Tangente an die Reibungskreise

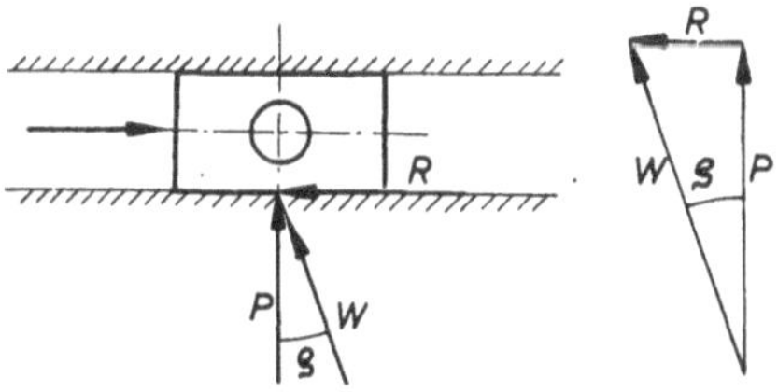

Bild 309. Reibungskraft am Gleitstein

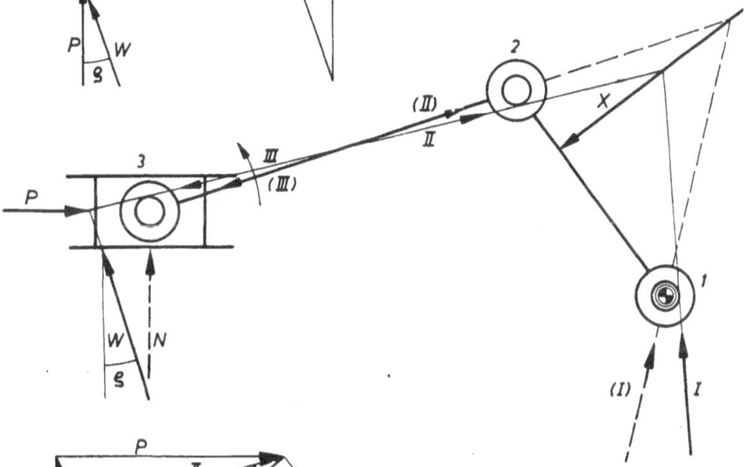

Bild 310. Kräfte und Reibungswiderstände an der Schubkurbel

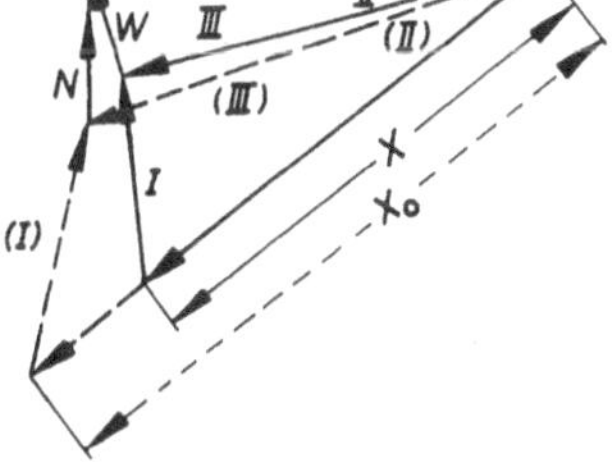

Bild 311 (links). Kräfteplan für die Schubkurbel des Bildes 310

ist, hängt also von der Beanspruchung des Gliedes und von seiner Relativbewegung gegenüber den angeschlossenen Gliedern ab.

Die bei geradgeführten Maschinenteilen (Gleitsteinen, Kreuzköpfen u. a.) auftretende Gleitreibung wird zeichnerisch in der Weise veranschaulicht, daß der Gesamtwiderstand W die Diagonale eines Rechtecks darstellt, dessen Seiten von der Normalkraft P und dem Reibungswiderstand $R = \mu \cdot P$ gebildet werden (Bild 309). P und W schließen den Reibungswinkel ϱ ein, wobei $\tan \varrho = \mu$.

5.22 Kräfte und Reibungswiderstände an der Schubkurbel

Am Kreuzkopf der Schubkurbel wirke vom Kolben her die Kraft P (Bild 310). Die Richtung, in der der ideelle und wirkliche Nutzwiderstand an der Kurbel angreift, sei gegeben, seine Größe werde ermittelt. Die Bestimmung der Gelenk- und Stützkräfte erfolge ohne und mit Berücksichtigung der Reibungswiderstände.

Aus dem Kräfteplan (Bild 311) folgen ohne Reibung die Vektorengleichungen

$$P \nrightarrow (\mathrm{III}) \nrightarrow N = 0\,,$$

$$(\mathrm{II}) \nrightarrow (\mathrm{I}) \nrightarrow X_0 = 0\,.$$

Nach dem Einzeichnen der Reibungskreise ändern sich die Richtungen der Gelenkkräfte. Die Vektorenpläne können bei Berücksichtigung der Reibung nach folgenden Gleichungen gezeichnet werden.

$$P \nrightarrow \mathrm{III} \nrightarrow W = 0,$$

$$\mathrm{II} \nrightarrow \mathrm{I} \nrightarrow X = 0\,.$$

5.3 Massenkräfte in ebenen Getrieben

Bei der Bewegung jedes Körpers treten, abgesehen von der gleichförmigen Translation, Massenkräfte oder Trägheitskräfte auf, die sich bei den als Scheibe aufzufassenden Getriebegliedern durch eine resultierende Massenkraft ersetzen lassen. Diese Kraft ist mitbestimmend bei der Gestaltung der Getriebeglieder und der Dimensionierung der Gelenke [179, 199].

5.31 Die Lage der resultierenden Massenkraft

Von einem Getriebeglied seien die Beschleunigungen b_S des Schwerpunktes S und b_A des Gelenkpunktes A bekannt (Bild 312). Der Schwerpunkt S bewege sich relativ zum Gelenkpunkt A mit der Beschleunigung $b_S - b_A$. Die von der Drehung um A herrührende Winkelbeschleunigung kann geschrieben werden:

$$\varepsilon = \frac{(b_S - b_A)_t}{s_A} = \frac{b_t}{s_A}\,,$$

wobei $(b_S - b_A)_t$ die Tangentialkomponente von $b_S - b_A$ darstellt.

Im Schwerpunkt S der Scheibe wirke der Massenwiderstand $-m \cdot b_S$ der Beschleunigung b_S entgegen. Der Drehung um A entgegen wirke das Moment $M = -\varepsilon J_S$, wobei J_S das Massenträgheitsmoment der Scheibe in bezug auf den

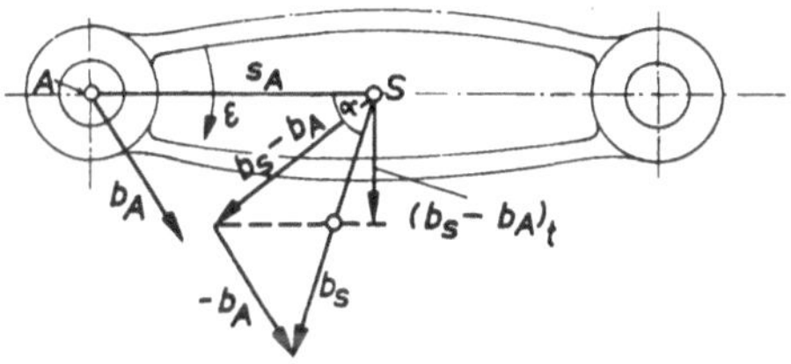

Bild 312. Beschleunigungen an einem Getriebeglied

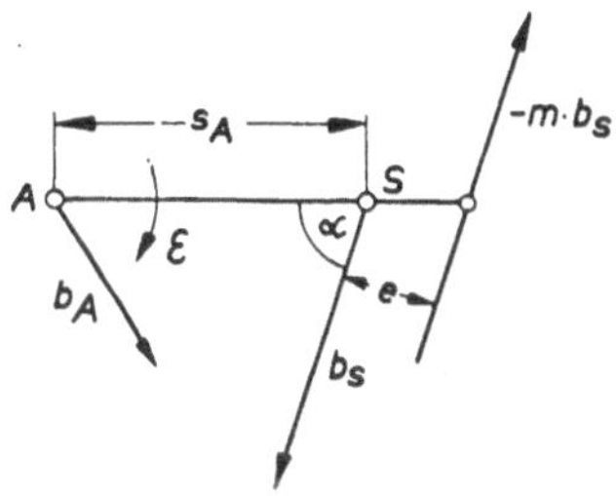

Bild 313. Lage der resultierenden Massenkraft — $m \cdot b_S$

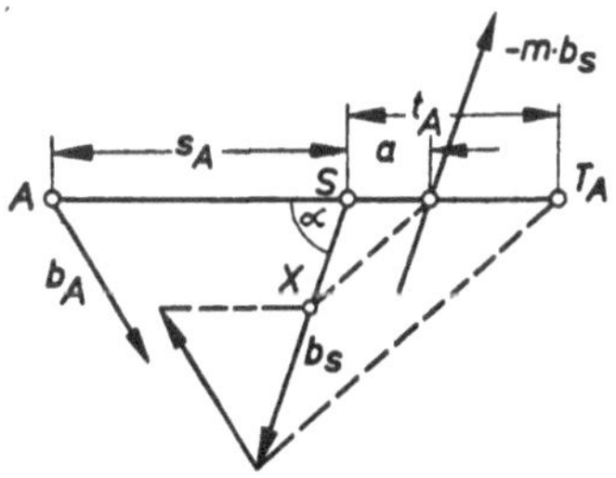

Bild 314. Zeichnerische Bestimmung der Lage der resultierenden Massenkraft

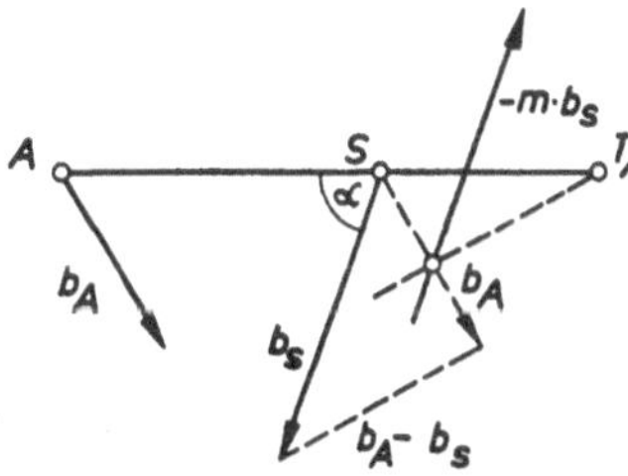

Bild 315 Bestimmung der Lage der resultierenden Massenkraft bei Zerlegung der Bewegung in Schiebung und Drehung

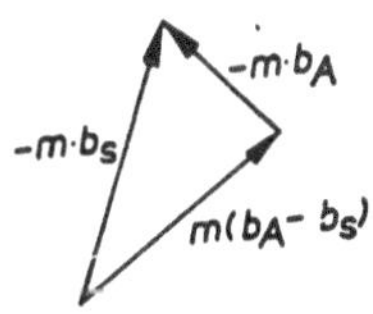

Bild 316. Krafteck zu Bild 315

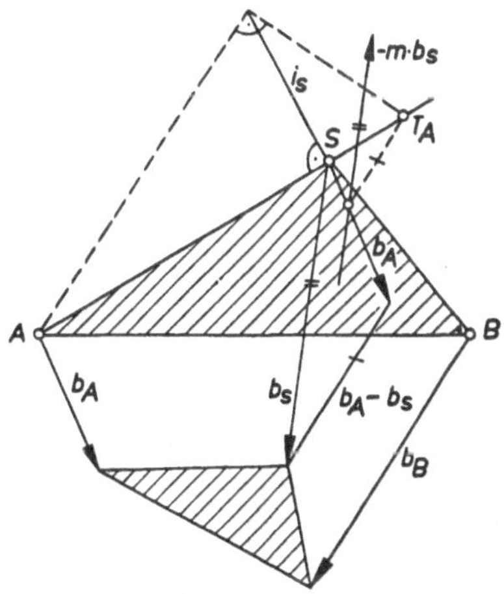

Bild 317. Bestimmung der Lage der Massenkraft, wenn von zwei Gelenkpunkten des Getriebegliedes die Beschleunigungen bekannt sind

Schwerpunkt S sein soll. Massenwiderstand und Moment werden zu einer Ersatzkraft zusammengefaßt, die im Abstand e vom Schwerpunkt angreift (Bild 313), wobei für e folgende Gleichung gilt:

$$e = \frac{-\varepsilon \cdot J_S}{-m \cdot b_S}.$$

Darin ist für $\varepsilon = b_t/s_A$ und für $J_S = m \cdot i_S^2$ zu setzen, so daß

$$e = \frac{b_t}{b_S} \cdot \frac{i_S^2}{s_A}.$$

Der Ausdruck i_S^2/s_A wird als Abstand t_A des Schwingungsmittelpunktes T_A vom Schwerpunkt S bezeichnet.

Für das Getriebeglied des Bildes 312 sei t_A ermittelt worden, dann läßt sich die Lage der resultierenden Massenkraft $P = -m \cdot b_S$ in folgender Weise bestimmen (Bild 314):

An die Beschleunigung b_S ist der negative Vektor b_A der Beschleunigung des Gelenkpunktes A anzutragen und durch den Endpunkt die Parallele zu SA zu zeichnen, die die Richtung von b_S in X schneidet. Die Parallele durch X zur Verbindungsgeraden von T_A zum Endpunkt des Vektors b_S bestimmt den Abstand a vom Schwerpunkt S, in dem die resultierende Massenkraft $-m \cdot b_S$ angreift, denn es ist

$$a = \frac{e}{\sin \alpha} = \frac{b_t}{\sin \alpha} \cdot \frac{t_A}{b_S}.$$

Eine andere Lösung geht von der Zerlegung der Bewegung der Scheibe in eine Parallelverschiebung in Richtung der Beschleunigung des Gelenkpunktes A und in eine Drehung um A aus. Bei dieser Drehung ist für den Schwerpunkt S die Beschleunigung $b_S - b_A$ wirksam. Von der Schiebung her greift im Schwerpunkt die Massenkraft $-m \cdot b_A$ an, während die Drehung um A die Massenkraft $m(b_A - b_S)$ hervorruft, die durch den Schwingungsmittelpunkt T_A hindurchgeht (Bild 315). Beide Kräfte werden zur resultierenden Massenkraft vereinigt, deren Lage durch den Schnittpunkt beider Kraftrichtungen bestimmt ist. Die drei durch diesen Punkt gehenden Kräfte bilden ein Krafteck (Bild 316).

Sind die Beschleunigungen b_A und b_B der beiden Gelenkpunkte A und B eines Getriebegliedes (Scheibe) gegeben (Bild 317), dann wird nach dem Satz von BURMESTER die Beschleunigung b_S des Schwerpunktes S bestimmt, indem das von den Endpunkten der Vektoren gebildete Dreieck dem Dreieck ABS ähnlich gemacht wird. Der Abstand t_A des Schwingungsmittelpunktes T_A vom Schwerpunkt S in Richtung AS kann als Hypothenusenabschnitt eines rechtwinkligen Dreiecks zeichnerisch angegeben werden, dessen Höhe i_S vom Trägheitsmoment J_S her bekannt ist. Die Parallele zu $b_A - b_S$ durch T_A schneidet die Richtung der in S angetragenen Beschleunigung b_A und durch diesen Schnittpunkt parallel zu b_S und entgegengerichtet verläuft die resultierende Massenkraft $-m \cdot b_S$.

5.32 Die resultierenden Massenkräfte an der Kurbelschwinge

Die Kurbel A_0A einer Kurbelschwinge (Bild 318) laufe mit konstanter Drehzahl um; ihr Schwerpunkt falle in den Drehpunkt A_0. Koppel und Schwinge seien prismatische Stäbe.

Der gedrehte Geschwindigkeitsvektor des Kurbelgelenkpunktes A sei gleich der Länge der Kurbel, dann hat bei konstanter Drehzahl der Beschleunigungsvektor b_A die gleiche Länge und fällt mit diesem zusammen. Die Beschleunigung b_B ist nach Abschnitt 22 zu ermitteln und die Beschleunigungen der Schwerpunkte S_3 und S_4 können wie im vorangegangenen Abschnitt nach dem Satz von BURMESTER bestimmt werden.

Für den prismatischen Stab von der Länge l gilt $J_S = m \cdot l^2/12$ und daraus folgt für $i_S^2 = J_A/m = l^2/12$. Der Abstand seines Schwingungsmittelpunktes vom Schwerpunkt beträgt

$$\left(i_S^2 \middle/ \frac{l}{2}\right) = l/6\,.$$

Von der in S_3 angetragenen Beschleunigung b_A ist b_{S3} zu subtrahieren und zu $b_A - b_{S3}$ durch T_A die Parallele zu zeichnen, die sich mit b_A im Angriffspunkt der resultierenden Massenkraft $-m_3 \cdot b_{S3}$ schneidet. Letztere wird mit dem Gewicht G_3 zur Resultierenden R_3 vereinigt. Parallel zu b_{S4} durch T_{B0} verläuft die Massenkraft $-m_4 \cdot b_{S4}$, die mit G_4 vereinigt

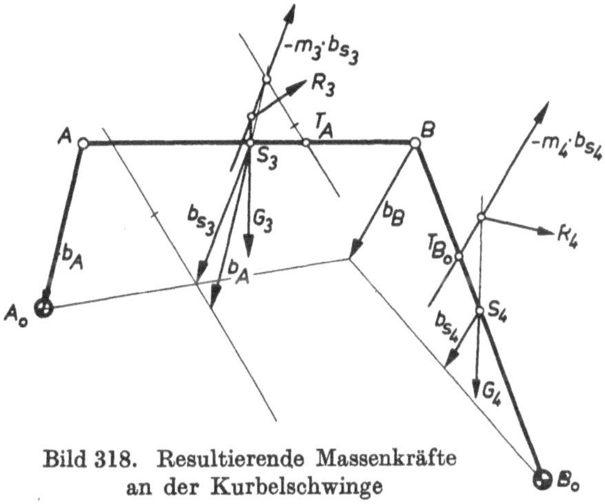

Bild 318. Resultierende Massenkräfte an der Kurbelschwinge

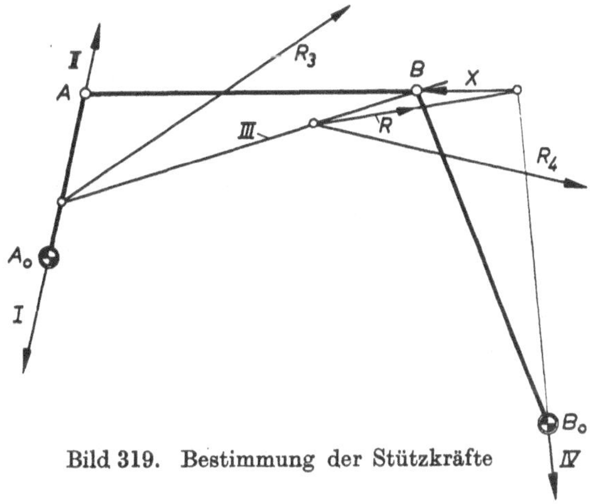

Bild 319. Bestimmung der Stützkräfte

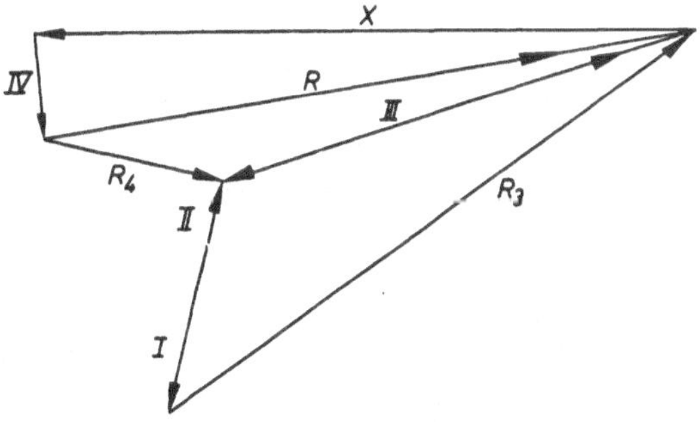

Bild 320. Kräfteplan für die Kurbelschwinge des Bildes 318

die Resultierende R_4 ergibt. R_3 und R_4 werden im Bild 319 in Stab- und Stützkräfte der Kurbelschwinge zerlegt, wobei die Größe der Kräfte dem Krafteck (Bild 320) entnommen werden kann. Die Kraft X, die den Massenkräften das Gleichgewicht hält, ist ihrer Richtung nach gegeben [199].

6 KONSTRUKTIONSTAFELN

Schon von H. ALT wurde angeregt, dem Konstrukteur Tafeln zur Verfügung zu stellen, denen er die Abmessungen der Kurbelgetriebe derart entnehmen kann, daß praktische Forderungen erfüllt werden [62]. Ich habe in meinem Institut diese Arbeiten fortgesetzt und im Rahmen von Forschungsarbeiten, unterstützt durch meine wissenschaftlichen Mitarbeiter, eine Anzahl Konstruktionstafeln anfertigen lassen, die dem in der Praxis tätigen Ingenieur sehr willkommen sind.

6.1 Konstruktion einer Kurbelschwinge, wenn die Totlagenwinkel vorgeschrieben sind

Der Totlagenwinkel der Kurbel sei φ_0, der der Schwinge sei ψ_0. Die ALTsche Totlagenkonstruktion ist in den Bildern 197 bis bis 199 für $\varphi_0 < 180°$, $\varphi_0 = 180°$ und $\varphi_0 > 180°$ durchgeführt worden. In Bild 200 wurde die zusätzliche Forderung, von vielen Kurbelschwingen diejenige zu ermitteln, deren kleinster Übertragungswinkel am größten ist, erfüllt. Ihre Abmessungen werden in der Weise bestimmt, daß an der vorgegebenen Entfernung der beiden Festpunkte A_0B_0 in gleichem Sinn in A_0 der Winkel $\varphi_0/2$ und in B_0 der Winkel $\psi_0/2$ angetragen und ihre Schenkel in R zum Schnitt gebracht werden. Die Senkrechte auf A_0R in A_0 schneidet RB_0 in H. Die beiden Kreise mit den Durchmessern A_0R und RH sind der geometrische Ort für die Gelenkpunkte A_1 bzw. B_1. Der beste Kleinstwert des Übertragungswinkels wird erreicht von einer Kurbelschwinge, deren Gelenkpunkte A_1 und B_1 auf den Kreisen von einer unter dem Winkel β zu A_0B_0 geneigten, durch A_0 hindurchgehenden Geraden bestimmt werden. Der Winkel β wird der Konstruktionstafel (Bild 321) entnommen und ebenso kann der Bestwert des kleinsten Übertragungswinkels abgelesen werden.

Für ein Beispiel $\varphi_0 = 200°$ und $\psi_0 = 40°$ gibt die Tafel den Winkel $\beta = 56°$ bei einem kleinsten Übertragungswinkel $\mu = 43°$. Der freie Schenkel dieses an A_0B_0 in A_0 angetragenen Winkels β schneidet die beiden Kreise in A_1 bzw. B_1 und bestimmt damit die Längen der Kurbel A_0A_1, Koppel A_1B_1 und Schwinge B_0B_1.

Bei einer Steglänge $A_0B_0 = 150$ mm ergeben sich für die Kurbel $A_0A_1 = 47$ mm, Koppel $A_1B_1 = 119$ mm und Schwinge $B_0B_1 = 149$ mm.

Für die Bestimmung der Längen für Kurbel, Koppel und Schwinge sind besondere Konstruktionstafeln in den Bildern 322 bis 324 entwickelt worden, um das Aufzeichnen der Kreise und das Auftragen des Winkels β entbehrlich zu machen [190].

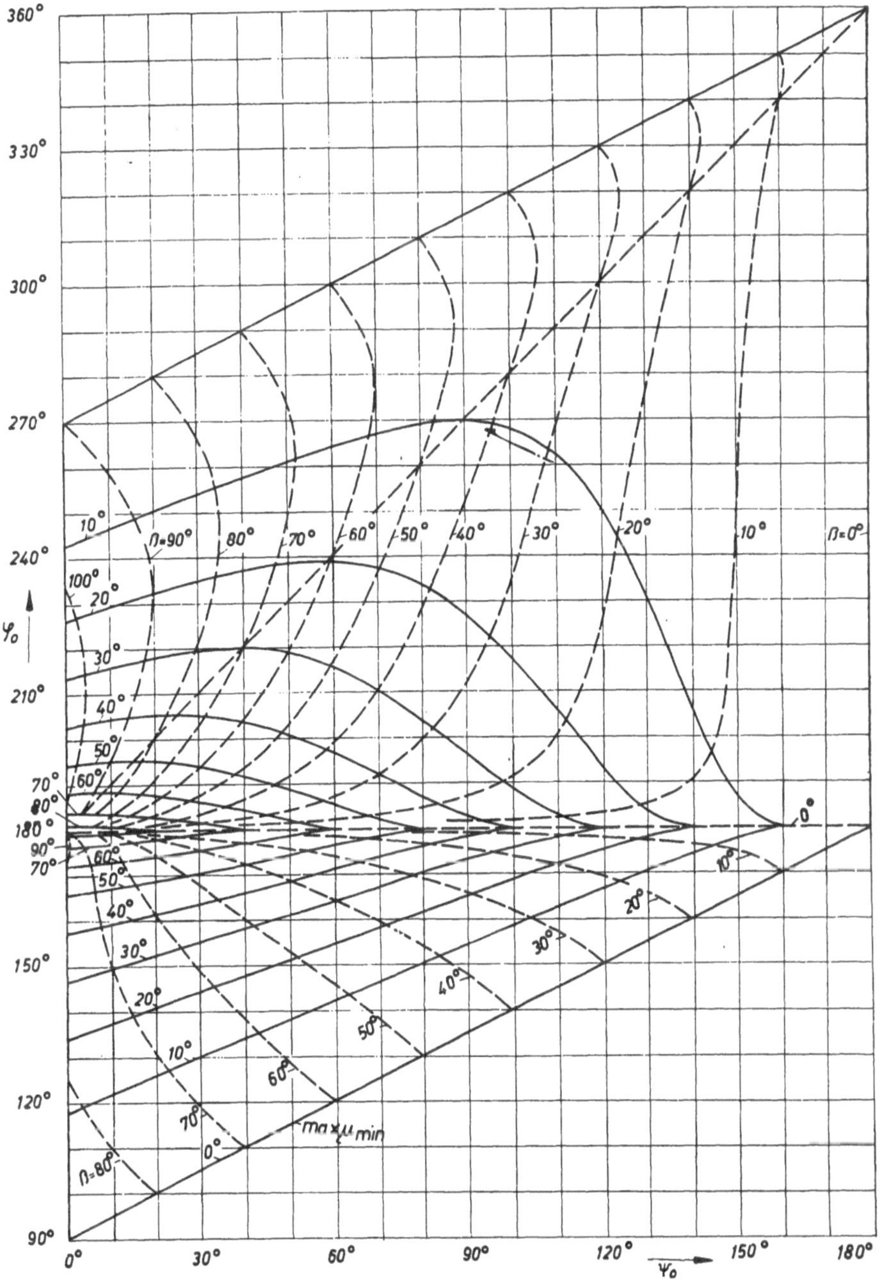

Bild 321. Kleinstwert des Übertragungswinkel und Hilfswinkels β in Abhängigkeit von den Totlagenwinkeln

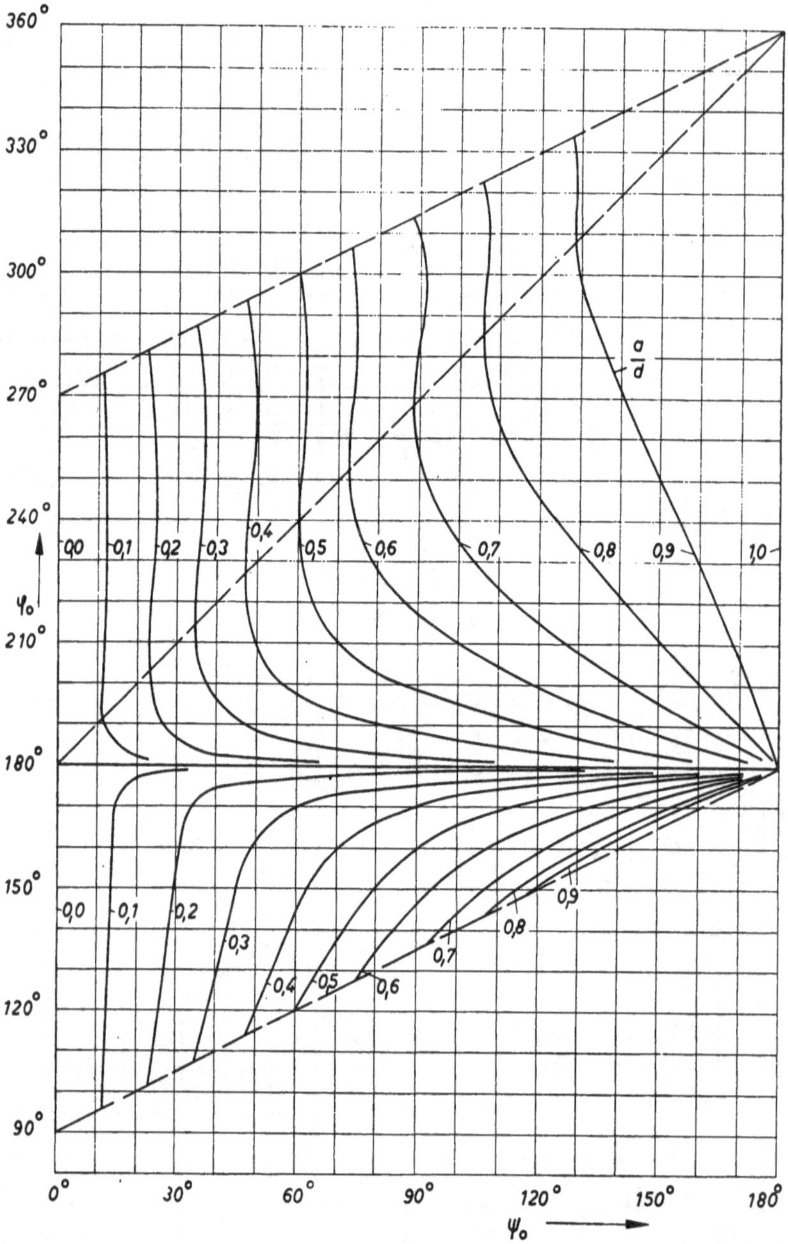

Bild 322. Verhältnis der Kurbellänge a zur Gestellänge d in Abhängigkeit von den Totlagenwinkeln

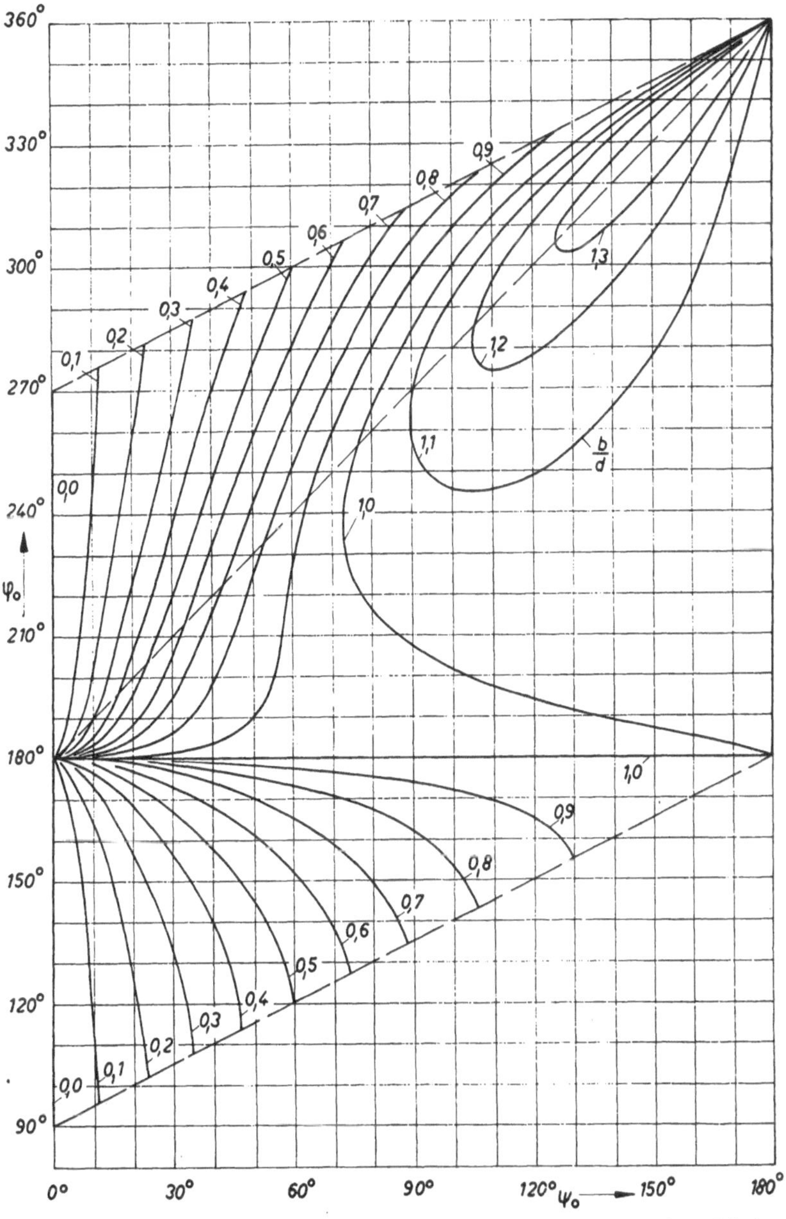

Bild 323. Verhältnis der Koppellänge b zur Gestellänge d in Abhängigkeit von den Totlagenwinkeln

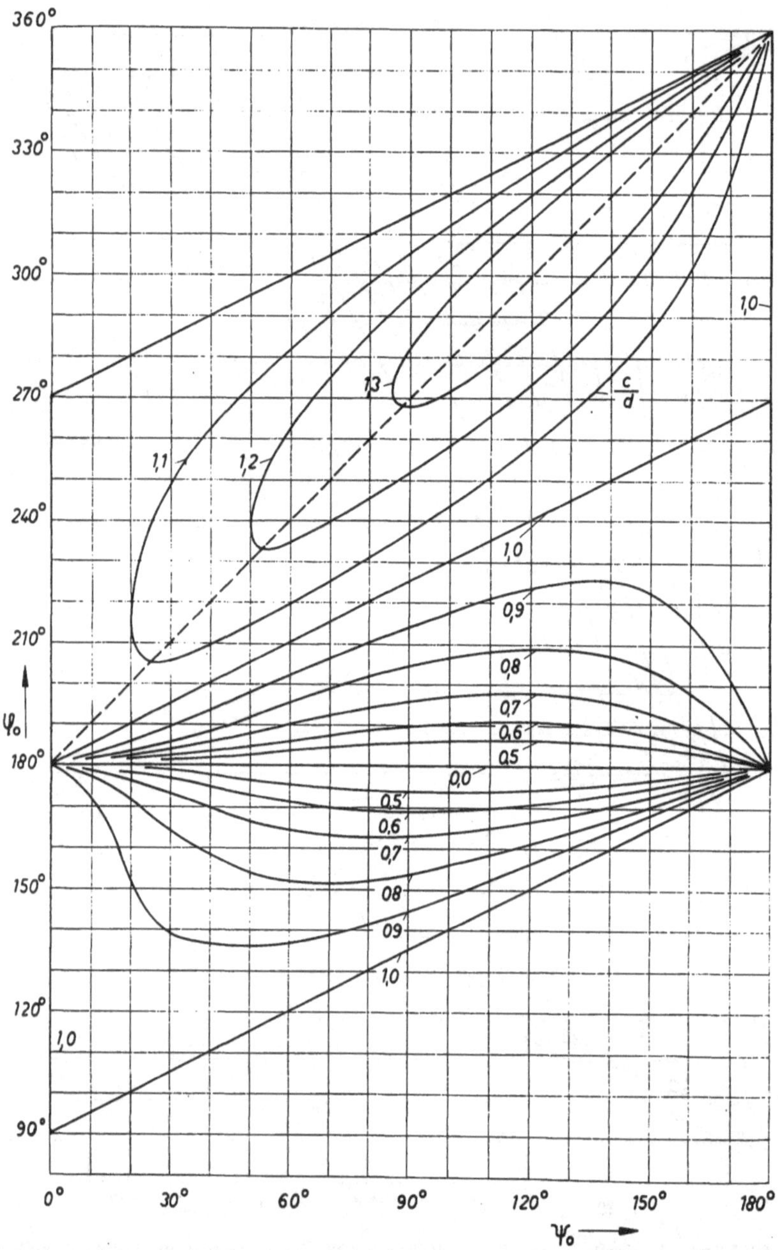

Bild 324. Verhältnis der Schwingenlänge c zur Gestellänge d in Abhängigkeit von den Totlagenwinkeln

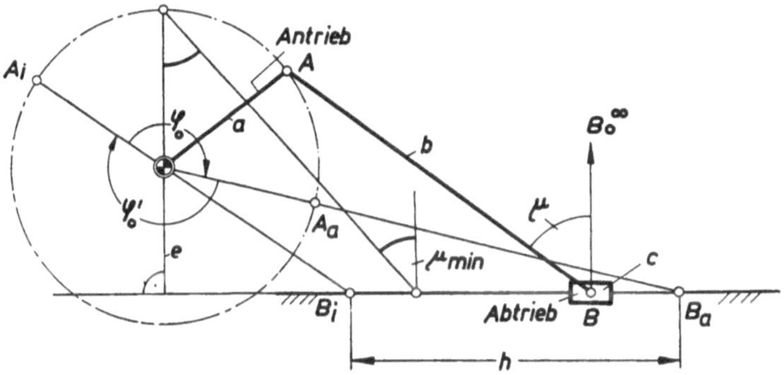

Bild 325. Totlagen der Schubkurbel und Stellung des kleinsten Übertragungswinkels

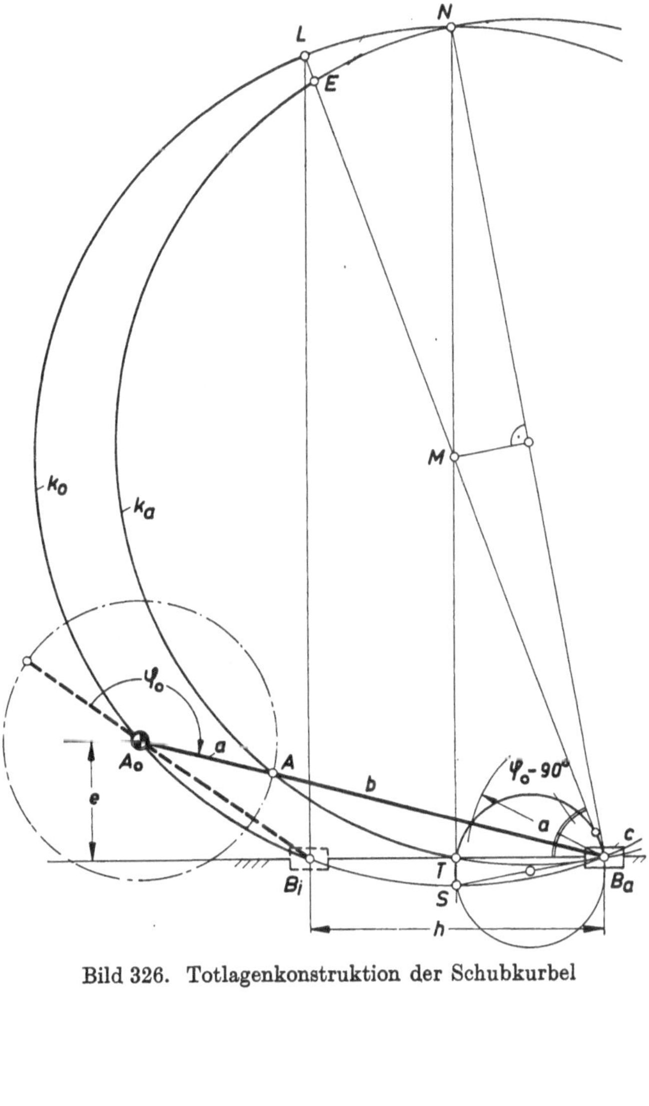

Bild 326. Totlagenkonstruktion der Schubkurbel

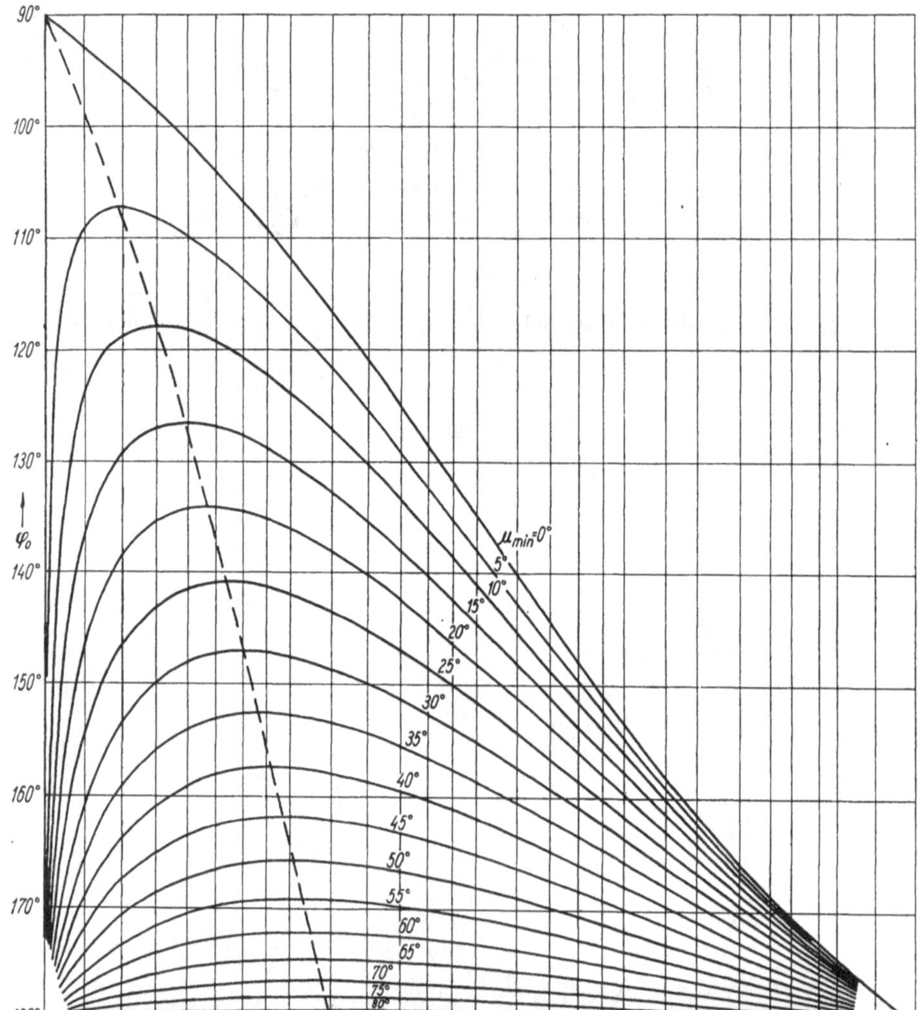

Bild 327. Kleinstwert des Übertragungswinkels in Abhängigkeit vom Totlagenwinkel φ_0 und von der Exzentrizität e

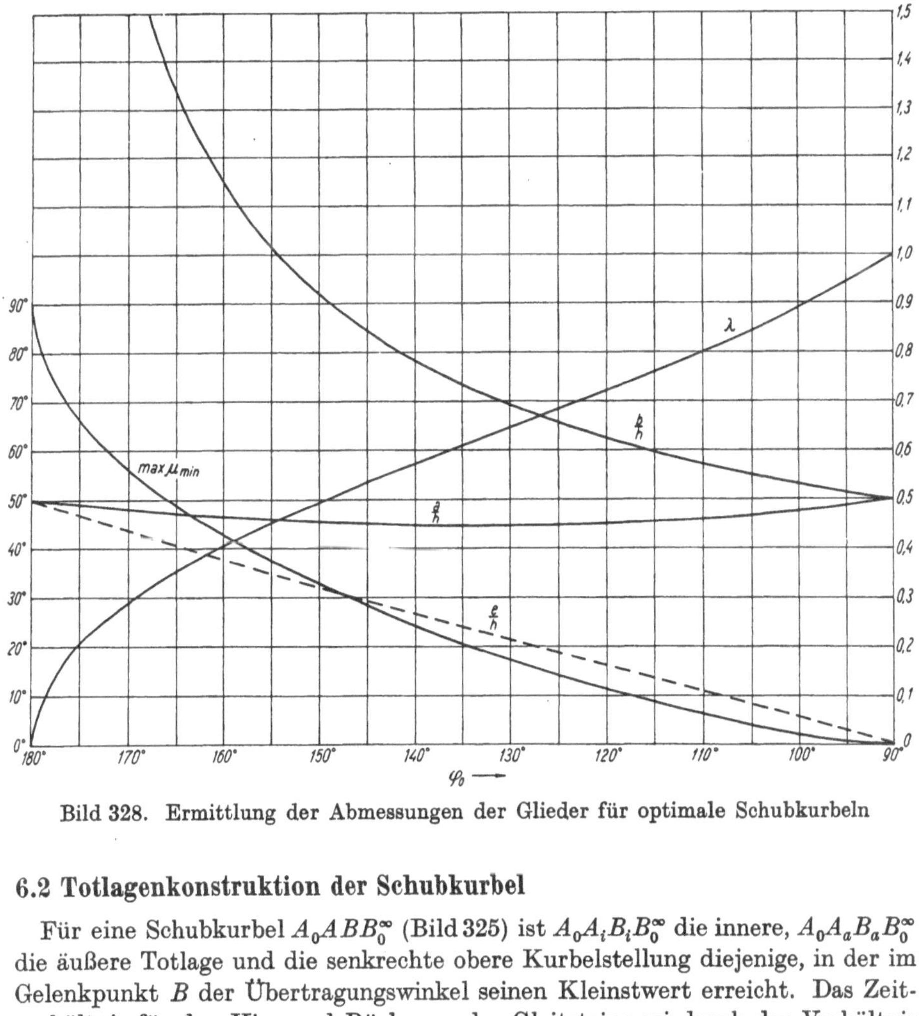

Bild 328. Ermittlung der Abmessungen der Glieder für optimale Schubkurbeln

6.2 Totlagenkonstruktion der Schubkurbel

Für eine Schubkurbel $A_0ABB_0^\infty$ (Bild 325) ist $A_0A_iB_iB_0^\infty$ die innere, $A_0A_aB_aB_0^\infty$ die äußere Totlage und die senkrechte obere Kurbelstellung diejenige, in der im Gelenkpunkt B der Übertragungswinkel seinen Kleinstwert erreicht. Das Zeitverhältnis für den Hin- und Rückgang des Gleitsteins sei durch das Verhältnis der Kurbeldrehwinkel $\varphi_0 : \varphi_0'$, $(\varphi_0 + \varphi_0' = 360°)$, der Schubweg durch die Länge $h = B_iB_a$ gegeben.

Bei der Lösung dieser Aufgabe ist an B_iB_a in B_a der Winkel $\varphi_0 - 90°$ anzutragen und der freie Schenkel mit dem Mittellot zu B_iB_a in M zum Schnitt zu bringen (Bild 326). Der Kreis um M durch B_iB_a schneidet das Mittellot in N und S und die Senkrechte zur Schubrichtung in B_i im Punkt L. Er ist der geometrische Ort der Kurbeldrehpunkte A_0 und liefert auf dem Bogen zwischen B_i und L brauchbare Schubkurbelgetriebe. Wird in diesem Bereich ein Drehpunkt A_0 gewählt, dann ist dieser mit B_a zu verbinden und mit dem Kreis k_a über NB_a als Durchmesser im Kurbelgelenkpunkt A zum Schnitt zu bringen. A_0A ist die Kurbel, AB_a die Koppel der Schubkurbel, die die gestellten Forderungen erfüllt.

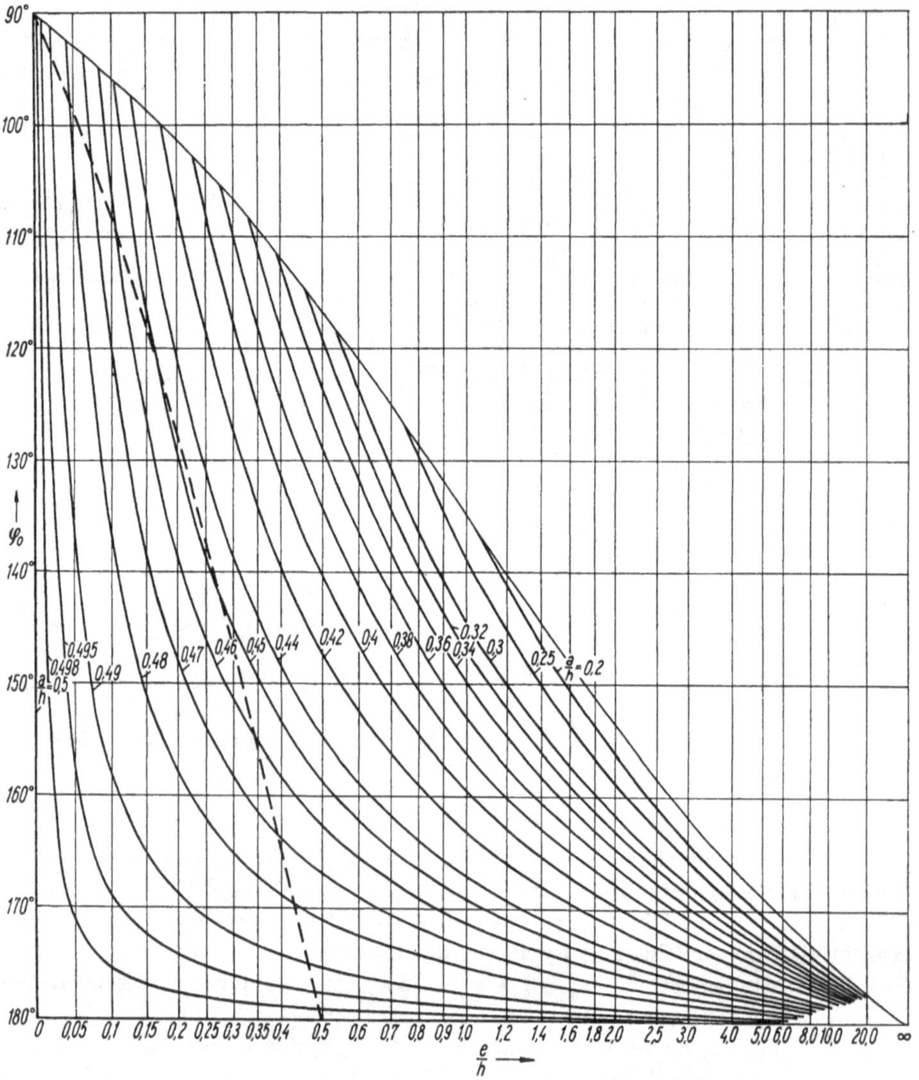

Bild 329. Verhältnis von Kurbellänge a zum Hub h in Abhängigkeit vom Totlagenwinkel φ_0 und von der Exzentrizität e

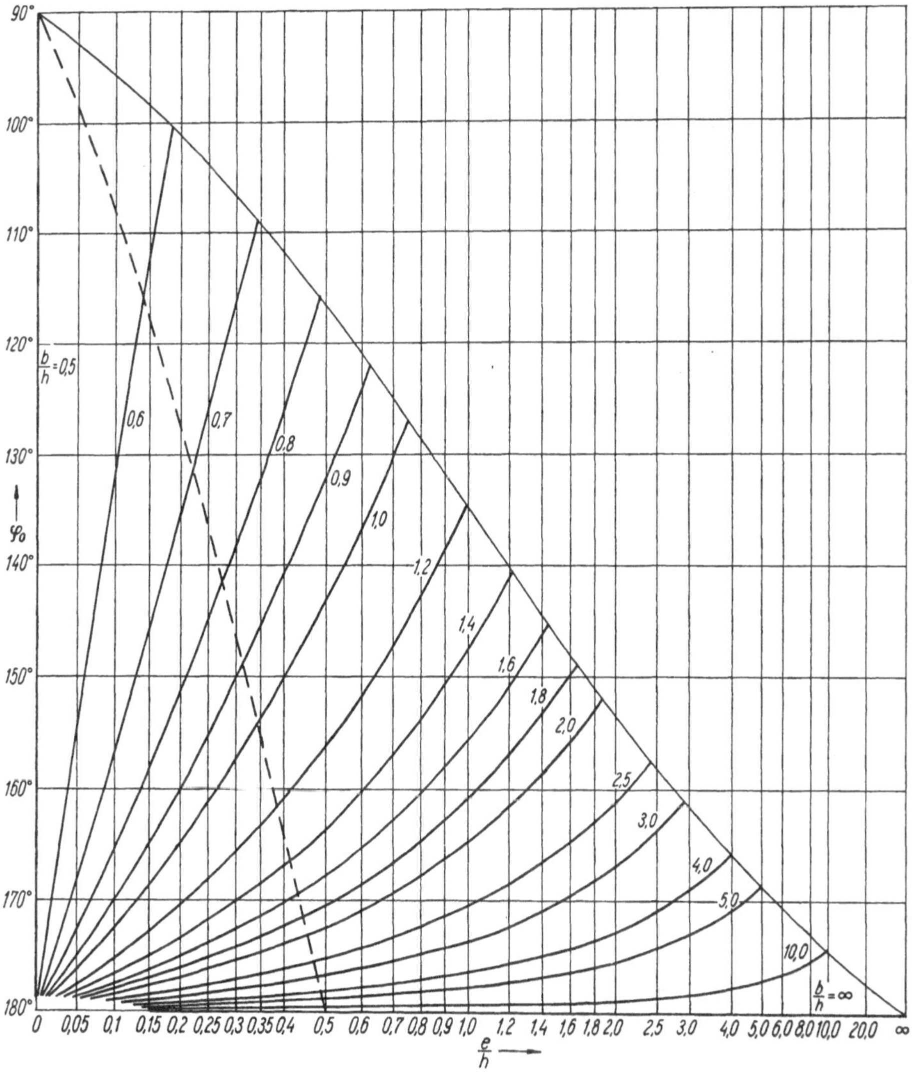

Bild 330. Verhältnis der Koppellänge b zum Hub h in Abhängigkeit vom Totlagenwinkel φ_0 und von der Exzentrizität e

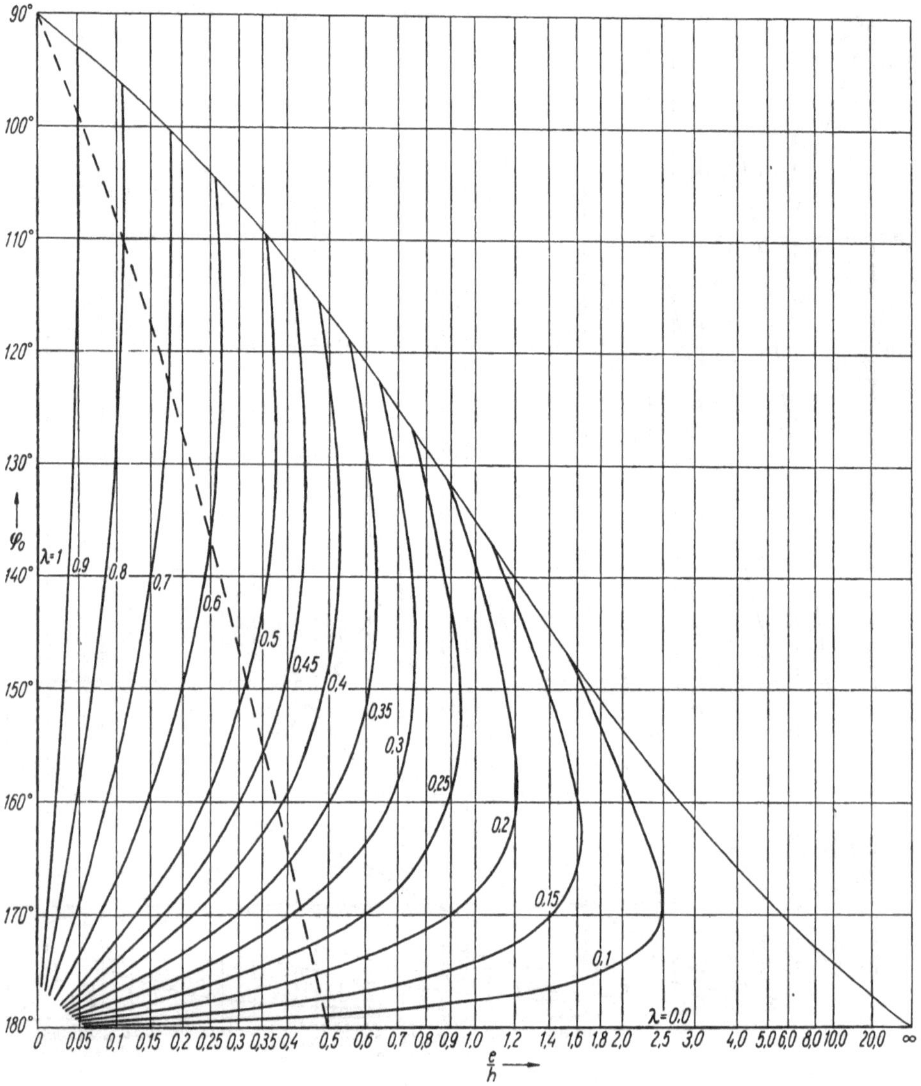

Bild 331. Verhältnis λ von Kurbellänge a zu Koppellänge b in Abhängigkeit vom Totlagenwinkel φ_0 und von der Exzentrizität e

Ist außer dem Totlagenwinkel φ_0 die Kurbellänge a vorgeschrieben, so ist ein Kreis über B_aS als Durchmesser zu zeichnen und die Länge a von B_a aus abzutragen. Der Schnittpunkt mit dem Kreis legt die Schubkurbel in ihren Abmessungen fest.

Der Übertragungswinkel μ wird für A_0 in L bzw. B_i gleich Null (durchschlagende Getriebe). Sein Kleinstwert $\mu_{\min}$ ist abhängig vom Totlagenwinkel φ_0 und von der Exzentrizität. Er kann der Konstruktionstafel Bild 327 entnommen werden. Auf der x-Achse ist hier zweckmäßigerweise das Verhältnis e/h aufgetragen [132, 189].

Soll eine Schubkurbel, deren Schubweg 100 mm beträgt, einen Totlagenwinkel $\varphi_0 = 160°$ aufweisen (Zeitverhältnis für Hin- und Rückgang des Gleitsteines 4:5), dann muß beim besten Kleinstwert des Übertragungswinkels (gestrichelte Kurve) das Verhältnis e/h gleich 0,375 und damit die Exzentrizität der Schubkurbel 37,5 mm sein. Der Bestwert $\mu_{\min}$ beträgt dann 43°. Die Abmessungen der Glieder sowie das Verhältnis λ = Kurbellänge:Schubstangenlänge werden dem Schaubild (Bild 328) entnommen. Um die Genauigkeit der Ablesung zu erhöhen sind in den Bildern 329 bis 331 Kurvenscharen für das Verhältnis a/h (Kurbellänge:Hub), b/h (Schubstangenlänge:Hub) und $\lambda = a:b$ gezeichnet. Aus den Tafeln werden für das Zahlenbeispiel folgende Werte ermittelt: $a/h = 0{,}465$; $b/h = 1{,}15$; $\lambda = 0{,}405$. Die entsprechenden Gliedlängen sind $a = 46{,}5$ mm, $b = 115$ mm und stehen im Verhältnis λ.

6.3 Konstruktion von Koppelrastgetrieben

Im Abschnitt 4.433 ist ein einfaches Konstruktionsverfahren angegeben worden, um die Abmessungen eines sechsgliedrigen Rastgetriebes zu ermitteln, wenn die Dauer der Rast und die Amplitude der Rastschwinge vorgeschrieben sind. Als Ausgangsgetriebe dient eine zentrische Schubkurbel und der Gelenkpunkt für das Verbindungsglied zur Rastschwinge liegt auf der Koppelgeraden. Für die Aufstellung einer Konstruktionstafel ist es zweckmäßig, die Rastschwinge durch einen Gleitstein im Gelenkpunkt B zu ersetzen (Bild 332) und eine Anzahl Konstruktionsgrößen als Parameter einzuführen:

- n Abstand des Rastpunktes B von der Mittelsenkrechten zu C_1C_2,
- b Abstand des Koppelpunktes K vom Gleitsteingelenkpunkt C,
- p Länge des Lenkers zwischen den Gelenkpunkten K und B,
- φ_R Rastwinkel.

Um die Güte der Rast zu beurteilen, ist die maximale Abweichung ζ des Rastkreises von der Koppelkurve in die Tafel aufzunehmen und die Güte der Bewegungsübertragung wird an Hand des Kleinstwertes des Übertragungswinkels μ am Gelenkpunkt B überprüft (Bild 333).

Für ein Beispiel soll die Dauer der Rast durch den Rastwinkel $\varphi_R = 60°$ vorgeschrieben sein. Da alle Abmessungen auf die Kurbel $r = 1$ bezogen sind und

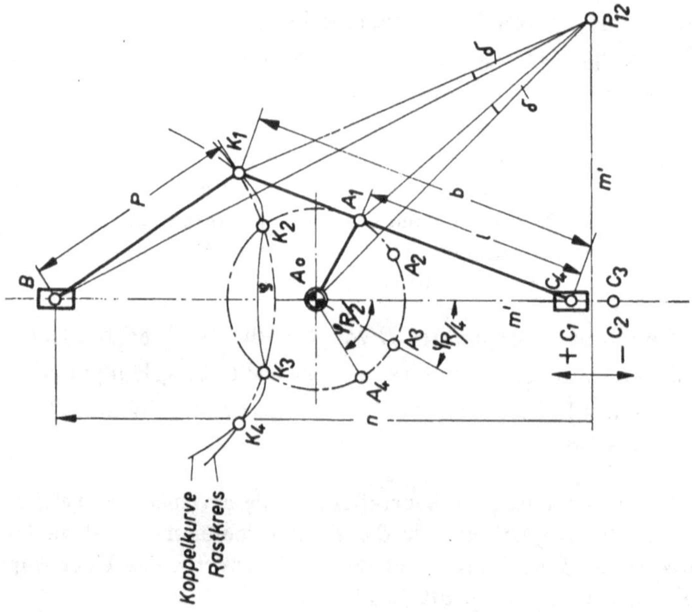

Bild 332. Zentrische Schubkurbel als Ausgangsgetriebe für ein Koppelrastgetriebe

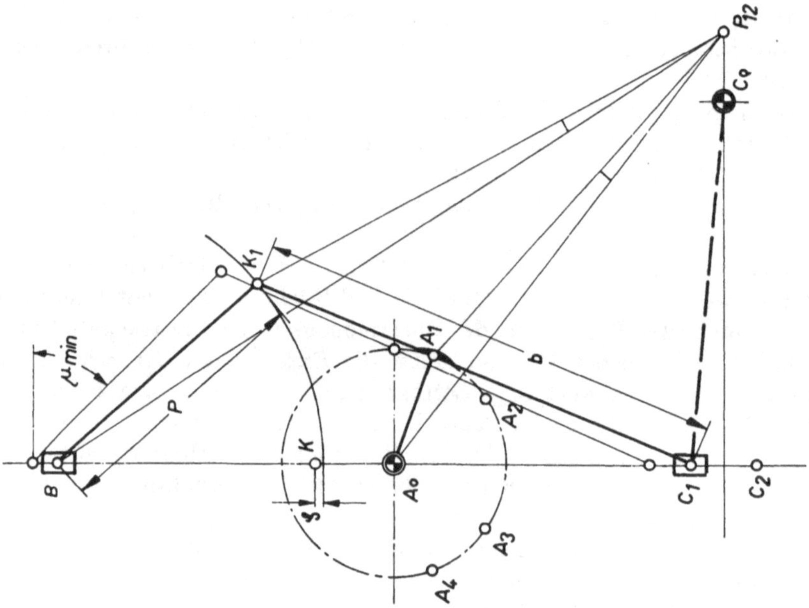

Bild 333. Der Übertragungswinkel μ_{min} beim Koppelrastgetriebe

das Schubstangenverhältnis $r:l = 1:2{,}5$ für alle Getriebe konstant sein soll, ist bei einer Kurbellänge $r = 10$ mm die Koppel 25 mm lang. Das Konstruktionsmaß n sei 10 und ist in der Zeichnung mit 100 mm zu berücksichtigen. Aus der Konstruktionstafel (Bild 334) ist abzulesen $p = 5{,}3$; $b = 4{,}7$; $\zeta = 0{,}002$; $\mu_{\min} = 67°$. Auf die Kurbellänge $r = 10$ mm umgerechnet bedeutet dies $p = 53$ mm, $b = 47$ mm und die maximale Abweichung der Koppelkurve vom Rastkreis beträgt in der Mittelstellung des Getriebes 0,02 mm [141].

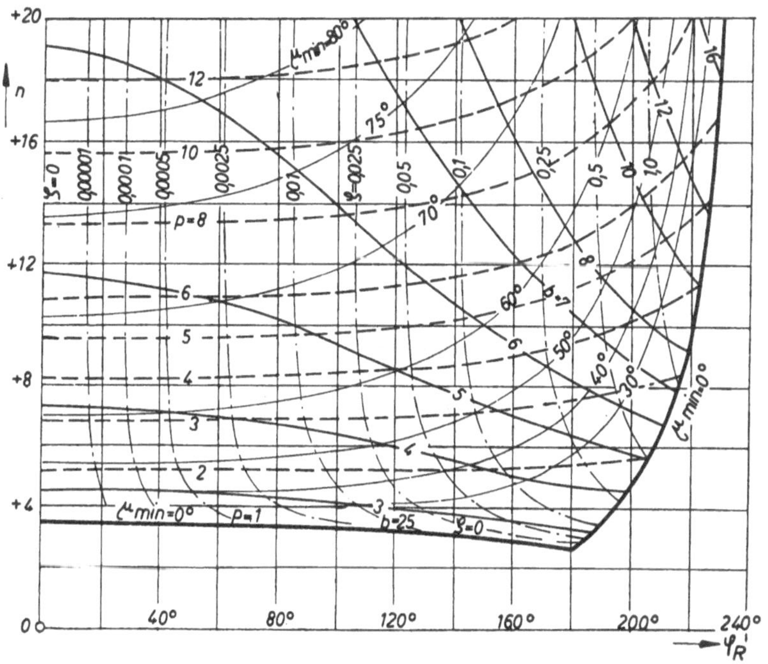

Bild 334. Abmessungen der Glieder von Koppelrastgetrieben in Abhängigkeit von der Dauer der Rast

6.4 Konstruktion von Geradführungen

Die Konstruktion der Lenkergeradführungen ist im Abschnitt 4.42 behandelt worden. Ein einfaches Konstruktionsverfahren ließ sich dabei von der zentrischen Schubkurbel herleiten (Bild 212), indem von der Koppelgeraden, auf der der geradezuführende Punkt liegen soll, vier Lagen vorgeschrieben waren. Von den sechs Polen wurde nur ein Pol benötigt und bei willkürlicher Wahl des Drehpunktes der Antriebskurbel auf der Schubrichtung des Kreuzkopfes war auf der Koppel der Kurbelgelenkpunkt eindeutig bestimmt [132].

Die zwischen

der Länge der Geradführung, die hier die Einheit der Länge sein soll,
der Koppellänge b,
der Kurbellänge r,
dem Drehwinkel φ der Kurbel, der dem Weg des geradegeführten Koppelpunktes entspricht,
der Projektion a der Entfernung des Kurbeldrehpunktes von Pol P auf die Schubrichtung (Bilder 335 bis 339)
und der Größe der Abweichung x der Bahn des Koppelpunktes von der Geraden

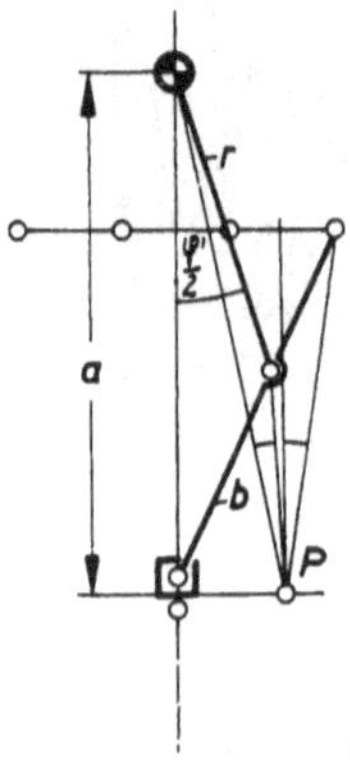

Bild 335

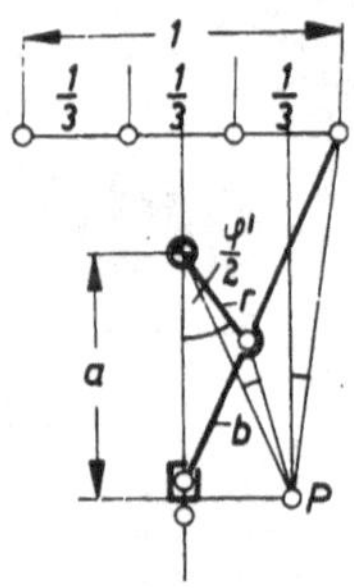

Bild 336

Bilder 335 bis 339. Mechanismen für Lenkergeradführungen

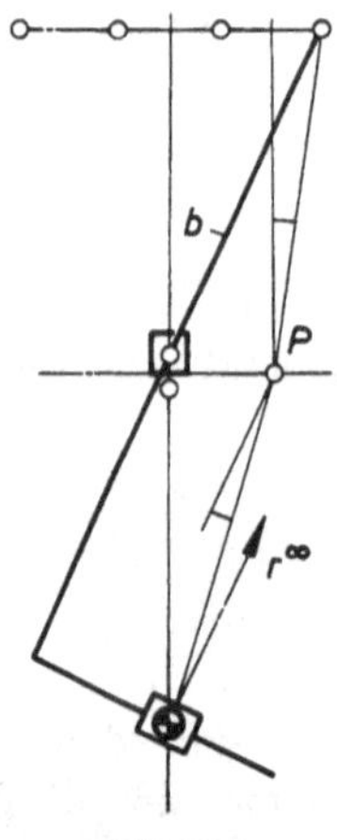

Bild 337

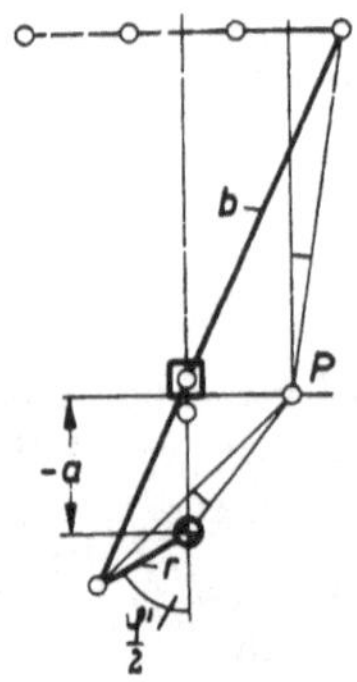

Bild 338

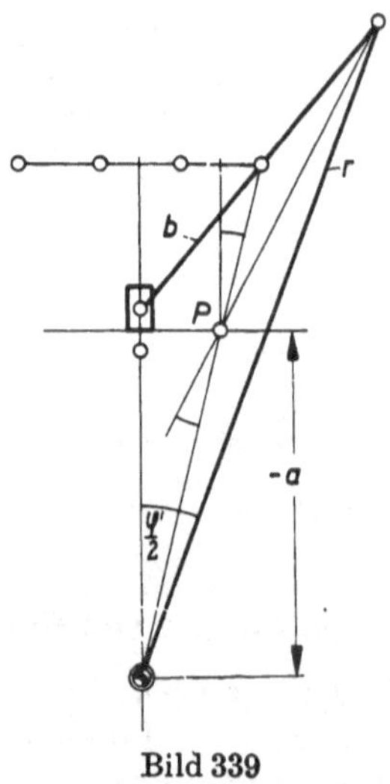

Bild 339

bestehenden Beziehungen lassen sich in einer Kurventafel zusammenfassen (Bild 340). Auf der Ordinate wird der Wert a, auf der Abszisse der Wert b abgetragen.

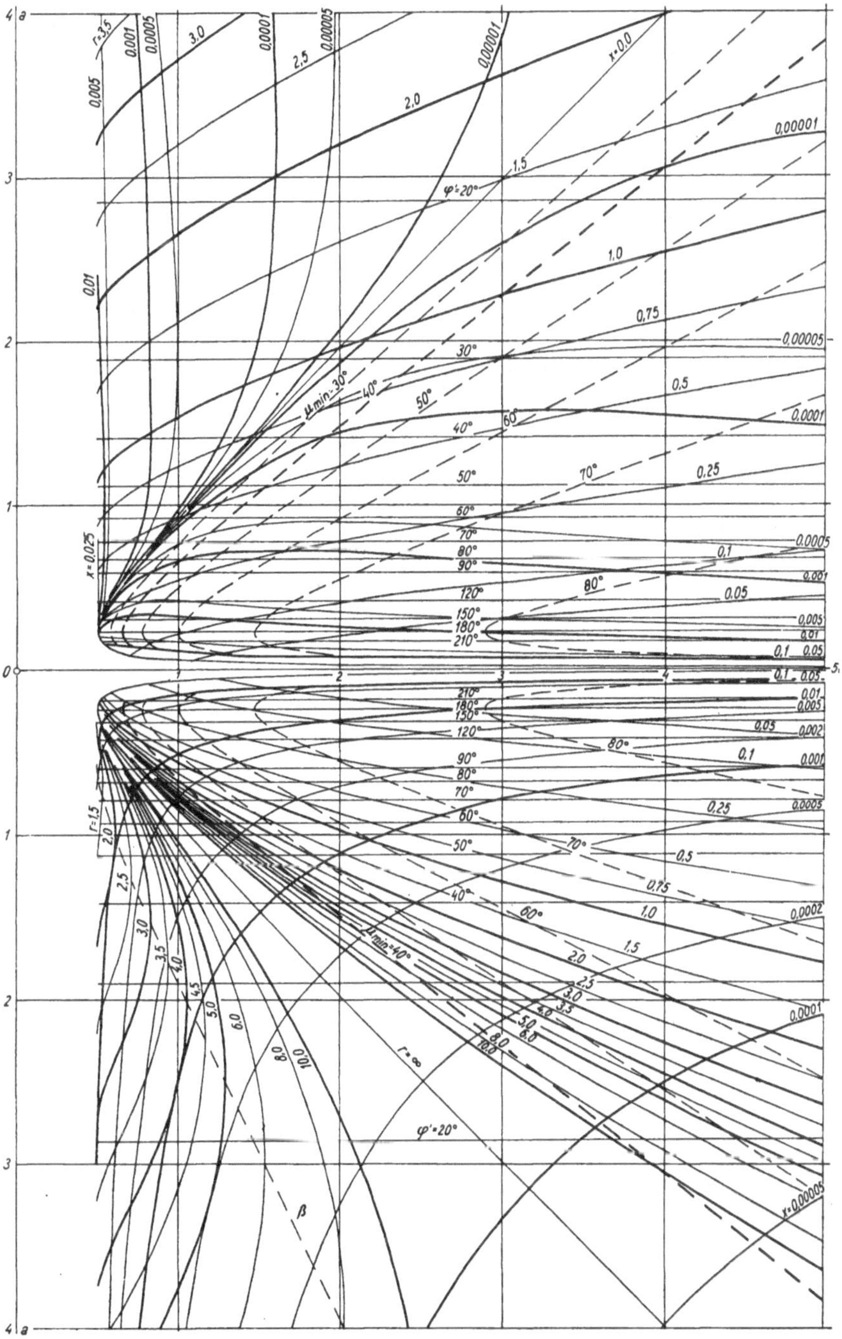

Bild 340. Konstruktionstafel zur Ermittlung der Abmessungen der Getriebeglieder für Lenkergeradführungen

Wird in einem Beispiel das Verhältnis der Koppellänge zur Länge der Geradführung 2:1 gewählt und der Wert a mit 3 angenommen, dann ist der Winkel φ' etwas kleiner als 20°, und die Abweichungen des geradgeführten Punktes von der Geraden liegen zwischen 10^{-4} und 10^{-5}, bei einer Geradführung von 100 mm Länge also zwischen 10 μ und μ.

Wird a kleiner, d. h. rückt der Kurbeldrehpunkt nach unten, so wird bei gleichem b die Kurbellänge auf der Linie $x = 0$ den Wert $r = 1$ erreichen, also gleich der Länge der Geradführung und halb so groß wie die Koppellänge werden. Das bedeutet, daß das kardanische Problem vorliegt und eine exakte Geradführung des Koppelpunktes erzielt wird. Rückt der Kurbeldrehpunkt noch weiter nach unten, d. h. wird a noch kleiner und nimmt z. B. den Wert 1 an, der der Länge der Geradführung entspricht, dann wäre die Länge der Kurbel etwa 40% der Länge der Geradführung, und die Abweichungen liegen zwischen 10^{-4} und 10^{-3}, bei einer Geradführung von 100 mm Länge also zwischen 1/100 und 1/10 mm. Der Drehwinkel φ' der Kurbel erreicht dabei eine Größe von etwa 60°. Für Werte von a, die unter 0,25 liegen, zeichnen sich Bereiche ab, in denen praktisch unbrauchbare Mechanismen gelegen sind.

Nimmt a negative Werte an, indem der Kurbeldrehpunkt unterhalb der durch P gehenden Horizontalen gelagert wird, dann nehmen die Länge des Kurbelradius und die Genauigkeit der Geradführung wieder zu, der Drehwinkel φ' ab. Auf der Senkrechten $b = 2$ wird bei $a = -2$ für r ein unendlich großer Wert erreicht, so daß eine Schubschleife entsteht (Bild 338) und an die Stelle der Kurbel ein drehbarer Gleitstein tritt. Unterhalb der Linie $r = \infty$ entstehen geradführende Mechanismen, bei denen r größer wird als die Koppellänge. Der geradegeführte Koppelpunkt liegt dann nicht mehr außerhalb sondern innerhalb des Kurbel- und Kreuzkopfgelenkpunktes (Bild 339).

Bei der konstruktiven Ausführung der Getriebe wird der Kreuzkopf zweckmäßigerweise durch die Anordnung einer entsprechend langen Schwinge ersetzt, die den Kreuzkopfgelenkpunkt mit hinreichender Genauigkeit auf einer Geraden bewegt.

6.5 Konstruktionstafel für Dreiradgetriebe

Unter Dreiradgetriebe wird ein Räderkurbelgetriebe nach Bild 341 verstanden, dessen konstruktive Ausführung im Bild 342 gezeigt ist. Die gleichförmige Umdrehung der Antriebskurbel dieses Getriebes kann in eine ungleichförmige Drehbewegung, eine Drehbewegung mit momentanem Stillstand oder eine Pilgerschrittbewegung der Abtriebswelle umgeformt werden [184, 185, 187].

1. Beispiel. Bei der Erzeugung einer ungleichförmigen Drehbewegung, wie sie etwa bei einer Textilmaschine verlangt wird, soll vom Verhältnis minimaler zu maximaler Abtriebswinkelgeschwindigkeit ausgegangen werden; es betrage $\varepsilon = 0{,}35$. Dabei bedeutet

$\varepsilon > 0$ ungleichförmige Drehbewegung,
$\varepsilon = 0$ momentaner Stillstand,
$\varepsilon < 0$ Pilgerschrittbewegung.

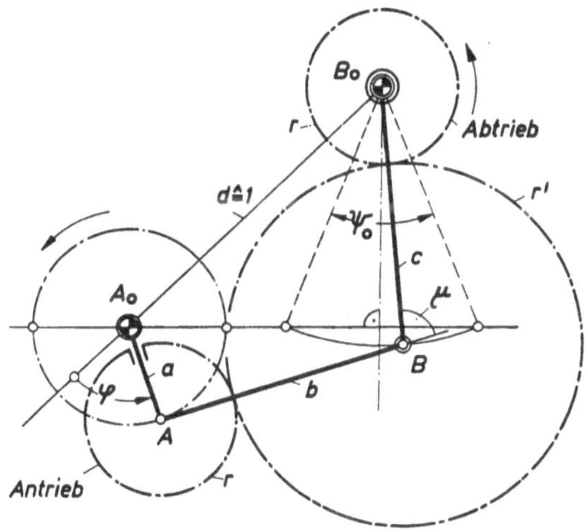

Bild 341. Dreiradgetriebe (schematische Darstellung)

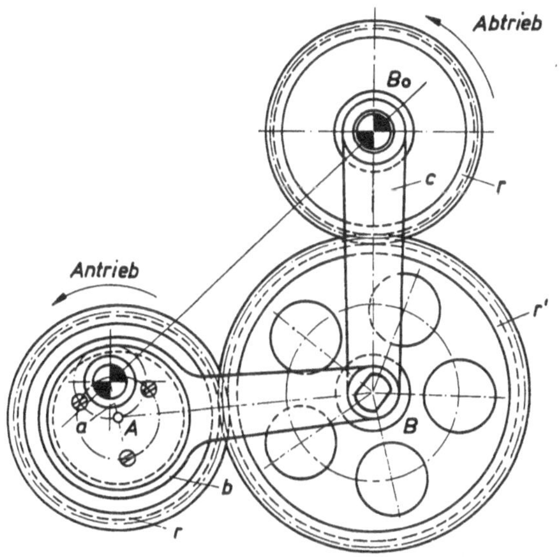

Bild 342. Dreiradgetriebe (konstruktive Ausführung)

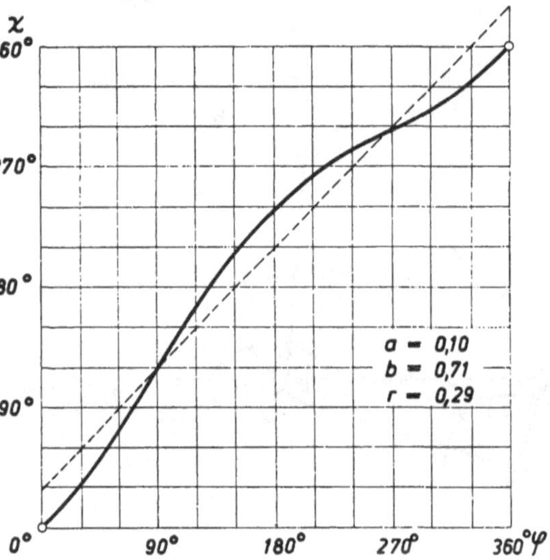

Bild 343. Kurventafel für ε

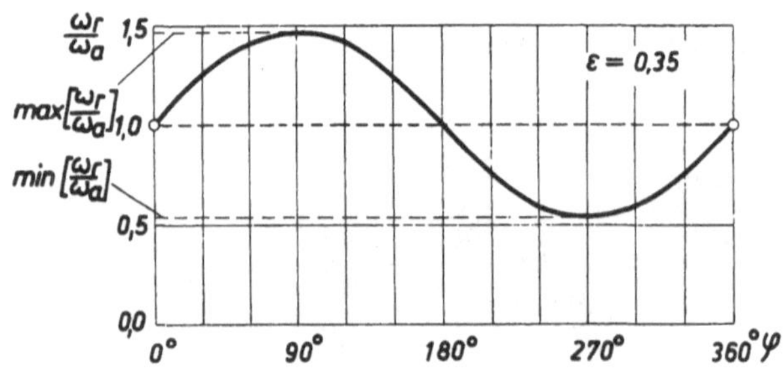

Bild 344. Drehwinkel χ der Abtriebswelle in Abhängigkeit vom Kurbeldrehwinkel φ

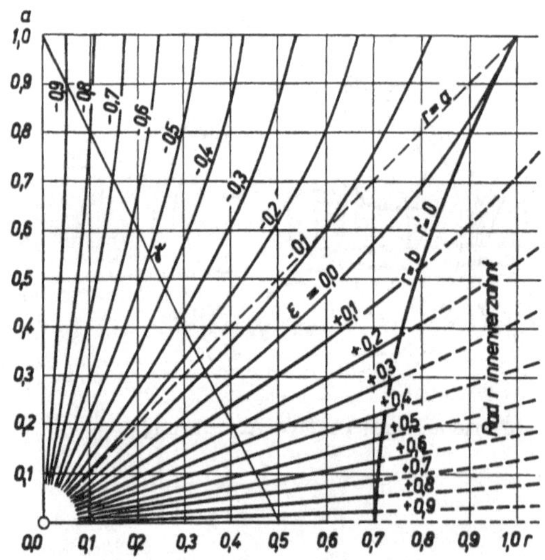

Bild 345. Verhältnis $\omega_r : \omega_a$ über dem Kurbeldrehwinkel φ

Aus der Kurventafel (Bild 343) kann für $\varepsilon = 0{,}35$, wenn $a = 0{,}1$ gewählt wird, für r der Wert 0,29 ermittelt werden (als Einheit gilt die Entfernung A_0B_0). Die Größe b beträgt nach der Gleichung

$$b = \sqrt{0{,}5\,(a^2 + d^2)} = 0{,}71\ ,$$

wenn $a = 0{,}1$ und $d = 1$ gesetzt werden. Die Längen b und c sind gleichlang. Das Bewegungsschaubild (Bild 344) zeigt über dem Drehwinkel φ der Antriebskurbel den Drehwinkel χ der Abtriebswelle und das Verhältnis $\omega_r : \omega_a$ (Bild 345).

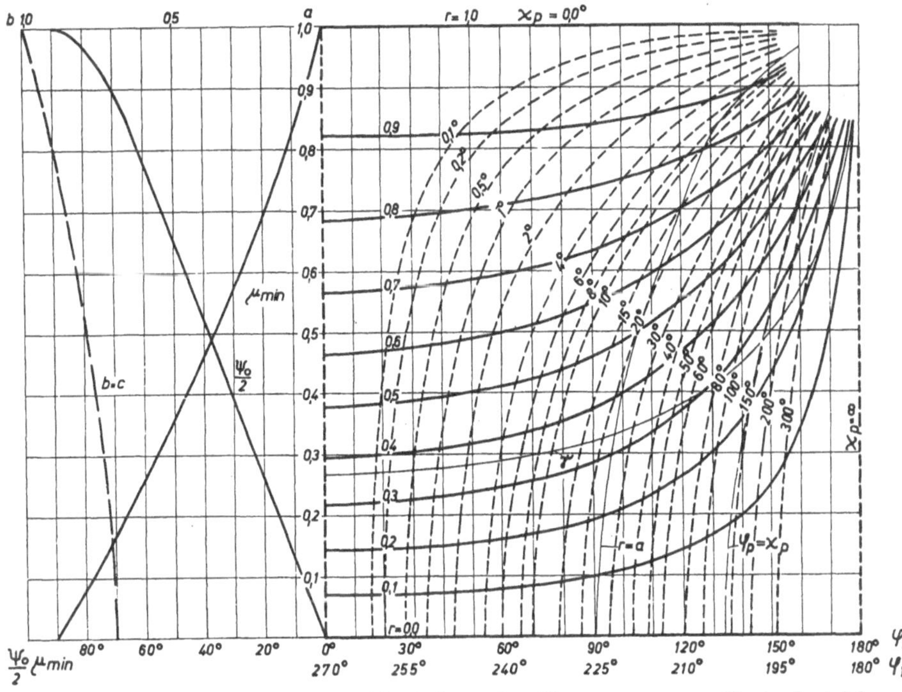

Bild 346. Konstruktionstafel zur Ermittlung der Abmessungen von Dreiradgetrieben

2. Beispiel. Bei einem Dreiradgetriebe mit kurzzeitigem Stillstand soll $a = 0{,}2$ und der Kurbelwinkel φ_P, unter dem die Rückdrehung erfolgt, etwa 30° betragen. Aus der Kurventafel (Bild 346) ergeben sich eine zulässige Rückdrehung $\chi_P = 0{,}6°$, die Größe $b = c = 7{,}2$ und der Radius $r = 0{,}27$. Letzterer kann rechnerisch ermittelt werden nach der Formel

$$r = a\sqrt{\frac{(1 + a^2)\,(1 + \cos\varphi_P)}{1 + a_4 + 2\,a^2 \cos\varphi_P}}\,.$$

Die Bewegungsschaubilder für das Dreiradgetriebe mit momentanem Stillstand sind in den Bildern 347 und 348 dargestellt.

3. Beispiel. Bei einem Dreiradgetriebe mit einer Pilgerschrittbewegung soll der Kurbelwinkel, unter dem die Rückdrehung erfolgt, $\varphi_P = 120°$ und der Rück-

drehwinkel des Abtriebsrades $\chi_P = 60°$ betragen. Für diese Werte wird aus der Konstruktionstafel (Bild 346) die Größe $a = 0{,}32$ entnommen und die Größen b und r ergeben sich zu 0,74 bzw. 0,25.

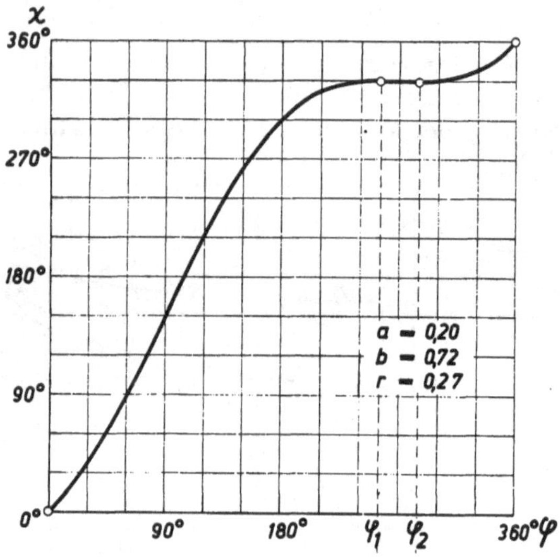

Bild 347. Drehwinkel χ über dem Kurbelwinkel φ bei Dreiradgetrieben mit Stillstand

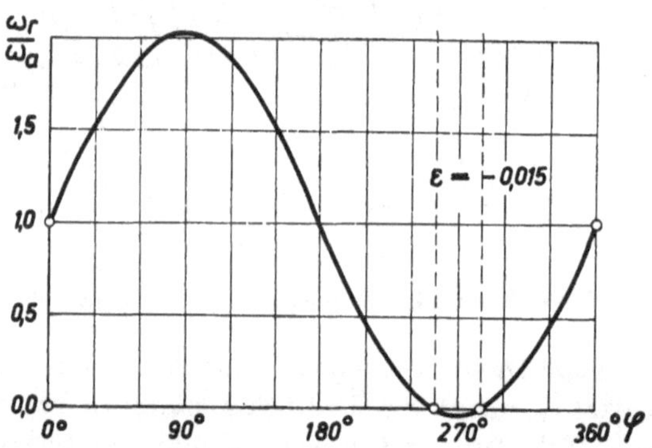

Bild 348. Verhältnis $\omega_r : \omega_a$ über dem Kurbeldrehwinkel φ

Das Getriebe liegt in der Kurventafel in der Nähe der Kurve γ; es ist daher nachzuprüfen, ob sich in der Stellung $\varphi = 180°$ Kurbelrad und Abtriebsrad berühren. Der Bewegungsverlauf für dieses Pilgerschrittgetriebe ist aus den Bildern 349 und 350 zu erkennen.

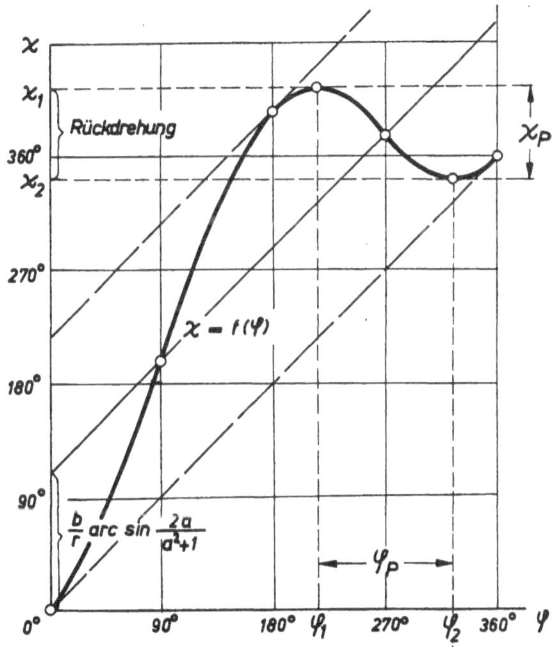

Bild 349. Drehwinkel χ über dem Kurbelwinkel φ beim Pilgerschritt

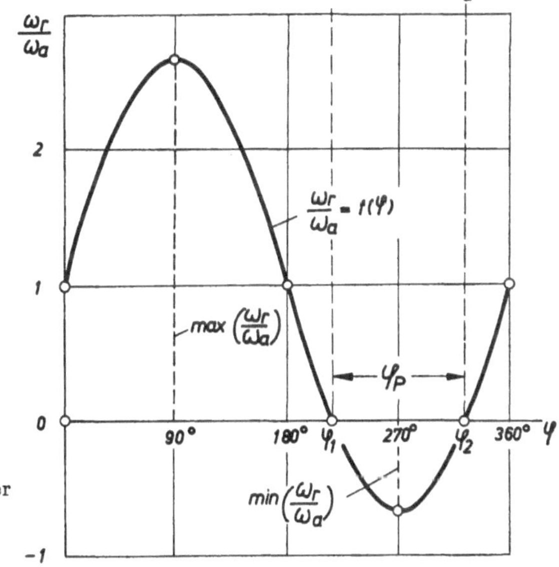

Bild 350. Verhältnis $\omega_r : \omega_a$ über dem Kurbeldrehwinkel φ beim Pilgerschritt

SCHRIFTTUM

I. Bücher

[1] BEYER, R., Technische Kinematik. Leipzig 1931.

[2] BEYER, R., Zur Synthese ebener und räumlicher Kurbelgetriebe. VDI-Forschungsheft Nr. 394. Berlin 1939.

[3] BEYER, R., Kinematische Getriebesynthese. Berlin/Göttingen/Heidelberg 1953.

[4] BEYER, R., Kinematisch-getriebeanalytisches Praktikum. Berlin/Göttingen/Heidelberg 1958.

[5] BLASCHKE, W. u. H. R. MÜLLER, Ebene Kinematik. München 1956.

[6] BLOCH, S. SCH., Angenäherte Synthese von Mechanismen. Berlin 1951.

[7] BURMESTER, L., Lehrbuch der Kinematik. Leipzig 1888.

[8] CHRISTMANN-BAER, Grundzüge der Kinematik. Berlin 1923.

[9] FEDERHOFER, K., Graphische Kinematik und Kinetostatik. Berlin 1932.

[10] FLOCKE, K. A., Zur Konstruktion von Kurvenscheiben bei Verarbeitungsmaschinen. VDI-Forschungsheft Nr. 345. Berlin 1931.

[11] FRANKE, R., Eine vergleichende Schalt- und Getriebelehre. München und Berlin 1930.

[12] FRANKE, R., Vom Aufbau der Getriebe Bd. I, 1948, Bd. II, 1951. Düsseldorf.

[13] GRÜBLER, M., Getriebelehre. Berlin 1917.

[14] HAIN, K., Angewandte Getriebelehre. Hannover 1952.

[15] HÜTTE, Bd. II, 27. Aufl. (S. 116/18).

[16] JAHR-KNECHTEL, Getriebelehre Bd. 1. Leipzig 1930. Bd. 2. Leipzig 1938.

[17] KIPER, G., Synthese der ebenen Gelenkgetriebe. VDI-Forschungsheft Nr. 433. Düsseldorf 1952.

[18] KRAUS, R., Getriebelehre Bd. 1. Verlag Technik, Berlin 1951.

[19] KRAUS, R., Grundlagen des systematischen Getriebeaufbaus. Bd. 2. Verlag Technik, Berlin 1952.

[20] KRAUS, R., Getriebelehre Bd. 3. Verlag Technik, Berlin 1956.

[21] LEWENSON, L. B., Kinematik und Dynamik der Getriebe. Berlin 1952.

[22] LICHTENHELDT, W., Einfache Konstruktionsverfahren zur Ermittlung der Abmessungen von Kurbelgetrieben. VDI-Forschungsheft Nr. 408. Berlin 1941.

[23] LICHTENHELDT, W., Die Bedeutung der Geometrie bei der Lösung getriebetechnischer Probleme. Sitzungsberichte der Deutschen Akademie der Wissenschaften zu Berlin, Klasse Mathem. Physik und Technik 1959 Nr. 3. Akademie-Verlag, Berlin 1959.

[24] LICHTWITZ, O., Getriebe für aussetzende Bewegungen. Berlin/Göttingen/Heidelberg 1953.

[25] MACK, K., Geometrie der Getriebe. Berlin 1931.

[26] MEYER ZUR CAPELLEN, W., Bewegungsverhältnisse an der geschränkten Schubkurbel. Forschungsber. d. Landes Nordrhein-Westfalen Nr. 449. Köln u. Opladen 1958.

[27] MEYER ZUR CAPELLEN, W., Bewegungsverhältnisse an der geschränkten Kurbelschleife. Forschungsber. d. Landes Nordrhein-Westfalen Nr. 718. Köln u. Opladen 1959.

[28] MEYER ZUR CAPELLEN, W., Nomogramme zur geneigten Sinuslinie. Forschungsber. d. Landes Nordrhein-Westfalen Nr. 772. Köln u. Opladen 1959.
[29] MÜLLER, R., Einführung in die theoretische Kinematik. Berlin 1932.
[30] PÖSCHL, TH., Einführung in die ebene Getriebelehre. Berlin 1932.
[31] PROEGER, F., Die Getriebekinematik als Rüstzeug der Getriebedynamik. VDI-Forschungsheft Nr. 285. Berlin 1926.
[32] RAUH, K., Praktische Getriebelehre, Bd. 1. Berlin 1931.
[33] RAUH, K., Praktische Getriebelehre, Bd. 2. Berlin 1939.
[34] REULEAUX, F., Theoretische Kinematik, Grundzüge einer Theorie des Maschinenwesens, 1. Teil. Braunschweig 1875.
[35] REULEAUX, F., 2. Teil. Die praktischen Beziehungen der Kinematik zu Geometrie und Mechanik. Braunschweig 1900.
[36] SIEKER, K.-H., Einfache Getriebe. Leipzig 1950.
[37] SIEKER, K.-H., Getriebe mit Energiespeichern. Leipzig 1952.
[38] WITTENBAUER, F., Graphische Dynamik. Berlin 1923.

Ia. Im Ausland erschienene Bücher

[39] ARTOBOLEVSKIJ, I. I., Theorie der Mechanismen und Maschinen. Moskau 1953.
[40] ARTOBOLEVSKIJ, I. I., Theorie der Mechanismen zur Erzeugung ebener Kurven. Moskau 1959.
[41] ARTOBOLEVSKIJ, I. I., I. I. LEWITZKIJ u. S. A. TSCHERKUDINOW, Synthese ebener Mechanismen. Moskau 1959.
[42] BEGGS, J. ST., Mechanisms. Mac Graw-Hill, New York/Toronto/London 1955.

II. Abhandlungen in Zeitschriften

[43] ALT, H., Zur Synthese der ebenen Mechanismen — Z. angew. Math. Mech. **1** (1921) S. 373/98.
[44] ALT, H., Über die Erzeugung gegebener ebener Kurven mit Hilfe des Gelenkvierecks — Z. angew. Math. Mech. **3** (1923) S. 13/19.
[45] ALT, H., Über die Totlagen des Gelenkvierecks — Z. angew. Math. Mech. **5** (1925) S. 337/46.
[46] ALT, H., Getriebe der Papierverarbeitung — Masch.-Bau Betrieb **8** (1929) S. 724/27.
[47] ALT, H., Ermittlung der Abmessungen des Schubkurbelgetriebes — Werkstattstechnik **23** (1929) S. 693/97.
[48] ALT, H., Die Bedeutung der Getriebelehre für den Bau von Verarbeitungsmaschinen — Z. VDI **74** (1930) S. 139/44.
[49] ALT, H., Zur Getriebetechnik der Verpackungsmaschinen — Z. VDI **75** (1931) S. 245/54.
[50] ALT, H., Zur Geometrie der Koppelrastgetriebe — Ing.-Arch. **3** (1932) S. 394/411.
[51] ALT, H., Koppelgetriebe als Rastgetriebe — Z. VDI **76** (1932) S. 456/62, 533/37.
[52] ALT, H., Der Übertragungswinkel und seine Bedeutung für das Konstruieren periodischer Getriebe — Werkstattstechnik **26** (1932) S. 61/64.
[53] ALT, H., Getriebe bei Glasverarbeitungsmaschinen — Z. VDI **77** (1933) S. 409/14.
[54] ALT, H., Sonderfälle der R_M-Kurve und der BURMESTERschen Mittelpunktkurve — Masch.-Bau. **15** (1936) S. 277/79.
[55] ALT, H., Beziehungen zwischen Punkten der Mittelpunkt- und der Kreispunktkurve — Masch.-Bau Betrieb **15** (1936) S. 407/09.
[56] ALT, H., Die Mittelpunktkurve in dem Sonderfall, bei dem drei von vier Lagen einer Ebene einander parallel sind — Masch.-Bau Betrieb **16** (1937) S. 377/79.
[57] ALT, H., Abfüll- und Verpackmaschinen — Z. VDI **81** (1937) S. 1111/16.

[58] ALT, H., Die Mittelpunktkurve und die Kreispunktkurve in dem Sonderfall, bei dem vier Lagen einer Ebene paarweise parallel sind — Masch.-Bau Betrieb **16** (1937) S. 105/09.

[59] ALT, H., Über die Totlagen von Getriebegliedern — Masch.-Bau Betrieb **19** (1940) S. 173/76.

[60] ALT, H., Sonderfälle der Mittelpunktkurven — Masch.-Bau Betrieb **19** (1940) S. 309/12.

[61] ALT, H., Koppelrastgetriebe mit großer Güte der Rast und vorgeschriebenen Zeiten für Beginn und Ende der Rast — Masch.-Bau Betrieb **20** (1941) S. 33/38.

[62] ALT, H., Das Konstruieren von Gelenkvierecken unter Benutzung einer Kurventafel — Z. VDI **85** (1941) S. 69/72.

[63] ALT, H., Die Kardanlagen von Getriebegliedern und die Krümmung der Polkurven — Ing.-Arch. **15** (1944) S. 319/31.

[64] ALT, H., Die Güte der Bewegungsübertragung bei periodischen Getrieben — Z. VDI **96** (1954) S. 238/44.

[65] ALTMANN, F. G., Die Bauformen gleichachsiger Stirnradumformer — Masch.-Bau Betrieb **6** (1927) S. 1083/87.

[66] ALTMANN, F. G., Zwei neue Getriebe für gleichförmige Übersetzung — Masch. Bau 8 (1929) S. 721/23.

[67] ALTMANN, F. G., Antrieb von Hebezeugen durch hochübersetzende, raumsparende Stirnradgetriebe — Masch.-Bau Betrieb **6** (1927) S. 1091/94.

[68] ALTMANN, F. G., Koppelgetriebe für gleichförmige Übersetzung — Z. VDI **92** (1950) S. 909/16.

[69] ALTMANN, F. G., Mechanische Übersetzungsgetriebe und Wellenkupplungen — Z. VDI **94** (1952) S. 545/50.

[70] BALL, R., Notes on applied mechanics — Proc. R. Irisch. Acad. Ser. II, **1**, S. 243.

[71] BESTEHORN, R., Die Form des Steuernockens — Z. VDI **63** (1919) S. 263.

[72] BEYER, R., Drehzahlvektorenpläne ebener Getriebe. Ein neues allgemeines Verfahren der ebenen Kinematik — Z. Instrumentenkunde, (1933) S. 164/72.

[73] BEYER, R., Winkelbeschleunigungspläne der ebenen Kinematik und ihre Anwendungen — Z. angew. Math. Mech. **13** (1933) S. 424/25.

[74] BEYER, R., Kreispunktkurve in rechnerischer Behandlung — Masch.-Bau Betrieb **17** (1938) S. 595/96.

[75] BEYER, R., Zur Konstruktion des Wendepols — Masch.-Bau Betrieb **18** (1939) S. 469/71.

[76] BEYER, R., Zur Synthese endlich benachbarter Gliedlagen — Masch.-Bau Betrieb **20** (1941) S. 85/87.

[77] BEYER, R., Winkelbeschleunigungspläne ebener Getriebe — Masch.-Bau Betrieb **20** (1941) S. 357/59 u. 445/47.

[78] BEYER, R., Übersetzungsverhältnisse von Rädergetrieben und Räderkurbelgetrieben in neuer Behandlungsweise — Werkst. u. Betr. **83** (1950) S. 389/93.

[79] BEYER, R., Konstruktion von Kurvenscheibengetrieben — Feinwerktechnik **54** (1950) S. 328/31.

[80] BEYER, R., Zur Synthese ebener Kurvenscheibengetriebe — Z. Konstruktion **4** (1952) S. 208/10.

[81] BEYER, R., Einfache getriebesynthetische Hilfsmittel zur angenäherten getrieblichen Erzeugung vorgeschriebenner Bewegungen — Z. Konstruktion **7** (1955) S. 293/98.

[82] BEYER, W., Das Fadengeber-Getriebe bei Nähmaschinen — Masch.-Bau Betrieb **18** (1939) S. 309/12.

[83] BLAISE, H. u. F. MAUL, Der Ruck — Masch.-Bau Betrieb **15** (1936) S. 220/22.

[84] BOBILLIER, E., Cours de géométrie (1870) 12. Aufl., S. 282.

[85] Bock, A., Ein Konstruktionsleitblatt für Kurvengetriebe — Feingerätetechnik **4** (1955) S. 450/51.
[86] Bock, A., Die Getriebelehre im Rahmen der Intensivierung der Konstruktionsarbeit — Maschinenbautechnik **6** (1957) S. 217/25.
[87] Bock, A., Zur Verbesserung der Übertragungsgüte in Bewegungsmechanismen — Wiss. Z. d. Hochsch. f. Elektrot. Ilmenau **4** (1957/58) S. 73/79.
[88] Dizioglu, B., Maßsynthese der Koppelgetriebe mit vorgeschriebener dynamischer Wirkung — Maschinenbautechnik **5** (1956) S. 565/74.
[89] Dizioglu, B., Zur Dynamik des einfachen Bandgetriebes mit Anwendung auf die Synthese der Schlagmechanismen der Webstühle — VDI-Berichte **12** (1956) S. 55/62.
[90] Federhofer, K., Zur Synthese der Getriebe — Z. angew. Math. Mech. **3** (1923) S. 217/22.
[91] Federhofer, K., Zur graphischen Dynamik des Gelenkvierecks — Masch.-Bau Betrieb **16** (1937) S. 217/19.
[92] Finkelnburg, H., Zur Systematik der Bewegungsgesetze — Masch.-Bau Betrieb **15** (1936) S. 695/97; **16** (1937) S. 221/22 u. 425/27.
[93] Finkelnburg, H., Der Ruck — Masch.-Bau Betrieb **14** (1935) S. 520/22.
[94] Flocke, K. A., Konstruktion von Koppelgetrieben — Z. VDI **78** (1934) S. 49/52.
[95] Hackmüller, E., Eine analytisch durchgeführte Ableitung der Kreispunkt- und Mittelpunktkurve — Z. angew. Math. Mech. **18** (1938) S. 252/54.
[96] Hackmüller, E., Zur Konstruktion der Burmesterschen Punkte — Masch.-Bau Betrieb **17** (1938) S. 645/49.
[97] Hackmüller, E., Zur Synthese des ebenen Gelenkvierecks — Masch.-Bau Betrieb **19** (1940) S. 402/03.
[98] Hain, K., Geschwindigkeitsverhältnisse sämtlicher Koppelpunkte eines gegebenen Gelenkvierecks — Masch.-Bau Betrieb **17** (1938) S. 97/99.
[99] Hain, K., Geschwindigkeitsermittlung mit Hilfe von Ersatzkurbelgetrieben — Masch.-Bau Betrieb **20** (1941) S. 177/78.
[100] Hain, K., Analyse und Anwendungen sechsgliedriger Kurbeltriebe — Masch.-Bau Betrieb **21** (1942) S. 125/26.
[101] Hain, K., Punktlagen-Kurbelwinkel- und Schwingwinkelzuordnungen — Masch.-Bau Betrieb **21** (1942) S. 218/21.
[102] Hain, K., Punktlagenreduktion als getriebesynthetisches Hilfsmittel — Masch.-Bau Betrieb **22** (1943) S. 29/31.
[103] Hain, K., Die Verwendung des Gelenkvierecks zur Erzeugung gegebener ebener Kurven — Meßtechnik **20** (1944) S. 33 u. 59.
[104] Hain, K., Punktlagen- und Winkelzuordnungen an Kurbel und Schwinge von Gelenkvierecken — Masch.-Bau Betrieb **23** (1944) S. 253/56.
[105] Hain, K., Die umlaufende Kurbelschleife — VDI-Forsch.-Heft 461 (1957) S. 30/31.
[106] Hain, K., Zur Weiterentwicklung der Koppelrastgetriebe — Feinwerktechnik **54** (1950) S. 9/15.
[107] Hain, K., Winkelzuordnungen in Rädergetrieben der Viergelenkkette — Konstruktion **5** (1953) S. 257/63.
[108] Hain, K., Das Übersetzungsverhältnis in Räderkurbelgetrieben — Werkst. u. Betr. **87** (1954) S. 625/28.
[109] Hain, K., Die Analyse und Synthese der achtgliedrigen Gelenkgetriebe — VDI-Ber. **5** (1955) S. 81/93.
[110] Hartmann, W., Ein neues Verfahren zur Aufsuchung des Krümmungskreises — Z. VDI **37** (1893) S. 95.
[111] Hoecken, K., Die Erzeugung von Rasten durch Koppelgetriebe — Z. VDI **74** (1930) S. 594.
[112] Kiper, G., Das Hilfsmittel der Gegenpunkte und seine Anwendung beim Konstruieren von Gelenkvierecken — Konstruktion **6** (1954) S. 300/08.

[113] KIPER, G., Die Bedeutung der Relativbewegungen für das Konstruieren periodischer Getriebe — VDI-Berichte **5** (1955) S. 115/18.

[114] KRAUS, R., Lagenreduktion als Hilfmittel zur Synthese ebener Kurbeltriebe — Masch.-Bau Betrieb **14** (1935) S. 637/39.

[115] KRAUS, R., Entwurf eines Gelenkvierecks für vier gegebene Koppellagen — Masch.-Bau Betrieb **16** (1937) S. 219/20.

[116] KRAUS, R., Sechsgliedrige symmetrische Kurbelgetriebe mit zwei Stillständen — Masch.-Bau Betrieb **16** (1937) S. 532/35.

[117] KRAUS, R., Zur Synthese des ebenen Gelenkvierecks — Masch.-Bau Betrieb **17** (1938) S. 149/50.

[118] KRAUS, R., Gelenkviereck für gegebene Steggelenke und vier Lagen eines Koppelpunktes — Masch.-Bau Betrieb **19** (1940) S. 39.

[119] KRAUS, R., Umlaufende Rastgetriebe — Masch.-Bau Betrieb **22** (1943) S. 169/71.

[120] KRAUS, R., Ein Beitrag zur Verwendung der Mittelpunktkurve — VDI-Ber. **5** (1955) S. 35/38.

[121] KUTZBACH, K., Mehrgliedrige Radgetriebe und ihre Gesetze — Masch.-Bau **6** (1927) S. 1080/83.

[122] LICHTENHELDT, W., Zur Getriebetechnik der Webstühle — Z. VDI **75** (1931) S. 904/08.

[123] LICHTENHELDT, W., Koppelgetriebe für den Webstuhl — Z. VDI **78** (1934) S. 352/54.

[124] LICHTENHELDT, W., Zur Synthese der Webstuhlgetriebe — Melliand Textilber. **16** (1935) S. 477/80.

[125] LICHTENHELDT, W., Über den Schlagmechanismus des mechanischen Webstuhles — Masch.-Bau Betrieb **15** (1936) S. 405/07.

[126] LICHTENHELDT, W., Die Koppelkurvenfräsmaschine — Werkstattstechnik **30** (1936) S. 266/69.

[127] LICHTENHELDT, W., Zur Konstruktion von Schaftmaschinengetrieben — Masch.-Bau Betrieb **17** (1938) S. 145/47.

[128] LICHTENHELDT, W., Reguliergetriebe für Wasserturbinen — Masch.-Bau Betrieb **17** (1938) S. 596/97.

[129] LICHTENHELDT, W., Kinematische und dynamische Untersuchung der Webladenantriebe — Faserforschung und Textiltechnik **2** (1951) S. 89/104 u. 141/53.

[130] LICHTENHELDT, W., Zur Konstruktion von Gelenkgetrieben — Wiss. Z. d. T. H. Dresden **1** (1951/52) S. 71/76.

[131] LICHTENHELDT, W., Die Bedeutung der Konstruktionslehre für die Feinmechanik — Wiss. Z. d. T. H. Dresden **3** (1953/54) S. 211/14.

[132] LICHTENHELDT, W., Rationalisierung der Konstruktionsarbeit — Wiss. Z. d. T. H. Dresden **3** (1953/54) S. 423/26.

[133] LICHTENHELDT, W., Zur Geometrie des Wippkranes — Wiss. Z. d. T. H. Dresden **3** (1953/54) S. 555/58.

[134] LICHTENHELDT, W., Lenkergeradführungen im Feingerätebau — Feingerätetechnik **4** (1955) S. 447/50.

[135] LICHTENHELDT, W., Die Methode der Partialsynthese — Wiss. Z. d. T. H. Dresden **5** (1955/56) S. 79/82.

[136] LICHTENHELDT, W., Konstruktionstafeln für Geradführungsmechanismen — Maschinenbautechnik **7** (1958) S. 609/11.

[137] LICHTENHELDT, W., Zur Konstruktion des Schlagmechanismus am Webstuhl — Faserforschung und Textiltechnik **10** (1959) S. 2/7.

[138] LICHTENHELDT, W., Die Anwendung der Geometrie bei Getriebekonstruktionen — Wiss. Z. d. T. H. Dresden 8 (1958/59) S. 341/46.

[139] LICHTENHELDT, W., Zur Konstruktion der Schubschleife — Konstruktion **12** (1960) S. 27/29.

[140] LOHSE, P., Zwei neue Verfahren zur Konstruktion von Gelenkgetrieben — Feinwerktechnik **61** (1957) S. 330/35.

[141] LUCK, K., Konstruktionstafel für Koppelrastgetriebe — Maschinenbautechnik 4 (1955) S. 415/21.

[142] LUCK, K., Zur Erzeugung von Koppelkurven viergliedriger Getriebe — Maschinenbautechnik 8 (1959) S. 97/104.

[143] LUDWIG, F., Über den Entwurf von Kurbelschwingengetrieben unter Berücksichtigung des Übertragungswinkels — VDI-Berichte 5 (1955) S. 43/50.

[144] MAIER, A., Getriebe mit elektromagnetischer Schaltung — Automobiltechn. Z. 45 (1942) S. 439/46.

[145] MAUL, F., Konstruktion von Kurvenscheiben — Masch.-Bau Betrieb 14 (1935) S. 105/07.

[146] MEYER ZUR CAPELLEN, W., Nomogramme zur EULER-SAVARYschen Formel — Masch.-Bau Betrieb 20 (1941) S. 489.

[147] MEYER ZUR CAPELLEN, W., Kinematik des einfachen Koppelrädergetriebes — Werkst. u. Betr. 89 (1956) S. 263/66.

[148] MEYER ZUR CAPELLEN, W., Bemerkungen zum Satz von ROBERTS über die dreifache Erzeugung der Koppelkurve — Konstruktion 8 (1956) S. 268/70.

[149] MEYER ZUR CAPELLEN, W., Die Totlagen des ebenen Gelenkvierecks in analytischer Darstellung — Forsch. Ing.-Wes. 22 (1956) S. 42/50.

[150] MEYER ZUR CAPELLEN, W., Konstruktion von fünf- und sechspunktigen Geradführungen in Sonderlagen des Gelenkvierecks — Konstruktion 9 (1957) S. 344/51.

[151] MÜLLER, J., Zur Analyse und Synthese achtgliedriger Gelenkgetriebe ohne Gelenkvierecke — Wiss. Z. d. T. H. Dresden 3 (1953/54) S. 427/31.

[152] MÜLLER, J., Konstruktionsverfahren zur Ermittlung der Abmessungen von acht- und zehngliedrigen Gelenkgetrieben — Maschinenbautechnik 3 (1954) S. 229/47.

[153] MÜLLER, R., Konstruktion der BURMESTERschen Punkte für ein ebenes Gelenkviereck — Z. Math. u. Phys. 37 (1892) S. 213/17; 38 (1893) S. 129/47.

[154] PÖSCHL, TH., Zeichnerische Ermittlung der Beschleunigung bei zwangläufigen Getrieben — Z. angew. Math. Mech. 3 (1923) S. 128/36; 4 (1924) S. 241/42.

[155] PÖSCHL, TH., Dynamische Kräftepläne einfacher Getriebe — Masch.-Bau Betrieb 15 (1936) S. 467/70 u. 521/24.

[156] POSSNER, L., Konstruktionstafel zur Viergelenkkette — Wiss. Z. d. Hochsch. f. Elektrotechn. Ilmenau 1 (1954/55) S. 39/49.

[157] RAUH, K., Die Ableitung einer Hubbewegung mit drei Stillständen von Koppelkurven — Z. VDI 76 (1932) S. 87/90.

[158] RAUH, K., Ein neuartiges Verfahren zur Erzeugung von Hubbewegungen mit Stillständen — Masch.-Bau Betrieb 15 (1936) S. 693/94.

[159] RAUH, K., Hubbewegungen mit zwei Stillständen — Masch.-Bau Betrieb 16 (1937) S. 273/76.

[160] ROBERTS, S., Three-bar Motion in Plane Space — Proceedings of the London Mathematical Society 1875, vol. VII. p. 14.

[161] RODENBERG, C., Die Bestimmung der Kreispunktkurven eines ebenen Gelenkvierseits — Z. Math. u. Phys. 36 (1891) S. 267/77.

[162] RÖSSNER, W., Ermittlung der BURMESTERschen Punkte in Sonderfällen und getriebesynthetische Anwendungen — Maschinenbautechnik 4 (1955) S. 228/59.

[163] RÖSSNER, W., Viergliedrige Gelenkgetriebe in Stellungen mit extremen Werten der Abtriebswinkelgeschwindigkeit — VDI-Forsch.-Heft 461 (1957) S. 11/14.

[164] ROSENAUER, N., Über die Geschwindigkeitskonstruktion kinematischer Ketten — Z. angew. Math. Mech. 17 (1937) S. 173/76.

[165] ROSENAUER, N., Koppelgetriebe ohne Gelenkvierecke — Masch.-Bau Betrieb 17 (1938) S. 147/49.

[166] ROSENAUER, N., Beschleunigungkonstruktionen kinematischer Ketten mit Hilfe von Plänen relativer Normalbeschleunigungen — Masch.-Bau Betrieb 17 (1938) S. 543/46.

[167] ROSENAUER, N., Zur Beschleunigungskonstruktion an der Heusinger-Steuerung — Z. angew. Math. Mech. **21** (1941) S. 190/92.
[168] ROSENAUER, N., Eine graphische Darstellung der EULER-SAVARYschen Gleichung — Masch.-Bau Betrieb **21** (1942) S. 309/10.
[169] ROSENAUER, N., Gelenkvierecke mit vorgeschriebenen Größt- und Kleinstwerten der Abtriebs-Winkelgeschwindigkeit — Masch.-Bau Betrieb **23** (1944) S. 25/27.
[170] ROSENAUER, N., Anwendung der komplexen Veränderlichen zur Synthese einer geschränkten Schubkurbel — Konstruktion **9** (1957) S. 10/13.
[171] ROSENAUER, N., Komplexe Synthese einer Doppelkurbel für vorgegebene Übersetzungsgrenzen — VDI-Forsch.-Heft 461 (1957) S. 14/16.
[172] ROSENAUER, N., Zur Synthese von Gelenkvierecken mit teilweise vorgegebenen Winkelgeschwindigkeiten, Winkelbeschleunigungen, Gliedlängen und Gliedlagen — Maschinenbautechnik 6 (1957) S. 329/33.
[173] SAUER, R., Hubbeschleunigung für die geneigte Sinuslinie — Masch.-Bau Betrieb **17** (1938) S. 37/39.
[174] SCHNARBACH, K., Bedeutung und Anwendung des Übertragungswinkels an Kurvengetrieben — Z. VDI **91** (1949) S. 603/06.
[175] SIEKER, K.-H., Analytische Betrachtung des Gelenkvierecks, insbesondere der BURMESTERschen Punkte — VDI Ber. **5** (1955) S. 55/60.
[176] SIEKER, K.-H., Zur algebraischen Maßsynthese ebener Kurbelgetriebe — Ing.-Arch. **24** (1956) S. 188/215, 234/57.
[177] STÜNDEL, D., Zur Synthese von Filmgreifergetrieben für Aufnahme- und Wiedergabegeräte — Maschinenbautechnik **5** (1956) S. 488/502.
[178] STÜNDEL, D., Die Berechnung von Geradführungen beim Gelenkviereck — Maschinenbautechnik **7** (1958) S. 505/12.
[179] TOLLE, O., Die resultierenden Massenkräfte eben bewegter Scheiben und Getriebe — Ing.-Arch. **1** (1930) S. 377/84.
[180] TOLLE, O., Über Anwendungen von Plänen relativer Normalbeschleunigungen in der Getriebedynamik — Ing.-Arch. **22** (1954) S. 227/36.
[181] TOLLE, O., Verschiedene Konstruktionen zur Geschwindigkeitsermittlung im Römer-Getriebe — Feinwerktechnik **61** (1957) S. 83/90.
[182] TSCHEBYSCHEW, P. L., Über die einfachsten Parallelogramme, die eine geradlinige Bewegung mit einer Genauigkeit bis zu Größen vierter Ordnung liefern (1881). Werke **2** St. Petersburg 1907 S. 359.
[183] VOLMER, J., Zur rechnerischen Ermittlung von Lenkergeradführungen — Feingerätetechnik **3** (1954) S. 419/22.
[184] VOLMER, J., Die Konstruktion einfacher Räderkurbelgetriebe — Maschinenbautechnik **4** (1955) S. 585/88.
[185] VOLMER, J., Systematik, Kinematik und Synthese des Zweiradgetriebes — Maschinenbautechnik **5** (1956) S. 583/89.
[186] VOLMER, J., Konstruktion eines Gelenkgetriebes für eine Geradführung — VDI-Ber. **12** (1956) S. 175/83.
[187] VOLMER, J., Räderkurbelgetriebe — VDI-Forsch.-Heft 461 (1957) S. 52/55.
[188] VOLMER, J., Ein Beitrag zur Erzeugung von Koppelkurven — Wiss. Z. d. T. H. Dresden **6** (1956/57) S. 491/510.
[189] VOLMER, J., Konstruktion von Schubkurbeln mit Hilfe von Kurventafeln — Maschinenbautechnik **6** (1957) S. 680/85.
[190] VOLMER, J., Die Konstruktion von Gelenkvierecken mit Hilfe von Kurventafeln — Maschinenbautechnik **7** (1958) S. 399/403.
[191] WUNDERLICH, W., Zur angenäherten Geradführung durch symmetrische Gelenkvierecke — Z. angew. Math. Mech. **36** (1956) S. 103/10.

III. Getriebeblätter

[192] AWF—601 Das Kardankreispaar.
[193] AWF—603 Geschwindigkeiten und Beschleunigungen in der Kurbelschwinge.
[194] AWF—606 Rückkehrende Umlaufrädergetriebe.
[195] AWF—609 Parallelkurbelgetriebe.
[196] AWF—612 Geradschubkurbel.
[197] AWF—613 Schwingende Kurbelschleife.
[198] AWF—623 Doppelkurbel, Doppelschwinge, Antiparallelkurbeln.
[199] AWF—637/638 Massenkräfte in ebenen Getrieben.
[200] AWF—639/640 Kreuzschleifengetriebe.
[201] AWF—641/643 Konstruktion von Kurvenscheiben.
[202] AWF—648/650 Geschwindigkeiten und Beschleunigungen in Kurbelschleifengetrieben.
[203] AWF—658/660 Kräfteübertragung in Kurbeltrieben.
[204] AWF—667/668 Entwurf und Untersuchung von Kurbeltrieben mit Hilfe der Polbahnen.
[205] AWF—692 Ausbildung von Kurbeltrieben für vorgeschriebene Bedingungen.

SACHVERZEICHNIS

FSC
www.fsc.org
MIX
Papier | Fördert gute Waldnutzung
FSC® C083411

Zeitfracht Medien GmbH
Ferdinand-Jühlke-Straße 7
99095 Erfurt, Deutschland
produktsicherheit@kolibri360.de